卓越 工程师教育培养计划系列教材

魏金枝　秦　梅 ◎主编

孙晓君 ◎ 主审

工科大学化学

化学工业出版社

·北京·

《工科大学化学》是高等院校非化学化工类工科有关专业的化学素质课程教材。

《工科大学化学》主要内容包括化学基础理论和应用化学两部分。其中化学基础理论涵盖化学反应基本规律、溶液化学与离子平衡、氧化还原反应与电化学基础、物质结构基础等化学原理的相关基础知识。应用化学部分注重化学与工程实际、化学与全球热点相联系，重点关注金属元素与金属材料、化学与无机非金属材料、高分子化合物与高分子材料、化学与环境、化学与能源等主题。

为了开阔学生的视野，了解和跟踪化学发展的前沿，拓宽获取信息的通道，《工科大学化学》还设置了"知识链接"、"网络导航"，提供了理论知识应用于实际的具体典范，有助于提高学生学习兴趣、激发学习动力，实现学以致用、以用促学的教学目的。

本书适合于高等院校非化学化工类工科有关专业本科生学习使用，也可供相关人员参考。

图书在版编目（CIP）数据

工科大学化学/魏金枝，秦梅主编 . —北京：化学工业出版社，2015.8（2021.1重印）
卓越工程师教育培养计划系列教材
ISBN 978-7-122-24416-1

Ⅰ.①工… Ⅱ.①魏…②秦… Ⅲ.①化学-高等学校-教材 Ⅳ.①O6

中国版本图书馆 CIP 数据核字（2015）第 138936 号

责任编辑：徐雅妮　　　　　　　文字编辑：刘志茹
责任校对：王素芹　　　　　　　装帧设计：关　飞

出版发行：化学工业出版社（北京市东城区青年湖南街 13 号　邮政编码 100011）
印　　装：三河市延风印装有限公司
787mm×1092mm　1/16　印张 13¾　字数 322 千字　2021 年 1 月北京第 1 版第 6 次印刷

购书咨询：010-64518888　　　　　　售后服务：010-64518899
网　　址：http://www.cip.com.cn

定　　价：29.00 元　　　　　　　　　　　　　　　　版权所有　违者必究

前　言

在科技迅猛发展的现代社会，化学在人们的衣食住行及各行各业中扮演着越来越重要的角色，化学已渗透到航空航天、军事国防、信息技术、新能源开发及环境保护等各个领域。高校作为培养适应未来社会的高科技人才的摇篮，应担负起提高学生自然科学素养、注入绿色化学思想及环保理念、赋予创新精神与创造能力的教育使命。

作为工科专业的大学生应掌握一定的化学知识与原理，并能将其灵活地运用于日常生活及工作中。工科大学化学作为实现这一使命的载体，在教给学生与生活紧密相关的、具有时代气息的化学知识与技术原埋的同时，还应将学生培养成对科学技术与社会相互关系具有正确认识和理解的公民。基于此，编者在总结多年大学化学教学实践的基础上，参考国内外优秀教材和科技成果，融基础知识与科技、社会、环境为一体，编写此书。本书在篇幅的设置上做到化学基础理论内容与化学知识的应用内容权重相当。在内容上弱化化学机理的纵深探讨，强化化学基础知识及理论与工程实际的联系，突出体现工科化学的特色，增进学生对于化学的欣赏与了解。例如，第5～7章重点阐述了金属材料、无机非金属材料及高分子材料在日常生活、工农业生产及高技术领域的应用；第8章重点阐述了环境污染的成因及工程处理原理。

此外，本书还设置了"知识链接"、"网络导航"，为学习者开辟了更新的知识视野，提供了更便捷的信息通道——通过Internet进入更广阔的"知识海洋"。

本书的第1、2、4章由秦梅编写，第3、5～9章由魏金枝编写，全书由孙晓君教授主审。在本书编写过程中，姜俊艳、张少平、杨萍承担了资料的整理和书稿的校对工作。

本书在编写过程中参考并借鉴了已出版的相关教材及研究成果，并在书后的参考文献中列出，在此向这些作者表示诚挚的感谢。

由于编者水平有限，书中难免出现不妥之处，敬请同行和读者批评指正。

编　者
2015年3月

目　录

第1章

化学反应基本规律

研究化学反应的基本规律主要是要揭示化学反应或过程中能量的交换和传递、反应进行的方向和程度以及反应速率等方面的问题。

事实上，在生活和生产实践中，人们更关心物质发生变化的可能性、现实性以及实现这些变化所需要的时间。掌握化学反应的基本规律，人们就可以认识、利用化学反应，从而实现甚至是可以控制和设计化学反应，缩短完成反应的时间。本章着重介绍以下几个基本规律：反应的能量和能量守恒、反应的方向、限度和速率。这些基本规律在一些重要反应中的应用（如离子反应、氧化还原反应、有机高分子反应等），将在后面的章节中陆续介绍。

1.1　化学反应中的能量关系

化学反应纷繁复杂，千差万别，无论哪种化学反应过程中都伴随着能量变化。热力学是物理学的一个组成部分，运用热力学的基本原理研究化学反应中的能量变化，就构成了化学的一个重要分支学科——化学热力学。

1.1.1　热力学基本概念

（1）系统与环境

宇宙中各种事物之间都是相互联系的。为了研究方便，常把作为研究对象的那一部分物质称为**系统**，系统以外与系统密切相关的部分称为**环境**。应该指出，系统和环境的划分完全是人为的，只是为了研究问题的方便。但一经指定，在讨论问题的过程中就不能任意更改了。还要注意，系统和环境是共存的，缺一不可。例如，把溶有化学物质的水溶液放在烧杯中，研究它的化学反应，该溶液就可作为一个系统。与该溶液密切联系的烧杯及其烧杯以外的其他物质称为环境。

系统和环境之间常进行着物质或能量的交换，按交换的情况不同，热力学系统可分为三类。

① 敞开系统：系统与环境之间既有物质的交换，又有能量的交换；

② 封闭系统：系统与环境之间没有物质的交换，只有能量的交换；

③ 孤立系统：系统与环境之间既没有物质的交换，也没有能量的交换。

例如，要研究烧杯中的热水与环境之间的物质及能量交换情况：此时热水是研究对象，即系统。当烧杯是敞口时，此系统为敞开系统。因为这时在烧杯内外除有热量交换外，还不断产生水蒸气。如果在烧杯上加一个密封塞，此系统就成为封闭系统，因为这时系统与环境之间只有能量的交换。如果再加上保温层，则此系统就接近是孤立系统了。当然，绝对的孤立系统是不存在的。

实际上，自然界的一切事物都是相互关联的，系统是不可能完全与环境隔离的。所以，孤立系统只是一个理想化的系统，客观上并不存在。但孤立系统的概念在热力学中却是一个不可缺少的、十分重要的概念，在以后的讨论中会经常遇到。

（2）状态与状态函数

系统的状态是系统的各种物理性质和化学性质的综合表现。系统的状态可以用压力、温度、体积、物质的量等性质进行描述，它们都是宏观的物理量。当系统的这些性质都具有确定的量值时，系统就处于一定的状态；这些性质中有一个或几个发生变化，系统的状态可能随之发生变化。在热力学中，把这些用于确定系统状态的物理量称为**状态函数**。

状态函数的一个重要特点是，其量值只取决于系统所处的状态，而与具体的过程无关。当系统由某一状态变化到另一状态时，状态函数的改变量只取决于系统变化前所处的状态（始态）和变化后所处的状态（终态），而与实现这一变化所经历的具体方式无关。

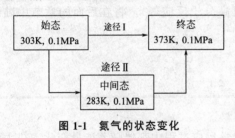

图 1-1　氮气的状态变化

现以氮气（$n = 1.00\text{mol}$）的状态变化为例。它由始态（303K，0.1MPa）变成终态（373K，0.1MPa），可以有两种不同的途径，如图 1-1 所示。然而，不管是直接加热一步达到终态，还是经过冷却先到中间态（283K，0.1MPa），然后再加热，经两步达到终态，只要始态和终态一定，则其状态函数（如温度 T）的改变量（ΔT）却是定值，即

$$\Delta T = T_2 - T_1 = 373\text{K} - 303\text{K} = 70\text{K}$$

掌握状态函数的性质和特点，对于学习化学热力学是很重要的。因为，状态函数的特性是热力学研究问题的重要基础，也是进行热力学计算的依据。

（3）过程与途径　系统的状态在外界条件改变时会发生变化，这种变化称为**过程**。完成这一变化的具体路线称为**途径**。根据过程发生时的条件不同，通常可将过程分为以下几类。

① 恒温过程：系统的始态温度与终态温度相同，并且过程中始终保持这个温度，这种过程叫做**恒温过程**。

② 恒压过程：系统始态的压力与终态的压力相同，并且过程中始终保持这个压力，这种过程叫做**恒压过程**。这类过程很普遍，敞口容器中进行的化学反应都可视为恒压过程。

③ 恒容过程：系统始态的体积与终态的体积相同，过程中始终保持同样的体积，这种过程叫做**恒容过程**。

1.1.2　热力学第一定律

（1）热力学能

热力学能又称**内能**，是系统内部各种能量的总和，用符号 U 表示。热力学能包括了

系统中分子的平动能、转动能、振动能、电子运动能、核能等，但不包括系统整体运动时的动能和系统整体处于外力场中具有的势能。对于任意给定的系统，在状态一定时，系统的热力学能具有一定的数值，即热力学能是状态函数。当系统状态发生变化时，其热力学能也随之发生改变。此时，热力学能的改变量只取决于系统的始态和终态，而与其变化的途径无关。由于系统内部质点的运动及相互作用很复杂，所以无法知道一个系统热力学能的绝对数值。但系统状态变化时，热力学能的改变量（ΔU）可以从系统和环境所交换的热和功的数值来确定。在化学变化中，只要知道热力学能的改变量就可以了，无需追究它的绝对数值。

（2）功和热

热和功是系统状态变化时与环境之间交换或传递能量的两种不同形式。在系统与环境之间由于温度的不同而传递的能量称为**热**，用符号 Q 表示。通常规定：系统从环境吸收热量 Q 为正值，系统放出热量 Q 为负值。

系统与环境之间除了热以外，以其他形式交换的能量统称为功，用符号 W 表示，并规定：系统对环境做功 W 为负值，环境对系统做功 W 为正值。功有多种形式，如电功、机械功等。其中系统与环境之间因体积变化所做的功称为**体积功**；除体积功之外，系统与环境之间以其他形式所做的功称为**非体积功**，如电功、表面功等。热化学中所涉及的功，一般指体积功，它是指系统在反抗外压发生体积变化时而引起的系统与环境之间交换的功。如图 1-2 所示，一圆筒内盛有气体，圆筒上有一无质量、无摩擦力的表面积为 A 的理想活塞，作用在活塞上的外压为 p_e，圆筒内气体膨胀将活塞向外推动的距离 Δl（$= l_2 - l_1$）。由于气体膨胀时要反抗外压做功，所以系统所做的体积功为

$$W = -F_e \Delta l = -p_e A \Delta l = -p_e \Delta V = -p_e(V_2 - V_1) \tag{1-1}$$

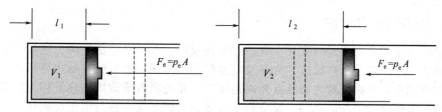

图 1-2 体积功示意

热和功的单位均为能量单位。按法定计量单位，以 J（焦）或 kJ（千焦）表示。必须注意，热和功是体系发生变化时与环境进行能量交换的两种形式。也就是说，只有当系统经历某种过程时，才能以功和热的形式与环境交换能量。系统的状态没有变化，系统与环境之间就没有能量交换，也就没有热和功，因此，热和功与内能不同，它们不是状态函数。不能说某系统含有多少热或者多少功，但是可以说某系统在变化过程中吸收或放出多少热，做了多少功。

（3）热力学第一定律

"自然界中一切物质都具有能量，能量有各种不同的形式，能够从一种形式转化为另一种形式，在转化的过程中能量的总量不变"，这就是**能量守恒和转化定律**。将能量守恒和转化定律具体应用到热力学系统中，就得到**热力学第一定律**。其数学表达式为

$$U_2 - U_1 = Q + W$$
$$\Delta U = Q + W \tag{1-2}$$

式（1-2）表明，封闭系统发生状态变化时，其热力学能的变化等于系统吸收的热量与环境对系统做的功之和。应该注意的是，在恒容过程中，系统与环境之间没有体积功交换，即 $W = 0$。

例 1-1

　　能量状态为 U_1 的某一系统，吸收 550J 的热，又对环境做了 400J 的功。求系统的能量变化和终态能量 U_2。

　　解： 由题意得知，$Q = 550J$，$W = -400J$，所以

　　　　$\Delta U = Q + W = 550J - 400J = 150J$

又因　$U_2 - U_1 = \Delta U$

所以　$U_2 = U_1 + \Delta U = U_1 + 150J$

　　答： 系统的能量变化为 150J；终态能量为 $U_1 + 150J$。

例 1-2

　　与【例 1-1】相同的系统，开始能量状态为 U_1，系统放出 100J 的热，环境对系统做了 250J 的功。求系统的能量变化和终态能量 U_2。

　　解： 由题意得知，$Q = -100J$，$W = 250J$，所以

　　　　　　$\Delta U = Q + W = -100J + 250J = 150J$

　　　　　　$U_2 = U_1 + \Delta U = U_1 + 150J$

　　答： 系统的能量变化是 150J；终态能量是 $U_1 + 150J$。

　　从上述两个例题可以清楚地看到，系统的始态（U_1）和终态（$U_2 = U_1 + 150J$）确定时，虽然变化途径不同（Q 和 W 不同），热力学能的改变量（$\Delta U = 150J$）却是相同的。

1.1.3　化学反应热效应

　　化学反应常常伴有能量的变化。有些是放热反应，有些是吸热反应。比如大家所熟悉的酸碱中和反应，就是放热反应。化学反应系统与环境进行能量交换的主要形式是热。通常把只做体积功，且始态和终态具有相同温度时，系统吸收或放出的热量称为**反应热**或**反应热效应**。根据反应条件的不同，反应热又可分为：恒容反应热与恒压反应热。

　　（1）恒容反应热

　　如果系统在变化过程中，体积始终保持不变，则系统不做体积功，即 $W = 0$。根据热力学第一定律

$$\Delta U = Q + W = Q_V \tag{1-3}$$

式中，Q_V 表示恒容反应热，右下角字母 V 表示恒容过程。式（1-3）的物理意义是：在恒容条件下进行的化学反应，其反应热等于该系统中热力学能的改变量。

　　（2）恒压反应热

　　通常，许多化学反应是在"敞口"容器中进行的，系统压力与环境压力相等。即 $\Delta p = 0$，这时的反应热称为恒压反应热，用 Q_p 表示。若系统只做体积功 $W = -p\Delta V$，则热力学第一定律可写成

$$\Delta U = Q + W = Q_p - p\Delta V$$

即　　　　　　　　　$$Q_p = \Delta U + p\Delta V \tag{1-4}$$

在恒压过程中，$p_1 = p_2 = p$，因此，可将式（1-4）改写为

$$Q_p = (U_2 - U_1) + p(V_2 - V_1)$$

即

$$Q_p = (U_2 + p_2 V_2) - (U_1 + p_1 V_1) \qquad (1\text{-}5)$$

式中，U、p、V 都是系统的状态函数，$(U + pV)$ 的复合函数也是系统的状态函数。这一新的状态函数，热力学定义为**焓**，以符号 H 表示，即

$$H \equiv U + pV \qquad (1\text{-}6)$$

当系统的状态改变时，根据焓的定义式（1-6），式（1-5）就可写为

$$Q_p = H_2 - H_1 = \Delta H \qquad (1\text{-}7)$$

式中，ΔH 是焓的改变量，称为**焓变**。式（1-7）表明，恒压过程的反应热（Q_p）等于状态函数焓的改变量，即焓变（ΔH）。ΔH 是负值，表示恒压下反应系统向环境放热，是放热反应；ΔH 是正值，系统从环境吸热，是吸热反应。

由焓的定义式（1-6）可知，焓具有能量单位。又因热力学能（U）和体积（V）是状态函数，都具有加和性，所以焓也具有加和性。由于热力学能的绝对值无法确定，所以焓的绝对值也无法确定。实际上，一般情况下，可以不需要知道焓的绝对值，只需要知道状态变化时的焓变（ΔH）即可。

（3）热力学标准状态

对于不同的系统或同一系统的不同状态，热力学状态函数具有不同的数值，而热力学能 U、H 及后面要讲的 G（也是状态函数）的绝对值均无法确定。为了比较它们的相对值，需要规定一个状态作为比较的标准。我们把压强 $p^{\ominus} = 100\text{kPa}$ 下该物质的状态称为**标准状态**，简称标准态，右上角的"$\ominus$"是表示标准态的符号。标准态的规定如下。

① 纯理想气体 B 或混合理想气体中的组分 B 的标准态是指温度为 T、压强或分压为 $p^{\ominus}$ 的状态。

② 纯液体（或纯固体）物质的标准态即标准压强为 $p^{\ominus}$ 下的纯液体（或纯固体）。

③ 液体溶液中溶剂 A 和溶质 B 的标准态是指溶液中溶剂 A 的标准态为标准压强 $p^{\ominus}$ 时液体纯物质 A 的状态。而溶质 B 的标准状态是指压强为 $p^{\ominus}$，物质的标准浓度为 $1\text{mol} \cdot L^{-1}$ 时的状态。

化学热力学的标准状态并没有限定温度，任何温度下都有标准状态，但是 IUPAC 推荐选择 298.15K 作为参考温度，所以从物理化学手册查到的有关热力学数据大多是温度为 298.15K 时的数据。

（4）热化学方程式

表示化学反应与热效应关系的方程式称为**热化学方程式**。反应的热效应不仅与反应进行时的条件有关，还与反应物和产物的存在状态等因素有关。因此，书写热化学方程式必须注意以下几点。

① 习惯上将化学反应方程式写在左边，相应的热效应写在右边，两者之间用逗号或分号联系。通常用 $\Delta_r H_m^{\ominus}(T)$ 表示反应热。其中下标"r"表示反应，"m"表示摩尔。

② 必须标明反应的温度。若温度为 298.15K，可以省略温度。因为反应的焓变随温度而改变。

③ 必须标明物质的聚集状态。聚集状态不同，热效应也不同。物质为气体、液体和固体时分别用 g、l 和 s 表示。固体有不同晶态时，还需将晶态注明，如 S（正交）、S（单

斜）、C（石墨）、C（金刚石）等。如果参与反应的物质是溶液，则需注明其浓度，用 aq 表示水溶液。如 NaOH（aq）表示氢氧化钠的水溶液，NaOH（aq，∞）表示无限稀释的氢氧化钠的水溶液。

④ 同一化学反应，当化学计量数不同时，反应热也不同。例如

$$2H_2(g)+O_2(g)\longrightarrow 2H_2O(g) \qquad \Delta_r H_m^{\ominus}(298.15K)=-483.6kJ \cdot mol^{-1}$$

$$H_2(g)+\frac{1}{2}O_2(g)\longrightarrow H_2O(g) \qquad \Delta_r H_m^{\ominus}(298.15K)=-241.8kJ \cdot mol^{-1}$$

值得注意的是，热化学方程式表示一个已经完成的化学反应，例如反应

$$C(s)+O_2(g)\longrightarrow CO_2(g) \qquad \Delta_r H_m^{\ominus}=-393.51kJ \cdot mol^{-1}$$

表示在 298.15K、标准状态下，当 1mol C(s) 和 1mol O_2(g) 反应生成 1mol CO_2(g)时，放热 393.51kJ。

（5）化学反应标准焓变的计算

1）盖斯定律

化学反应的热效应一般可以通过实验测得。但是许多化学反应由于反应时间长、条件难以控制等原因，无法准确测量得到热效应。1840 年，瑞士的俄裔化学家盖斯（G. H. Hees）在总结大量实验事实的基础上总结出一个重要定律：化学反应的反应热（在恒压或恒容下）只与物质的始态和终态有关，而与变化的途径无关。即在恒容或者恒压的条件下，一个化学反应不管是一步完成的，还是多步完成的，其热效应总是相同的。盖斯定律是能量守恒定律的一种特殊的表现形式。利用这一定律可以从已经精确测定的反应的热效应来计算难于测量或不能测量的反应的热效应，可以从已知化学反应的热效应计算某些未知反应的热效应。

例 1-3

已知在 298.15K 和 100kPa 条件下

$$C(s)+O_2(g)\longrightarrow CO_2(g) \qquad \Delta_r H_{m,1}^{\ominus}=-393.51kJ \cdot mol^{-1}$$

$$CO(g)+\frac{1}{2}O_2(g)\longrightarrow CO_2(g) \qquad \Delta_r H_{m,3}^{\ominus}=-282.98kJ \cdot mol^{-1}$$

求 $C(s)+\frac{1}{2}O_2(g)\longrightarrow CO(g)$ 的 $\Delta_r H_{m,2}^{\ominus}$。

解：碳完全燃烧生成 CO_2 有两种途径，如图 1-3 所示。

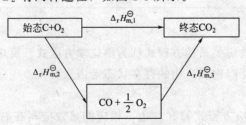

图 1-3　生成 CO_2 的两种途径

根据盖斯定律：

$$\Delta_r H_{m,1}^{\ominus}=\Delta_r H_{m,2}^{\ominus}+\Delta_r H_{m,3}^{\ominus}$$

因此 $\Delta_r H_{m,2}^{\ominus}=\Delta_r H_{m,1}^{\ominus}-\Delta_r H_{m,3}^{\ominus}=[(-393.5)-(-282.98)]kJ \cdot mol^{-1}=-110.52kJ \cdot mol^{-1}$

应用盖斯定律，从已知的反应热计算另一反应的反应热是很方便的。人们从多种反应中找出某些类型的反应作为基本反应，知道了一些基本反应的反应热数据，应用盖斯定律就可以计算其他反应的反应热。常用的基本反应热数据是标准摩尔生成焓。

例 1-4

已知下列反应的 $\Delta_r H_m^\ominus$ (298.15K)

① $Fe_2O_3(s) + 3CO(g) \longrightarrow 2Fe(s) + 3CO_2(g)$ $\Delta_r H_m^\ominus(298.15K) = -24.8 kJ \cdot mol^{-1}$

② $3Fe_2O_3(s) + CO(g) \longrightarrow 2Fe_3O_4(s) + CO_2(g)$ $\Delta_r H_m^\ominus(298.15K) = -47.2 kJ \cdot mol^{-1}$

③ $Fe_3O_4(s) + CO(g) \longrightarrow 3FeO(s) + CO_2(g)$ $\Delta_r H_m^\ominus(298.15K) = 19.7 kJ \cdot mol^{-1}$

不用查表，试计算反应④ $FeO(s) + CO(g) \longrightarrow Fe(s) + CO_2(g)$ 的 $\Delta_r H_m^\ominus$ (298.15K)。

解：题中反应方程式之间的关系式为：④ $= \dfrac{1}{6} \times [① \times 3 - ② \times 1 - ③ \times 2]$。

由盖斯定律可得

$$\Delta_r H_{m,4}^\ominus(298.15K) = [\Delta_r H_{m,1}^\ominus \times 3 - \Delta_r H_{m,2}^\ominus - \Delta_r H_{m,3}^\ominus \times 2] \times \frac{1}{6}$$

$$= [-24.8 \times 3 - (-47.2) - 19.7 \times 2] \times \frac{1}{6}$$

$$= -11.1(kJ \cdot mol^{-1})$$

2）标准摩尔生成焓

在一定温度和标准状态下，由参考态单质生成 1mol 纯物质 B 时的焓变称为该物质的**标准摩尔生成焓**，以符号 $\Delta_f H_m^\ominus$（B，相态，T）表示。上标"$\ominus$"表示标准态，下标"f"表示生成反应；单位为 $kJ \cdot mol^{-1}$，并选定温度为 298.15K。同时规定，参考状态单质的标准摩尔生成焓为零。

这里所谓的参考态，一般指每种单质在所讨论的温度 T 及标准压力 $p^\ominus$ 时的最稳定状态。碳有多种同素异形体——石墨、金刚石、无定形碳和 C_{60} 等。其中最稳定的是石墨。又如 $H_2(g)$、$O_2(g)$、$N_2(g)$、$Br_2(l)$、$I_2(s)$ 和 $Hg(l)$ 等是（$T = 298.15K$），$p^\ominus$ 下相应元素的最稳定状态。一些化合物在 298.15K 时的 $\Delta_f H_m^\ominus$ 标准摩尔生成焓数值可从书后的附表 1 中查到。

3）化学反应的标准摩尔焓变

标准状态下温度为 T 时，当反应进行了 1mol 时，反应的焓变称为该反应的**标准摩尔焓变**，用符号 $\Delta_r H_m^\ominus$ 表示。$\Delta_r H_m^\ominus$ 的数值与化学反应方程式的书写形式有关。对任意化学反应

$$a A + b B \longrightarrow d D + g G$$

在温度 T 下，反应的标准摩尔焓变 $\Delta_r H_m^\ominus$ 可按下式求得，即

$$\Delta_r H_m^\ominus = [d \Delta_f H_m^\ominus(D) + g \Delta_f H_m^\ominus(G)] - [a \Delta_f H_m^\ominus(A) + b \Delta_f H_m^\ominus(B)] \tag{1-8}$$

式（1-8）表示反应的标准摩尔焓变等于生成物标准摩尔生成焓的总和减去反应物标准摩尔生成焓的总和。

例 1-5

已知 298.15K 时的化学反应

$$CO_2(g)+2NH_3(g)\Longleftrightarrow H_2O(g)+CO(NH_2)_2(s)$$

试求该反应的标准摩尔焓变 $\Delta_r H_m^{\ominus}$，并判断此反应是吸热还是放热。

解：由附表 1 查得

$$CO_2(g)+2NH_3(g)\Longleftrightarrow H_2O(g)+CO(NH_2)_2(s)$$

$\Delta_f H_m^{\ominus}/kJ\cdot mol^{-1}$　-393.51　-46.19　-241.83　-333.19

$$
\begin{aligned}
\Delta_r H_m^{\ominus} &= \Delta_f H_m^{\ominus}(H_2O,g)+\Delta_f H_m^{\ominus}[CO(NH_2)_2,s]-\\
&\quad [\Delta_f H_m^{\ominus}(CO_2,g)+2\Delta_f H_m^{\ominus}(NH_3,g)]\\
&= -241.83-333.19-(-393.51-2\times46.19)\\
&= -89.23(kJ\cdot mol^{-1})
\end{aligned}
$$

通过计算得知 $\Delta_r H_m^{\ominus}=-89.23$（$kJ\cdot mol^{-1}$）$<0$，可以判断此反应为放热反应。

应该指出，由于反应物与生成物的焓都随温度升高而增大，因此反应的焓变随温度的变化幅度较小。一般在温度变化不大时，认为反应的焓变不随温度而变化，表示为

$$\Delta_r H_m^{\ominus}(T)\approx\Delta_r H_m^{\ominus}(298.15K)$$

1.2　化学反应的方向

热力学第一定律是能量守恒定律，任何违背这一定律的过程肯定不能发生。然而，不违背热力学第一定律的过程或化学反应也并不一定都能进行。那么，在给定条件下，什么样的化学反应才能进行？这是第一定律不能回答的，需要用热力学第二定律来解决。

1.2.1　自发过程

自然界中存在很多能够自发进行的过程，如自由落体运动；热从高温物体传递给低温物体；铁在潮湿环境中的生锈；冰在零点以上环境的融化等。这种在没有外力的作用下就能自动发生的过程，称为**自发过程**。

对于化学反应，有没有判据来判断反应进行的方向或者反应能否自发进行呢？若能判断化学反应能否自发进行将是很有实际意义的。例如，对于下面的反应

$$CO(g)+NO(g)\longrightarrow CO_2(g)+\frac{1}{2}N_2(g)$$

NO 和 CO 是汽车尾气中的两种主要污染物，如果能够判断此反应在给定条件下可以自发地向右进行，而且进行程度较大，就可同时去除这两种污染物。如果从理论上能证明，该反应在任何的温度和压力下都不能实现，显然如何实现此反应的研究就没有必要了，可以转而寻求其他净化汽车尾气的办法。

根据什么来判断化学反应的自发性？人们研究了大量物理、化学过程，发现所有自发过程都遵循以下规律：

① 从过程的能量变化来看，自发的化学反应趋向于使系统释放出最多的热；

② 从系统中质点分布和运动状态来分析，物质系统倾向于取得最大混乱度；

③ 凡是自发过程通过一定的装置都可以做有用功，如水力发电就是利用水位差通过发电机做电功的。

自发的化学反应趋向于使系统释放出最多的热，即是放热反应（$\Delta H < 0$）才能自发进行。从反应系统的能量变化来看，放热反应发生以后，系统的能量降低。反应放出的热量越多，系统的能量降低得也越多，反应越完全。这就是说，在反应过程中，系统有趋向于最低能量状态的倾向。因此用 $\Delta H < 0$ 作为化学反应自发性的判据似乎是有道理的。但是有些过程，如冰的融化、NH_4Cl 溶解于水，都是吸热过程，也都能自发进行。这些情况说明不能仅用反应的焓变来判断化学反应的自发性。这是因为，化学反应的自发性除了取决于焓变这一重要的因素外，还取决于另一因素——熵变。此外，$CaCO_3$ 分解生成 CaO 和 CO_2 的反应也是一个吸热反应，常压下在 298.15K 时反应是非自发地，当温度升高到 1114K 时，反应就可自发进行，显然，化学反应的自发性还与反应的温度有关。

1.2.2 熵

（1）混乱度

混乱度是指系统的不规则或无序的程度，系统越无秩序，混乱度就越大。下面分析上面提到的两个自发进行的吸热反应（过程）的混乱度的变化情况。

冰的晶体结构中，水分子 H_2O 有规则地排列在确定的位置上，其主要运动形式是在各自的位置上做振动。各分子间有一定的距离，处于较为有序的状态，而不是混乱的状态。当温度升高到 0℃ 以上时，冰自发地融化为液态水，冰中的有序结构被破坏了，水分子的运动变得较为自由。此时系统的混乱程度较大。而 $CaCO_3$ 分解成 CaO 和 CO_2 的反应是由固体转变成气体的反应，气体的系统混乱程度远远大于固体。$CaCO_3$ 分子间距小，排列有序，而气体 CO_2 分子间距很大，没有确定的位置，处于无规则运动状态，混乱度较大。

上面两个例子说明系统能自发地向混乱度增大的方向进行。也就是说系统倾向于取得最大的混乱度。热力学上用一个新函数——**熵**来表示系统的混乱度。

（2）熵

熵是系统内微观粒子的混乱度或无序度的量度，用符号 S 表示。系统的混乱度越大，熵值就越大。熵与焓一样，也是状态函数；熵值的增加表示系统混乱度增加。自然界普遍使用的一条法则是：孤立体系有自发向混乱度增大的方向进行的趋势，称熵增原理。

影响熵的因素主要有以下几个因素。

① **物质的聚集状态** 同一种物质的气、液、固三态相比较，气态的混乱度最大，而固态的混乱度最小。因此，同一种物质气、液、固三态的摩尔熵的相对大小为：$S_m(g) > S_m(l) > S_m(s)$，如 $S_m(H_2O,g) > S_m(H_2O,l) > S_m(H_2O,s)$。

② **分子的组成** 对于聚集状态相同的物质，分子中的原子数目越多，其混乱度就越大，其摩尔熵也就越大，如 $S_m(CO,g) < S_m(CO_2,g)$；若分子中的原子数目相同，则分子的相对分子质量越大，混乱度就越大，其摩尔熵也就越大，如 $S_m(CO_2,g) < S_m(SiO_2,g)$。

③ **温度** 温度升高，物质的混乱度增大，因此物质的摩尔熵也增大。

④ **压力** 压力增大时，将物质限制在较小的体积之中，物质的混乱度减小，因此物质的

摩尔熵也减小。压力对固体或液体物质的熵影响很小，但对气体物质的摩尔熵影响较大。

热力学第三定律规定：在 0K 时，任何纯物质完美晶体的熵为零。

如果将某纯物质从 0K 升高温度到 T，该过程下的熵变化为 ΔS

$$\Delta S = S_T - S_0 = S_T \tag{1-9}$$

式中，S_T 称为该物质的**规定熵**。在某温度下，物质 B 的单位物质的量的规定熵称为**摩尔熵**。标准状态下的摩尔熵称为**标准摩尔熵**，以符号 $S_m^{\ominus}$（B，相态，T）表示，其单位为 $J \cdot K^{-1} \cdot mol^{-1}$。本书附表 1 中列出了一些物质 298.15K 时的标准摩尔熵的数据。注意，在 298.15K 时，最稳定单质的标准摩尔熵不等于零。

（3）化学反应标准熵变的计算

应用标准摩尔熵 $S_m^{\ominus}$（B，相态，T）的数据可以计算化学反应的标准摩尔熵变 $\Delta_r S_m^{\ominus}$（T）。由于熵也是状态函数，所以标准摩尔熵变的计算与标准摩尔焓变的计算类似：反应的标准摩尔熵变等于生成物标准摩尔熵的总和减去反应物标准摩尔熵的总和。对于反应

$$a\text{A} + b\text{B} \longrightarrow g\text{G} + d\text{D}$$

在 298.15K 时，反应的标准摩尔熵变 $\Delta_r S_m^{\ominus}$ 可按式（1-8）求得，即

$$\Delta_r S_m^{\ominus} = [g S_m^{\ominus}(\text{G}) + d S_m^{\ominus}(\text{D})] - [a S_m^{\ominus}(\text{A}) + b S_m^{\ominus}(\text{B})] \tag{1-10}$$

应当注意的是，虽然物质的标准熵和温度有关，但是 $\Delta_r S_m^{\ominus}$ 与焓变相似，在所讨论的温度范围内，可以认为 $\Delta_r S_m^{\ominus}$（T）$\approx \Delta_r S_m^{\ominus}$（298.15K）。

例 1-6

计算反应 $CaCO_3(s) \longrightarrow CaO(s) + CO_2(g)$ 的标准摩尔熵变 $\Delta_r S_m^{\ominus}$。

解：化学反应 $\qquad CaCO_3(s) \longrightarrow CaO(s) + CO_2(g)$

$S_m^{\ominus}(\text{B})/J \cdot K^{-1} \cdot mol^{-1} \qquad 91.7 \qquad\quad 38.1 \qquad 213.8$

$$\Delta_r S_m^{\ominus} = [S_m^{\ominus}(\text{CaO,s}) + S_m^{\ominus}(\text{CO}_2,\text{g})] - [S_m^{\ominus}(\text{CaCO}_3,\text{s})]$$
$$= [(31.8 + 213.8) - 91.7] J \cdot K^{-1} \cdot mol^{-1}$$
$$= 160.2 J \cdot K^{-1} \cdot mol^{-1}$$

答：反应的标准摩尔熵变 $\Delta_r S_m^{\ominus} = 160.2 J \cdot K^{-1} \cdot mol^{-1}$。

由【例 1-6】的计算结果可以看出，$\Delta_r S_m^{\ominus} > 0$，熵增大，有利于反应正向进行。但是 $CaCO_3$（s）只有在高温下才能分解，也就是说，该反应只有吸热（$\Delta_r H_m^{\ominus} > 0$）才能发生。结合前面的例子可以看出，要想判断反应的自发性，必须综合考虑反应的焓变、熵变和温度等因素。下面来讨论这方面的内容。

1.2.3　吉布斯函数变与化学反应方向

（1）吉布斯函数变

为了确定一个过程（或反应）自发性判据，1876 年，美国著名的物理学家、化学家吉布斯（J. W. Gibbs）提出一个包括 H（焓）、S（熵）、T（温度）的新的热力学函数 G，称为吉布斯函数，其定义为

$$G \equiv H - TS \tag{1-11}$$

H、T、S 皆为状态函数，故 G 也是状态函数。

在恒温恒压条件下，化学反应的吉布斯函数变记为 $\Delta_r G$

$$\Delta_r G = \Delta_r H - T \Delta_r S \tag{1-12}$$

这个公式称为**吉布斯方程**，是化学上最重要、最常用的公式之一。

（2）吉布斯函数变与化学反应方向

某化学反应在恒温恒压、不做非体积功的条件下进行，反应过程的吉布斯函数变与反应自发性之间的关系如下

$\Delta_r G < 0$　　反应正方向自发进行

$\Delta_r G = 0$　　反应处于平衡状态

$\Delta_r G > 0$　　反应正方向非自发，反应逆方向自发进行

即对恒温恒压的封闭体系，在不做非体积功的前提下，任何自发过程都向着吉布斯函数变减小的方向进行。上述可以作为化学反应自发进行方向的判据。

式（1-12）表明，恒温恒压下进行的化学反应，其吉布斯函数变由化学反应的焓变、熵变以及温度所决定。如果反应是放热的 $\Delta_r H < 0$，且熵值增大 $\Delta_r S > 0$，表现为吉布斯函数的减小（$\Delta_r G < 0$），此过程在任何温度下都会自发进行；如果反应是吸热的（$\Delta_r H > 0$），且熵值减小（$\Delta_r S < 0$），表现为吉布斯函数的增大（$\Delta_r G > 0$），此反应在任何温度下都不能自发进行（但逆向可自发进行）。现将 $\Delta_r H$ 和 $\Delta_r S$ 的正、负值以及温度 T 对 $\Delta_r G$ 影响的情况归纳在表 1-1 中。

表 1-1　恒压下 ΔH、ΔS 和 T 对反应自发性的影响

类型	ΔH	ΔS	ΔG	反应情况	举　例
1	−	+	−	在任何温度下都是自发的	$2O_3(g) \longrightarrow 3O_2(g)$
2	+	−	+	在任何温度下都是非自发的	$CO(g) \longrightarrow C(s) + \frac{1}{2}O_2(g)$
3	−	−	低温为− 高温为+	在低温下是自发的 在高温下是非自发的	$HCl(g) + NH_3(g) \longrightarrow NH_4Cl$ (g)
4	+	+	低温为+ 高温为−	在低温下是非自发的 在高温下是自发的	$CaCO_3(s) \longrightarrow CaO(s) + CO_2$ (g)

（3）化学反应吉布斯函数变的计算

1）标准摩尔生成吉布斯函数变

在一定温度 T 和标准状态下，由参考态单质生成物质 B 的标准摩尔吉布斯函数变称为物质 B 的**标准摩尔生成吉布斯函数变**，用符号 $\Delta_f G_m^{\ominus}(T)$ 表示，单位为 $kJ \cdot mol^{-1}$。本书附表 1 或相关化学手册中可以查到物质在 298.15K 时的标准摩尔生成吉布斯函数变值。注意，在标准状态下，参考态单质的标准摩尔生成吉布斯函数值为零。

2）化学反应吉布斯函数变的计算

反应吉布斯函数变 $\Delta_r G_m^{\ominus}(T)$ 可以通过物质的标准摩尔生成吉布斯函数变计算。对于任意反应 $a A + b B \longrightarrow d D + g G$，也有

$$\Delta_r G_m^{\ominus} = [g \Delta_f G_m^{\ominus}(G) + d \Delta_f G_m^{\ominus}(D)] - [a \Delta_f G_m^{\ominus}(A) + b \Delta_f G_m^{\ominus}(B)] \tag{1-13}$$

例 1-7

计算反应 $H_2(g) + Cl_2(g) \longrightarrow 2HCl(g)$ 的标准摩尔吉布斯函数变 $\Delta_r G_m^{\ominus}$。

解：化学反应　　　　　　　$H_2(g) + Cl_2(g) \longrightarrow 2HCl(g)$

$\Delta_f G_m^{\ominus}(B)/kJ \cdot mol^{-1}$　　　　0　　　　0　　　　-95.30

根据式（1-13）可以得到：

$$\Delta_r G_m^\ominus = [2\Delta_f G_m^\ominus(HCl,g)] - [\Delta_f G_m^\ominus(H_2,g) + \Delta_f G_m^\ominus(Cl_2,g)]$$
$$= [2\times(-95.30) - 0] kJ\cdot mol^{-1}$$
$$= -190.60 kJ\cdot mol^{-1}$$

答：反应的标准摩尔吉布斯函数变 $\Delta_r G_m^\ominus = -190.60 kJ\cdot mol^{-1}$。

但是应该注意，由标准摩尔生成吉布斯函数变 $\Delta_f G_m^\ominus(B)$ 计算的 $\Delta_r G_m^\ominus(T)$ 是 298.15K 时的数据；若需要求其他温度下的 $\Delta_r G_m^\ominus(T)$ 数值，需要利用**吉布斯方程** $\Delta_r G_m^\ominus = \Delta_r H_m^\ominus - T\Delta_r S_m^\ominus$ 做计算。

例 1-8

已知合成氨反应：$N_2(g) + 3H_2(g) \longrightarrow 2NH_3(g)$，计算该反应的 $\Delta_r G_m^\ominus(298K)$ 和 $\Delta_r G_m^\ominus(673K)$。

解：由附表1查出各反应物和产物 298K 下的 $\Delta_f G_m^\ominus$、$\Delta_f H_m^\ominus$ 和 $S_m^\ominus$。

$$N_2(g) + 3H_2(g) \longrightarrow 2NH_3(g)$$

	N_2	H_2	NH_3
$\Delta_f G_m^\ominus(B)/kJ\cdot mol^{-1}$	0	0	-16.45
$\Delta_f H_m^\ominus(B)/kJ\cdot mol^{-1}$	0	0	-46.11
$S_m^\ominus(B)/J\cdot mol^{-1}\cdot K^{-1}$	191.61	130.684	192.45

$$\Delta_r G_m^\ominus(298K) = [2\Delta_f G_m^\ominus(NH_3,g)] - [3\times\Delta_f G_m^\ominus(H_2,g) + 1\times\Delta_f G_m^\ominus(N_2,g)]$$
$$= [2\times(-16.45) - 0] kJ\cdot mol^{-1}$$
$$= -32.90 kJ\cdot mol^{-1}$$

$$\Delta_r H_m^\ominus(298K) = [2\Delta_f H_m^\ominus(NH_3,g)] - [3\times\Delta_f H_m^\ominus(H_2,g) + 1\times\Delta_f H_m^\ominus(N_2,g)]$$
$$= [2\times(-46.11) - 0] kJ\cdot mol^{-1}$$
$$= -92.22 kJ\cdot mol^{-1}$$

$$\Delta_r S_m^\ominus(298K) = [2S_m^\ominus(NH_3,g)] - [3\times S_m^\ominus(H_2,g) + 1\times S_m^\ominus(N_2,g)]$$
$$= [2\times192.45 - (3\times130.684 + 1\times191.61)] J\cdot mol^{-1}\cdot K^{-1}$$
$$= -198.76 J\cdot mol^{-1}\cdot K^{-1}$$

$$\Delta_r G_m^\ominus(673K) = \Delta_r H_m^\ominus(298K) - 673K \times \Delta_r S_m^\ominus(298K)$$
$$= -92.22 kJ\cdot mol^{-1} - 673K \times (-198.76) \times 10^{-3} kJ\cdot mol^{-1}\cdot K^{-1}$$
$$= 41.55 kJ\cdot mol^{-1}$$

合成氨反应是放热反应（$\Delta_r H_m^\ominus < 0$），熵减（$\Delta_r S_m^\ominus < 0$）的反应，其 $\Delta_r G_m^\ominus$ 随温度升高将增大，不利于氨的合成。

例 1-9

在 298.15K 和标准状态下，下述反应能否自发进行？

$$CaCO_3(s) \longrightarrow CaO(s) + CO_2(g)$$

解：由附表1查出各反应物和产物 298K 下的 $\Delta_f H_m^\ominus$ 和 $S_m^\ominus$。

化学反应　　　　　　　　　　$CaCO_3(s) \longrightarrow CaO(s) + CO_2(g)$

$\Delta_f H_m^{\ominus}(B)/kJ \cdot mol^{-1}$　　　　-1206.92　　-635.09　　-393.51

$S_m^{\ominus}(B)/J \cdot mol^{-1} \cdot K^{-1}$　　　　92.9　　　　39.75　　　213.74

根据式(1-8)、式(1-11)和式(1-13)，有

$$\Delta_r H_m^{\ominus} = \Delta_f H_m^{\ominus}(CaO,s) + \Delta_f H_m^{\ominus}(CO_2,g) - \Delta_f H_m^{\ominus}(CaCO_3,s)$$
$$= [(-635.09) + (-393.51) - (-1206.92)]kJ \cdot mol^{-1}$$
$$= 178.32kJ \cdot mol^{-1}$$
$$\Delta_r S_m^{\ominus} = S_m^{\ominus}(CaO,s) + S_m^{\ominus}(CO_2,g) - S_m^{\ominus}(CaCO_3,s)$$
$$= [(39.75 + 213.74) - 92.9]J \cdot K^{-1} \cdot mol^{-1}$$
$$= 160.59J \cdot K^{-1} \cdot mol^{-1}$$
$$= 0.16kJ \cdot K^{-1} \cdot mol^{-1}$$
$$\Delta_r G_m^{\ominus}(298.15K) = \Delta_r H_m^{\ominus} - T\Delta_r S_m^{\ominus}$$
$$= 178.32kJ \cdot mol^{-1} - 298.15K \times 0.16kJ \cdot K^{-1} \cdot mol^{-1}$$
$$= 130.62kJ \cdot mol^{-1}$$

答：计算结果 $\Delta_r G_m^{\ominus} = 130.62kJ \cdot mol^{-1} > 0$。$CaCO_3$ 分解反应在室温（298.15K）和标准状态下不能自发进行。

此题还可扩展为计算标准状态下 $CaCO_3$ 分解反应的最低温度。

解：在 $\Delta_r G_m^{\ominus} = 0$ 时的温度下，分解反应达到平衡状态。温度较高时，反应便自发进行。这时最低分解温度为

$$T = \frac{\Delta_r H_m^{\ominus}}{\Delta_r S_m^{\ominus}} = \frac{178.32kJ \cdot mol^{-1}}{0.16kJ \cdot K^{-1} \cdot mol^{-1}} = 1114.5K \ (841.35℃)$$

上述反应的 $\Delta_r H_m^{\ominus} > 0$ 且 $\Delta_r S_m^{\ominus} > 0$，所以该反应在高温下可以自发进行（见表1-1）。

由于此反应在 298.15K 和标准态下进行，因此也可以直接查 $\Delta_f G_m^{\ominus}(B)$ 数据进行计算。

1.3　化学反应进行的程度和化学平衡

要研究和利用一个化学反应，不仅需要知道反应在给定条件下的产物，而且需要知道在该条件下反应可以进行到什么程度，所得的产物最多有多少，如要进一步提高产率，应该采取哪些措施等。因此，要研究化学反应进行的程度和化学平衡。化学平衡理论是热化学的重要理论之一。

1.3.1　化学平衡

（1）化学平衡的基本特征

在给定条件下，有些化学反应可以进行到底，有些化学反应只能进行到一定程度。既可以正方向进行又能逆方向进行的化学反应称作**可逆反应**。

一般来说，大多数化学反应都是可逆的，只是可逆的程度有很大差别。由于正逆反应处于同一系统内，在密闭容器中，可逆反应不能进行到底，即反应物不能全部转化为生成物。例如，在某密闭容器中，充入氢气和碘蒸气，在一定温度下，两者能自动地反应生成气态的碘化氢；同时，生成的碘化氢又分解成氢气和碘蒸气。经过足够长的时间，该容器中的氢气、碘蒸气和碘化氢气体浓度固定不变，达到如下平衡。

$$I_2(g) + H_2(g) \rightleftharpoons 2HI(g)$$

习惯上，将化学反应方程式中从左向右进行的反应叫做**正反应**，从右向左进行的反应叫做**逆反应**。当正反应的反应速率与逆反应的反应速率相等时，系统所处的状态称为**化学平衡**。

达到平衡的系统有如下特征：

① 系统的组成不再随时间而变，正向进行的反应速率与逆向进行的反应速率相等；

② 反应物和生成物的浓度不再随时间而改变，化学平衡是动态平衡；

③ 平衡组成与达到平衡的途径无关。

需要注意的是，化学反应达到平衡状态时，从宏观上看，系统的平衡组成是一定的。从微观上看，正、逆反应仍在进行，只是两者的速率相等，但是并不等于零。因此，化学平衡是一种动态平衡。

（2）标准平衡常数

对于可逆反应 $a\,A(g) + b\,B(aq) + c\,C(s) \rightleftharpoons d\,D(g) + g\,G(aq) + h\,H(l)$，大量实验证明，当反应达到平衡时存在如下等式

$$K^{\ominus} = \frac{[c(G)/c^{\ominus}]^g [p(D)/p^{\ominus}]^d}{[p(A)/p^{\ominus}]^a [c(B)/c^{\ominus}]^b} \tag{1-14}$$

式中，$K^{\ominus}$ 为标准平衡常数。标准平衡常数的表达式中各物种均以各自的标准态为参考态，若某物质是气体，则以相对分压来表示；若是溶液中的某溶质，则以相对浓度来表示。这里 $p(D)$、$p(A)$ 分别是达到化学平衡时物质 D 和 A 的平衡分压，$c(B)$、$c(G)$ 是化学平衡时物质 B 和 G 的平衡浓度。将 $p(D)$、$p(A)$ 除以 $p^{\ominus}$ 得到相对分压，将 $c(B)$、$c(G)$ 除以 $c^{\ominus}$ 得到相对浓度。固体或纯液体不出现在 $K^{\ominus}$ 表达式中。

关于标准平衡常数还要说明以下几点。

① 标准平衡常数 $K^{\ominus}$ 是量纲为 1 的量。$K^{\ominus}$ 值越大，说明反应进行得越彻底，产率越高。

② $K^{\ominus}$ 值不随分压而变，但与温度有关，是温度的函数。

③ 标准平衡常数表达式中，有关组分的平衡浓度或平衡分压都必须用相对浓度或相对分压来表示。

④ 标准平衡常数的表达式及其数值与化学反应方程式的书写形式有关。

$$N_2(g) + 3H_2(g) \rightleftharpoons 2NH_3(g) \qquad K_1^{\ominus} = \frac{[p(NH_3)/p^{\ominus}]^2}{[p(N_2)/p^{\ominus}][p(H_2)/p^{\ominus}]^3}$$

$$\frac{1}{2}N_2(g) + \frac{3}{2}H_2(g) \rightleftharpoons NH_3(g) \qquad K_2^{\ominus} = \frac{p(NH_3)/p^{\ominus}}{[p(N_2)/p^{\ominus}]^{\frac{1}{2}}[p(H_2)/p^{\ominus}]^{\frac{3}{2}}}$$

而且，$K_1^{\ominus} = (K_2^{\ominus})^2$。

⑤ $K^{\ominus}$ 表达式中各物质的相对浓度或相对分压必须是平衡时的相对浓度或相对分压。

⑥ 如果某一反应可表示为两个或多个反应的和或差，则该反应的平衡常数等于两个或多个反应的平衡常数的乘积或商。例如

$$反应 Ⅰ＝反应 Ⅱ＋反应 Ⅲ$$

则总反应的平衡常数可表示为在该温度下各反应的平衡常数的乘积，即

$$K_Ⅰ^\ominus = K_Ⅱ^\ominus K_Ⅲ^\ominus \text{ 或 } K_Ⅱ^\ominus = K_Ⅰ^\ominus / K_Ⅲ^\ominus \tag{1-15}$$

（3）化学平衡的计算

化学平衡的计算包括平衡常数的计算，也包括化学平衡时各反应物和生成物的浓度（或分压）及反应物的转化率的计算。**转化率**是指某反应物平衡时已转化的量占该反应物初始用量的百分数，即

$$某指定反应物的转化率 = \frac{平衡时该物质转化的量}{反应开始时该物质的量} \times 100\%$$

例 1-10

一氧化碳的转化反应：

$$CO(g) + H_2O(g) \rightleftharpoons CO_2(g) + H_2(g)$$

在 797K 时的平衡常数 $K^\ominus = 0.5$。若在该温度下使 2.0mol CO(g) 和 3.0mol H_2O(g)在密闭容器中反应，试计算 CO 在此条件下的最大转化率（平衡转化率）。

解：设达到平衡状态时 CO 转化了 x mol，则可建立如下关系：

| 化学反应 | $CO(g)$ | $+$ | $H_2O(g)$ | $\rightleftharpoons$ | $CO_2(g)$ | $+$ | $H_2(g)$ |

反应起始时各物质的量/mol　　　2.0　　　3.0　　　0　　　0

反应过程中物质的量的变化/mol　　$-x$　　　$-x$　　　x　　　x

平衡时各物质的量/mol　　　　$(2.0-x)$　$(3.0-x)$　　x　　　x

平衡时物质的量的总和为

$$n = [(2.0-x) + (3.0-x) + x + x] \text{ mol} = 5.0 \text{mol}$$

设平衡时系统的总压为 p，则

$$p(CO_2) = p(H_2) = \frac{px}{5.0}$$

$$p(CO) = \frac{p(2.0-x)}{5.0}$$

$$p(H_2O) = \frac{p(3.0-x)}{5.0}$$

代入 $K^\ominus$ 表达式

$$K^\ominus = \frac{[p(CO_2)/p^\ominus][p(H_2)/p^\ominus]}{[p(CO)/p^\ominus][p(H_2O)/p^\ominus]} = \frac{\dfrac{x}{5.0} \times \dfrac{x}{5.0}}{\left(\dfrac{2.0-x}{5.0}\right)\left(\dfrac{3.0-x}{5.0}\right)}$$

$$= \frac{x^2}{6.0 - 5.0x + x^2} = 0.5$$

解得 $x = 1.0$，即 CO 转化了 1.0 mol，其转化率为

$$\frac{x}{2.0} \times 100\% = \frac{1.0}{2.0} \times 100\% = 50\%$$

答：797K 时，CO 的转化率为 50%。

1.3.2 标准平衡常数与标准吉布斯函数变

前面已经学过，可以用 $\Delta_r G_m^{\ominus}(T)$ 来判断标准状态下化学反应的方向。实际应用中，反应混合物很少处于相应的标准状态。反应进行时，气体的分压和溶液的浓度均在不断变化中，直至达到平衡，$\Delta_r G_m(T)=0$。$\Delta_r G_m(T)$ 不仅与温度有关，还与系统组成有关。在化学热力学中，推导出了 $\Delta_r G_m(T)$ 与系统组成间的关系

$$\Delta_r G_m(T)=\Delta_r G_m^{\ominus}(T)+RT\ln J \tag{1-16}$$

此式称为**热力学等温方程式**。式中 $\Delta_r G_m(T)$ 是温度 T 时的非标准状态反应的吉布斯函数变，J 为反应商。

恒温恒压下，对于任一反应

$$a\,A(g)+b\,B(aq)+c\,C(s)\rightleftharpoons d\,D(g)+g\,G(aq)+h\,H(l)$$

$$J=\frac{[c(G)/c^{\ominus}]^g\,[p(D)/p^{\ominus}]^d}{[p(A)/p^{\ominus}]^a\,[c(B)/c^{\ominus}]^b} \tag{1-17}$$

式中，J 的量纲亦为 1。J 的表达式与标准平衡常数 $K^{\ominus}$ 的表达式很相似，二者的区别是：在 $K^{\ominus}$ 的表达式中，各物质的分压及浓度为反应达到平衡时的数值；而在 J 的表达式中，是反应在任意时刻的分压及浓度。

当反应达到平衡时，$\Delta_r G_m(T)=0$，$J=K^{\ominus}$

$$\Delta_r G_m^{\ominus}(T)=-RT\ln K^{\ominus}(T) \tag{1-18}$$

将式（1-18）化为常用对数，则变为

$$\lg K^{\ominus}=\frac{-\Delta_r G_m^{\ominus}(T)}{2.303RT} \tag{1-19}$$

根据此式可以计算反应的标准平衡常数。将式（1-18）代入式（1-16）中，得

$$\Delta_r G_m(T)=-RT\ln K^{\ominus}+RT\ln J \tag{1-20}$$

例 1-11

某合成氨塔入口气体组成为：$f(H_2)=72.0\%$，$f(N_2)=24.0\%$，$f(NH_3)=3.00\%$，$f(Ar)=1.00\%$。反应在 12.0MPa、673K 下进行。利用附表 1 中的有关数据完成下列问题：(1) 计算该反应的 $\Delta_r G_m^{\ominus}(298K)$ 和 $\Delta_r G_m^{\ominus}(673K)$；(2) 估算该温度下合成氨反应的标准平衡常数，并判断反应在上述条件下能否自发进行。

解：

(1) 根据【例 1-8】的计算

$$\Delta_r G_m^{\ominus}(298K)=-32.90kJ\cdot mol^{-1}\qquad \Delta_r G_m^{\ominus}(673K)=41.55kJ\cdot mol^{-1}$$

(2) 把 (1) 得到的结果代入式 (1-18)

$$\ln K^{\ominus}(673K)=\frac{-\Delta_r G_m^{\ominus}(673K)}{RT}=\frac{-41.55kJ\cdot mol^{-1}}{8.314J\cdot mol^{-1}\cdot K^{-1}\times 673K}=-7.462$$

$$K^{\ominus}(673K)=5.75\times 10^{-4}$$

判断非标准状态下的反应方向，需要计算 $\Delta_r G_m(673K)$，根据式（1-17）求反应商 J：

$$J=\frac{[p(NH_3)/p^{\ominus}]^2}{[p(N_2)/p^{\ominus}][p(H_2)/p^{\ominus}]^3}$$

$$= \frac{\left[\dfrac{12.0\times10^3\times0.0300}{100}\right]^2}{\left[\dfrac{12.0\times10^3\times0.240}{100}\right]\times\left[\dfrac{12.0\times10^3\times0.720}{100}\right]^3}=6.98\times10^{-7}$$

$$\Delta_r G_m(673K)=\Delta_r G_m^{\ominus}(673K)+RT\ln J$$

$$=41.55\text{kJ}\cdot\text{mol}^{-1}+8.314\times10^{-3}\text{kJ}\cdot\text{mol}^{-1}\cdot\text{K}^{-1}\times673K\times\ln6.98\times10^{-7}$$

$$=-37.7\text{kJ}\cdot\text{mol}^{-1}$$

$\Delta_r G_m(673K)<0$，该反应能够自发进行，即反应可以正向进行。

通过上面的计算可以看出，化学反应等温方程式是一个非常重要的判断依据。该式也可以通过计算反应商 J 来判断未达到平衡时系统的反应自发进行的方向，即

当 $J<K^{\ominus}$ 时，$\Delta_r G_m<0$，正向反应自发进行；

当 $J=K^{\ominus}$ 时，$\Delta_r G_m=0$，反应处于平衡状态；

当 $J>K^{\ominus}$ 时，$\Delta_r G_m>0$，时，正向反应不自发，逆向反应自发。

上述关系称为反应商判据。

1.3.3　化学平衡的移动

化学平衡是相对的，同时又是有条件的。当外界条件改变时，向某一方向进行的反应速率大于向相反方向进行的速率，平衡状态被破坏，直到正、逆反应速率再次相等，此时系统的组成已经发生了变化，建立起与新条件相适应的新的平衡。这种因条件的改变使化学反应从原来的平衡状态转变到新的平衡状态的过程称为**化学平衡的移动**。因此可以由两次平衡中浓度（分压）的变化来判断平衡移动的情况。

若生成物的浓度（分压）比平衡被破坏时增大了，规定为平衡向正反应方向（或向右）移动；若反应物的浓度（分压）比平衡被破坏时增加了，规定为平衡向逆反应方向（或向左）移动。现就浓度、压力、温度对化学平衡移动的影响进行讨论。

（1）浓度对化学平衡移动的影响

浓度的改变虽然可以使化学平衡发生移动，但是它不能改变标准平衡常数的数值，因为在一定的温度下，$K^{\ominus}$ 值一定。根据反应商 J 数值的大小，可以推测化学平衡移动的方向。对于溶液中发生的反应，平衡时，$J=K^{\ominus}$；当反应物浓度增加或产物浓度减小时，将使反应商 J 变小。此时，$J<K^{\ominus}$，平衡向正方向移动。当反应物浓度减小或产物浓度增大时，J 变大，$J>K^{\ominus}$，平衡向逆向移动。

在化工生产中，经常利用这一原理，通过增加廉价或易得原料的加入量，提高贵重或稀缺原料的转化率。

例 1-12

25℃时，反应 $Fe^{2+}(aq)+Ag^{+}(aq)\rightleftharpoons Fe^{3+}(aq)+Ag(s)$ 的 $K^{\ominus}=3.2$。

（1）当 $c(Ag^{+})=1.00\times10^{-2}\text{mol}\cdot\text{L}^{-1}$，$c(Fe^{2+})=0.100\text{mol}\cdot\text{L}^{-1}$，$c(Fe^{3+})=1.00\times10^{-3}\text{mol}\cdot\text{L}^{-1}$ 时反应向哪一方向进行？

（2）平衡时，Ag^{+}、Fe^{2+}、Fe^{3+} 的浓度各为多少？

（3）Ag^{+} 的转化率为多少？

（4）如果保持 Ag^+、Fe^{3+} 的初始浓度不变，使 $c(Fe^{2+})$ 增大至 $0.300mol \cdot L^{-1}$，求 Ag^+ 的转化率。

解：（1）计算反应商，判断反应方向

$$J = \frac{c(Fe^{3+})/c^{\ominus}}{[c(Fe^{2+})/c^{\ominus}][c(Ag^+)/c^{\ominus}]}$$

$$= \frac{1.00 \times 10^{-3}}{0.100 \times 1.00 \times 10^{-2}} = 1$$

$J < K^{\ominus}$，反应正向进行。

（2）平衡组成的计算

$$Fe^{2+}(aq) + Ag^+(aq) \rightleftharpoons Fe^{3+}(aq) + Ag(s)$$

	Fe^{2+}	Ag^+	Fe^{3+}
开始 $c(B)/mol \cdot L^{-1}$	0.100	1.00×10^{-2}	1.00×10^{-3}
变化 $c(B)/mol \cdot L^{-1}$	$-x$	$-x$	x
平衡 $c(B)/mol \cdot L^{-1}$	$0.100-x$	$1.00 \times 10^{-2}-x$	$1.00 \times 10^{-3}+x$

$$K^{\ominus} = \frac{c(Fe^{3+})/c^{\ominus}}{[c(Fe^{2+})/c^{\ominus}][c(Ag^+)/c^{\ominus}]}$$

$$3.2 = \frac{1.00 \times 10^{-3}+x}{(0.100-x)(1.00 \times 10^{-2}-x)}$$

$$3.2x^2 - 1.352x + 2.2 \times 10^{-3} = 0, \quad x = 1.6 \times 10^{-3}$$

平衡时，$c(Ag^+) = 8.4 \times 10^{-3}mol \cdot L^{-1}$，$c(Fe^{2+}) = 9.84 \times 10^{-2}mol \cdot L^{-1}$，$c(Fe^{3+}) = 2.6 \times 10^{-3}mol \cdot L^{-1}$

（3）求 Ag^+ 的转化率 α_1

$$\alpha_1(Ag^+) = \frac{1.6 \times 10^{-3}}{1.00 \times 10^{-2}} \times 100\% = 16\%$$

（4）设达到新的平衡时，Ag^+ 的转化率为 α_2，则平衡时，

$$c(Fe^{2+}) = (0.300 - 1.00 \times 10^{-2}\alpha_2)mol \cdot L^{-1}$$

$$c(Ag^+) = [1.00 \times 10^{-2} \times (1-\alpha_2)]mol \cdot L^{-1}$$

$$c(Fe^{3+}) = (1.00 \times 10^{-3} + 1.00 \times 10^{-2}\alpha_2)mol \cdot L^{-1}$$

$$3.2 = \frac{1.00 \times 10^{-3} + 1.00 \times 10^{-2}\alpha_2}{(0.300 - 1.00 \times 10^{-2}\alpha_2)[1.00 \times 10^{-2}(1-\alpha_2)]}$$

$$\alpha_2 = 43\%$$

$\alpha_2(Ag^+) > \alpha_1(Ag^+)$，这是由于增加了 $c(Fe^{2+})$，使平衡向右移动，Ag^+ 的转化率有所提高。

对于可逆反应，若提高某一反应物的浓度或降低产物的浓度，都可使 $J < K^{\ominus}$，平衡将向着减少反应物浓度和增加产物浓度的方向移动。在化工生产中，常利用这一原理来提高反应物的转化率。

（2）压力对化学平衡的影响

在一定温度下，对于有气体参与的化学反应来说，与浓度的变化类似，分压或总压的

变化不改变标准平衡常数的数值，只能使反应商的数值改变，从而对化学平衡产生影响。而且压力对化学平衡的影响主要是指反应方程式两边气体分子总数不相等的反应。

例如，合成氨反应 $N_2(g) + 3H_2(g) \rightleftharpoons 2NH_3(g)$，在某温度下反应达到平衡，其标准平衡常数

$$K_1^{\ominus} = \frac{[p(NH_3)/p^{\ominus}]^2}{[p(N_2)/p^{\ominus}][p(H_2)/p^{\ominus}]^3}$$

若温度不变，将平衡体系总压增加 1 倍，各气体的分压也将增加 1 倍，则反应商

$$J = \frac{[2p(NH_3)/p^{\ominus}]^2}{[2p(N_2)/p^{\ominus}][2p(H_2)/p^{\ominus}]^3} = \frac{K^{\ominus}}{4} < K^{\ominus}$$

平衡向正反应方向移动，即向气体分子数减少的方向进行。

通常，对于反应方程式两边气体分子总数不相等的反应，恒温下，增加体系的压力，平衡向气体分子数减少的方向移动；减小压力，平衡向气体分子数增加的方向移动。对于反应方程式两边气体分子总数相等的反应，压力的改变不对平衡产生影响。

（3）温度对化学平衡的影响

前面已经讲过，$K^{\ominus}(T)$ 是温度的函数。当温度变化时引起 $K^{\ominus}(T)$ 的变化，$J \neq K^{\ominus}$，导致化学平衡的移动。由此可以看出，温度对化学平衡的影响，与浓度和压力对化学平衡的影响有本质的区别。温度对化学平衡的影响，可以用范特霍夫（Van't Hoff）方程来描述。

根据吉布斯方程（1-12）和式（1-18）

$$\Delta_r G_m^{\ominus}(T) = \Delta_r H_m^{\ominus}(T) - T\Delta_r S_m^{\ominus}(T) \tag{1-12}$$

$$\Delta_r G_m^{\ominus}(T) = -RT\ln K^{\ominus}(T) \tag{1-18}$$

把式（1-12）代入式（1-18），得

$$-RT\ln K^{\ominus}(T) = \Delta_r H_m^{\ominus}(T) - T\Delta_r S_m^{\ominus}(T)$$

$$\ln K^{\ominus}(T) = -\frac{\Delta_r H_m^{\ominus}(T)}{RT} + \frac{\Delta_r S_m^{\ominus}(T)}{R} \tag{1-21a}$$

在温度变化范围不是很大，参与反应的各物质没有相变化的情况下，可以近似地将 $\Delta_r H_m^{\ominus}(T)$ 和 $\Delta_r S_m^{\ominus}(T)$ 看作与温度无关，认为 $\Delta_r H_m^{\ominus}(T) \approx \Delta_r H_m^{\ominus}(298K)$，$\Delta_r S_m^{\ominus}(T) \approx \Delta_r S_m^{\ominus}(298K)$。式（1-21a）可以写成

$$\ln K^{\ominus}(T) = -\frac{\Delta_r H_m^{\ominus}(298K)}{RT} + \frac{\Delta_r S_m^{\ominus}(298K)}{R} \tag{1-21b}$$

温度 T_1 时

$$\ln K_1^{\ominus}(T_1) = -\frac{\Delta_r H_m^{\ominus}(298K)}{RT_1} + \frac{\Delta_r S_m^{\ominus}(298K)}{R}$$

温度 T_2 时

$$\ln K_2^{\ominus}(T_2) = -\frac{\Delta_r H_m^{\ominus}(298K)}{RT_2} + \frac{\Delta_r S_m^{\ominus}(298K)}{R}$$

两式相减得

$$\ln\frac{K_2^{\ominus}(T_2)}{K_1^{\ominus}(T_1)} = -\frac{\Delta_r H_m^{\ominus}(298K)}{R}\left(\frac{1}{T_2} - \frac{1}{T_1}\right) \tag{1-21c}$$

或化作

$$\lg \frac{K_2^{\ominus}(T_2)}{K_1^{\ominus}(T_1)} = \frac{\Delta_r H_m^{\ominus}(298K)}{2.303R}\left(\frac{T_2 - T_1}{T_1 T_2}\right) \tag{1-21d}$$

式中，$K_1^{\ominus}$、$K_2^{\ominus}$ 分别为温度 T_1、T_2 时的标准平衡常数；$\Delta_r H_m^{\ominus}$ 为可逆反应的标准摩尔焓变。式（1-21a）、式（1-21b）、式（1-21c）、式（1-21d）都称为范特霍夫方程。从中可以看出，温度对 $K^{\ominus}$ 的影响与 $\Delta_r H_m^{\ominus}$ 的正负有关。

对于放热反应，$\Delta_r H_m^{\ominus} < 0$，当温度升高时（$T_2 > T_1$），则 $K_2^{\ominus} < K_1^{\ominus}$，即平衡常数值变小，平衡向左移动，即反应向吸热方向进行；对于吸热反应，$\Delta_r H_m^{\ominus} > 0$，当温度升高时，平衡常数值变大，平衡向右移动，反应向吸热方向进行。

前面讨论了浓度、压力和温度对平衡移动的影响，现总结如下：系统处于平衡状态时，如果改变平衡系统的条件之一（浓度、压力和温度），平衡就向能减弱这种改变的方向移动。这一定性判断平衡移动的规则是 1884 年由法国科学家吕·查德里（Le Chatelier）提出来的，称为吕·查德里原理。

1.4 化学反应速率

研究化学反应速率及反应机理的科学称为**化学动力学**，它是一门在理论和实践上都具有重要意义的科学。在化工生产中，化学反应速率直接影响着化工产品的产量，人们总是希望这些化学反应的速率越快越好。而对于一些不利的反应，如食物的腐败、药品的变质、机体的衰老、钢铁的锈蚀以及橡胶和塑料制品的老化等，人们总是希望这些反应的速率越慢越好。研究化学反应速率及其影响反应速率的因素，其目的就是为了控制或加速反应速率，使其更好地为人类服务。

1.4.1 化学反应速率的表示

化学反应速率，是用在一定条件下单位时间内某反应物浓度的减少或某生成物浓度的增加量来表示。

化学反应速率定义如下。

对于一般的化学反应 $a\text{A} + b\text{B} \longrightarrow g\text{G} + d\text{D}$，有

$$v = -\frac{1}{a}\frac{dc(\text{A})}{dt} = -\frac{1}{b}\frac{dc(\text{B})}{dt} = \frac{1}{g}\frac{dc(\text{G})}{dt} = \frac{1}{d}\frac{dc(\text{D})}{dt} \tag{1-22}$$

式中，a、b、c、d 是化学反应方程式中各个物质前的系数；$\dfrac{dc(\text{A})}{dt}$、$\dfrac{dc(\text{B})}{dt}$ 表示单位时间内反应物的减少，$\dfrac{dc(\text{A})}{dt} < 0$，$\dfrac{dc(\text{B})}{dt} < 0$；$\dfrac{dc(\text{G})}{dt}$ 和 $\dfrac{dc(\text{D})}{dt}$ 表示单位时间内生成物的增加，$\dfrac{dc(\text{G})}{dt} > 0$，$\dfrac{dc(\text{D})}{dt} > 0$。由于反应速率为正值，所以在 $\dfrac{dc(\text{A})}{dt}$、$\dfrac{dc(\text{B})}{dt}$ 前需要加上负号。时间 t 单位可以用 s（秒）、min（分）、h（小时），浓度 c 单位用 $mol \cdot L^{-1}$。反应速率的单位可以表示为 $mol \cdot L^{-1} \cdot s^{-1}$、$mol \cdot L^{-1} \cdot min^{-1}$ 或 $mol \cdot L^{-1} \cdot h^{-1}$。

现以 N_2O_5 分解为例加以说明：

$$2N_2O_5(g) \longrightarrow 4NO_2(g) + O_2(g)$$

则其化学反应速率为

$$v = \frac{dc(NO_2)}{4dt} = \frac{dc(O_2)}{dt} = -\frac{dc(N_2O_5)}{2dt}$$

若将上述反应方程式改为 $N_2O_5(g) \longrightarrow 2NO_2(g) + \frac{1}{2}O_2(g)$

则其化学反应速率为

$$v = \frac{dc(NO_2)}{2dt} = \frac{2dc(O_2)}{dt} = -\frac{dc(N_2O_5)}{dt}$$

可见，对于同一反应系统，以浓度为基础的化学反应速率 v 的数值与选用何种物质为基准无关，只与化学反应计量方程式有关。

1.4.2　反应速率理论和活化能

不同化学反应的反应速率各不相同，这是由反应物分子的微观结构所决定的，它是影响反应速率的主要因素。此外，反应速率还与反应物的浓度、温度和催化剂等外界条件有关。为了说明这些问题，需要介绍反应速率理论和活化能的概念。

（1）碰撞理论

1918 年，路易斯（W. C. M. Lewis）首先提出气相双分子反应的碰撞理论，后来进一步发展为有效碰撞理论。其基本论点如下。

① 化学反应发生的先决条件是反应物分子之间必须相互碰撞，碰撞频率的大小决定反应速率的大小，但并非所有的碰撞都能发生反应。

② 分子间只有有效碰撞才能发生反应。实际上，在反应物分子的无数次的碰撞中，只有极少数的碰撞才能发生化学反应。这种能够发生化学反应的碰撞称为**有效碰撞**。能够发生有效碰撞的分子称为**活化分子**，它比普通分子具有更高的能量。在一定条件下，参加反应的分子所具有的平均能量为 E，把活化分子所具有的平均能量 E^* 与分子的平均能量 E 之差，称作**反应的活化能**（E_a）。活化能是使具有平均能量的反应物分子变成活化分子所需吸收的最低能量。发生有效碰撞时反应物分子除了具有足够高的能量外，还必须有适当的碰撞方位。

活化能的大小与反应速率关系很大。每个反应都有一定的活化能，一般化学反应的活化能为 $60 \sim 250 kJ \cdot mol^{-1}$。在一定温度下，反应的活化能愈大，则活化分子的百分数就愈小，反应速率就愈慢；反之，反应的活化能愈小，则活化分子百分数就愈大，反应速率就愈快。一般情况下，活化能小于 $40 kJ \cdot mol^{-1}$ 的反应速率很快，可瞬间完成，如中和反应等；活化能大于 $400 kJ \cdot mol^{-1}$ 的反应速率就非常慢。

（2）过渡状态理论

碰撞理论仅能解释比较简单的化学反应，没有考虑分子内部结构的影响因素，有一定的局限性。随着人们对分子、原子内部结构研究的深入，20 世纪 30 年代人们在统计力学和量子力学的基础上提出了过渡状态理论，也称为活化配合物理论。

过渡状态理论认为：反应物分子之间并不是通过简单碰撞直接形成产物，而是必须经过一个形成活化配合物的过渡状态，并且达到这个过渡状态需要一定的活化能。

对于反应 A+BC ——→AB+C，当反应物分子的能量至少等于形成活化配合物分子的最低能量，并按适当的方位碰撞时，分子 BC 中的旧键才能削弱，A 和 B 之间的新键才能形成，生成所谓的活化配合物 A···B···C。可见，活化配合物分子是反应物中原子的组合，有一定的能量，但由于它的化学键较弱，所以一经形成，便很快分解，有可能分解为较稳定的产物，也可能分解为原来的反应物。

$$A+BC \rightleftharpoons [A···B···C]^* \rightleftharpoons AB+C$$

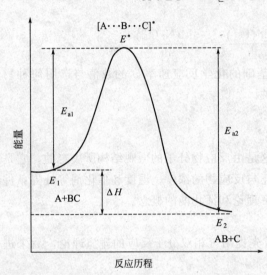

图 1-4　反应过程中能量变化

上述反应中能量的变化如图 1-4 所示。反应物要形成活化配合物，反应物分子必须要爬上这个能垒，即它的能量必须比反应物分子的平均能量（E_1）高出 E_{a1}，E_{a1} 就是反应的活化能。在一定温度下，反应的活化能愈大，能垒愈高，能越过能垒的反应物分子数愈少，反应速率就愈小；如果反应的活化能愈小，能垒就愈低，反应速率就愈大。反应逆向进行也类似，E_2 表示生成物分子的平均能量，E^* 表示活化配合物分子的平均能量，E_{a2} 为逆反应的活化能。正、逆反应活化能 E_{a1} 与 E_{a2} 之差就是化学反应的热效应 ΔH。对于此反应来说，$E_{a1} < E_{a2}$，所以正反应是放热的，逆反应是吸热的。

1.4.3　影响化学反应速率的因素

（1）浓度对化学反应速率的影响

木条在纯氧中燃烧要比在空气中燃烧剧烈得多，这就是浓度对反应速率的影响。根据活化分子的概念可知：在一定温度下，对某一固定的化学反应，反应物的活化分子百分数是固定的。因此，单位体积内活化分子的数目是与反应物分子的总数成正比的，即与反应物的浓度成正比。当增加反应物浓度时，单位体积内反应物分子总数增多，活化分子数也相应地增多，从而增加了单位时间内的有效碰撞次数，导致反应速率加快。

在一定温度下，一步完成的简单反应称为**基元反应**，简称**元反应**。实验证明，基元反应的反应速率与各反应物浓度幂的（以化学反应方程式中相应物质的化学计量系数为指数）乘积成正比，这个结论称为**质量作用定律**。

例如 $a\text{A}+b\text{B} \longrightarrow g\text{G}+d\text{D}$ 为基元反应，则

$$v=kc^a(\text{A})c^b(\text{B}) \tag{1-23}$$

式（1-23）称为**质量作用定律表达式**。式中 k 称为反应速率常数，它是反应物浓度为 1mol·L^{-1} 时的反应速率，即当 $c(\text{A})=c(\text{B})=1\text{mol·L}^{-1}$ 时，$v=k$。对于指定反应来说，k 只是温度的函数，与浓度无关；式中 $a+b$ 称为反应级数，即在反应速率方程中，各反应物浓度的指数之和。

质量作用定律仅适用于基元反应，但大多数反应不是基元反应，而是由两个或两个以

上基元反应步骤完成的复杂反应（也叫非基元反应）。这时质量作用定律虽然适用于其中每一步基元反应，但不适用于总反应。

例如，复杂反应

$$2NO+2H_2 \longrightarrow N_2+2H_2O$$

实验测得该反应分为以下两步进行

$$2NO+H_2 \longrightarrow N_2+H_2O_2 \tag{1}$$

$$H_2O_2+H_2 \longrightarrow 2H_2O \tag{2}$$

研究发现，（2）步反应很快，（1）步反应很慢。所以，总反应速率由（1）步反应的反应速率决定，总反应速率与浓度的关系式

$$v=kc^2(NO)c(H_2)$$

这种根据实验测得的反应速率与浓度的关系式称为**反应速率方程**。显然，复杂反应的反应速率方程必须通过实验来确定。

（2）温度对化学反应速率的影响

温度是影响化学反应速率的重要因素，一般来说，温度升高，反应速率加快。这是因为当温度升高时，分子的运动速率加快，反应物分子之间的碰撞次数增多，反应速率加快。更重要的原因是由于温度升高使一些能量较低的反应物分子吸收能量成为活化分子，活化分子百分数增大，有效碰撞次数增加，从而大大地加快了反应速率。

反应速率常数 k 是温度的函数，会随着温度的改变而改变。1890 年，瑞典化学家阿伦尼乌斯（S. A. Arrhenius）在大量实验的基础上，提出了温度与反应速率常数关系的经验公式。

$$k=A\exp(-E_a/RT) \tag{1-24a}$$

以对数形式表示，则为

$$\ln k=-\frac{E_a}{RT}+\ln A \tag{1-24b}$$

式（1-24a）和式（1-24b）都称为**阿伦尼乌斯方程**。A 为给定反应的特征常数，称为**指前因子**，与反应物分子的碰撞频率、反应物分子定向碰撞等因素有关，与反应物浓度及反应温度无关。由式（1-24a）可见，反应速率常数与温度 T 成指数关系，因此温度的微小变化都会使 k 有较大的变化，体现了温度对反应速率的显著影响。

由式（1-24）可知，若已知两个不同温度下的速率常数，就可求出反应的活化能。设 k_1 和 k_2 分别表示某反应在 T_1、T_2 时的反应速率常数，则式（1-24b）可分别写为

$$\ln k_1=-\frac{E_a}{RT_1}+\ln A \tag{1}$$

$$\ln k_2=-\frac{E_a}{RT_2}+\ln A \tag{2}$$

式（2）－式（1）得，

$$\ln\frac{k_2}{k_1}=\frac{E_a}{R}\left(\frac{T_2-T_1}{T_1T_2}\right) \tag{1-25a}$$

上式换成常用对数得

$$\lg\frac{k_2}{k_1}=\frac{E_a}{2.303R}\left(\frac{T_2-T_1}{T_1T_2}\right) \tag{1-25b}$$

应用式（1-25）就可以从两个温度下的反应速率常数求出反应活化能，或已知反应的

活化能及某一温度下的 k，即可算出其他温度时的 k。

例 1-13

已知某酸在水溶液中发生分解反应。当温度为 10℃ 时反应速率常数为 1.08×10^{-4} s^{-1}；60℃ 时，反应速率常数为 $5.48 \times 10^{-2} s^{-1}$，试计算这个反应的活化能和 20℃ 的反应速率常数。

解：（1）将已知数据代入式（1-25b）得

$$\lg \frac{5.48 \times 10^{-2}}{1.08 \times 10^{-4}} = \frac{E_a}{2.303 \times 8.314} \times \left(\frac{333 - 283}{333 \times 283} \right)$$

解得：$E_a = 97.6 kJ \cdot mol^{-1}$

（2）将 E_a 和上述任一已知温度时的速率常数代入式（1-25b）

$$\lg \frac{k}{1.08 \times 10^{-4}} = \frac{97.6 \times 10^3}{2.303 \times 8.314} \times \left(\frac{293 - 283}{283 \times 293} \right)$$

解得：20℃ 时，$k = 4.45 \times 10^{-1} s^{-1}$。

（3）催化剂对化学反应速率的影响

催化剂是影响反应速率的一个重要因素。在现代化工生产中 $80\% \sim 90\%$ 的反应过程都使用催化剂，如合成氨、石油裂解、油脂加氢、药物合成等都使用催化剂。催化剂的使用可以使反应速率大大改变。如接触法生产硫酸的关键步骤是将 SO_2 转化为 SO_3，采用 V_2O_5 作催化剂，可使反应速率增加 1.6×10^8 倍。

催化剂之所以能改变化学反应速率，根据过渡状态理论的解释认为，是由于催化剂参加了反应，改变了反应历程，降低了反应的活化能。使更多的分子可以越过能垒并形成活化配合物，在温度不变的情况下，增大了反应中活化分子的百分数，从而使反应速率大大加快。

例如，反应 $A + B \Longleftrightarrow AB$，其活化能很大，无催化剂时反应很慢，加入催化剂 Cat.，反应历程改变了

（a）$A + B + Cat. \Longleftrightarrow A\ Cat. + B$

（b）$A\ Cat. + B \Longleftrightarrow AB + Cat.$

由图 1-5 可见，（a）、（b）两步反应的活化能 E_a' 和 E_a'' 都小于原反应的 E_a，由于改变了反应途径，使反应沿着活化能较低的途径进行，从而加快了反应速率。

催化剂具有以下几个基本特征。

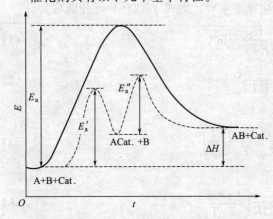

图 1-5　催化剂对反应历程和活化能的影响

① 只能对热力学上可能发生的反应起作用。在恒温、恒压、不做非体积功的条件下，一个化学反应能否发生取决于 $\Delta_r G_m$，只有 $\Delta_r G_m < 0$ 的反应才能自发进行。由于催化剂不能改变 $\Delta_r G_m$，所以不能使 $\Delta_r G_m > 0$ 的反应进行。对于热力学预言不能发生的反应，使用任何催化剂都是徒劳的，但催化剂可以使 $\Delta_r G_m < 0$ 的反应速率大幅度提高。

② 通过改变反应途径可以缩短达到平衡的时间。催化剂能同等程度地加快正反应速率和逆反应速率，缩短反应达到平衡的时间。

因此，一个对正反应有催化作用的催化剂，必然对逆反应也有催化作用。利用这一原理，可以帮助人们从某些容易实现的逆反应入手，去寻找比较难实现的正反应的催化剂。

③ 催化剂有选择性，一种催化剂在一定条件下只对某一个反应或某一类反应具有催化作用，而对其他反应没有催化作用。例如，乙醇的热分解反应因使用不同的催化剂而得到不同的产物。

当温度为 350～360℃时，$C_2H_5OH \xrightarrow{Al_2O_3} C_2H_4 + H_2O$

当温度为 200～250℃时，$C_2H_5OH \xrightarrow{Cu} CH_3CHO + H_2$

当温度为 140℃时，$2C_2H_5OH \xrightarrow{Cu} CH_3CH_2OCH_2CH_3 + H_2O$

（4）影响多相反应速率的因素

不均匀系统中的多相反应过程比前面讨论的单相反应要复杂得多。在单相系统中，所有反应物的分子都可能相互碰撞并发生化学反应；在多相系统中，只有在相的界面上，反应物粒子才有可能接触并进而发生化学反应。反应产物如果不能离开相的界面，就将阻碍反应的继续进行。因此，对于多相反应系统，除反应物浓度、反应温度、催化作用等因素外，相的接触面和扩散作用对反应速率也有很大影响。

气体、液体在固体表面上发生的反应，可以认为至少要经过以下几个步骤才能完成：反应物分子向固体表面扩散；反应物分子被吸附在固体表面；反应物分子在固体表面上发生反应，生成产物；产物分子从固体表面上解吸；产物分子经扩散离开固体表面。这些步骤中的任何一步都会影响整个反应的速率。在实际生产中，常常采取振荡、搅拌、鼓风等措施就是为了加强扩散作用；粉碎固体反应物或将液体反应物喷成雾状则是为了增加两相间的接触面积。

知识链接

1 软物质

对于世间万物，可以根据分子种类划分成纯净物和混合物；也可以根据化学性质划分成金属，非金属等；还可以根据是否含碳原子而划分成无机物和有机物等。可以说，大家熟悉的划分方法数不胜数。然而，你听说过把物质划分成软物质和硬物质吗？

"软物质"这一概念，是1991年度的诺贝尔奖获得者、法国物理学家德·热纳，在诺贝尔奖授奖会上的演讲题目。

软物质是指处于固体和理想流体之间的物质。一般由大分子或基团(固、液、气)组成，如液晶、聚合物、胶体、膜、泡沫、颗粒物质、生命体系等，在自然界、生命体、日常生活和生产中广泛存在。软物质与人们生活息息相关，如橡胶、人造纤维、墨汁、洗涤液、饮料、乳液、药品和化妆品等；在技术上有广泛应用，如液晶、聚合物等；生物体基本上均由软物质组成，如细胞、体液、蛋白质、DNA等。对软物质的深入研究，将对生命科学、化学化工、医学、药物、食品、材料、环境、工程等领域及人们日常生活有重要意义。

对软物质的通俗理解，是指容易形变的东西。尽管通俗地说软物质很容易，但要对软物质下严格的定义却十分困难。德·热纳当年的定义是对小作用起大响应的所有物理化学体系。

软物质是复杂体系，与固体和液体有不同的运动规律，需要我们深入认识。弱力强反应是软物质的重要特性，曾被德·热纳当年用作软物质的定义。弱力强反应是指：对外界微小作用的敏感性,即小的外加物理、化学作用能够促使力学性质发生显著变化,以便更好地适应系统所在的环境。

德·热纳举了印第安人橡胶靴子的例子。2500年前,亚马逊河流域的印第安土著就懂得用橡胶树的白色乳汁涂在脚上,20分钟后就凝固成为一双靴子。但这种靴子只能穿一天,由于空气氧化,纯天然的橡胶靴很快就破碎了。这种有趣的相变现象在现代生活中也经常可以看到,女士们用以美容的一种称为"面膜"的物质天天在她们的脸上发生着类似的"液-固"相变。发生这种相变的原因现在已经比较清楚,这些液体中含有大量的链状有机分子,链状分子之间的相互作用非常小,它们各自流动的行为几乎是完全独立的。仅当这些物质暴露在空气中时,会有少量的氧进入这些物质。氧原子所特有的化学活性使其在长链分子的某些位置和碳原子发生了化学反应,其结果是将两条长链分子在反应位置打了结,从而使这些长链交联成了网,成了固体。

直到1839年,美国人固特异发明了橡胶硫化处理技术,才使橡胶成为坚固耐用的材料。橡胶的硫化是一种极其微弱的化学反应,天然橡胶的每200个碳原子中,只有1个原子与硫发生反应。尽管化学作用如此微弱,却足以使物质的物理性质发生从液态到固态的巨大变化,胶汁变成了橡胶。这证明:有些物质会因微弱的作用而改变状态。于是橡胶就成了一个实现工业化生产的聚合物。空气中的氧可使橡胶长链分子断裂,而与氧同族的硫元素仅仅比氧的化学活性略差一点,却使长链分子结合得更好,这就是软物质的一个奇异特性:弱力引起强变化反应。

2　合成氨使用条件的选择

合成氨反应的工业化,是借助于化学平衡和平衡移动的观点(当然也考虑到化学反应速率的问题)。最早提出可供工业生产合成氨的方法的是德国化学家弗里茨·哈伯。他因氨合成法的重大发明荣获1918年的诺贝尔化学奖;又因第一次世界大战中发明毒气并首开化学战而受到后人,尤其是科学家的批评。

肥料是农业之宝,氮肥是植物的生长的重要营养成分。19世纪前,氮肥的主要来源是粪便和有机物副产品,如花生饼、豆饼等;后来又发现产于南美智利的硝石(硝酸钠)也可作为氮肥使用。但天然资源总是有限的,因此在20世纪初,在当时德国的工业界,便有了利用空气中80%的氮来制造氮肥的想法。从反应原理来说,3份氢和1份氮反应可以得到2份氨。但这么一个简单的化学反应实现工业化生产却走过了一条艰苦探索的道路。

从1901年开始,哈伯就在实验室中开始了合成氨的实验。他们先是按照传统的方法,让氢气和氮气在常温和常压下进行反应,怎么也得不到氨气。他们又给混合气体通电火花,结果有微量的氨产生。电火花可以产生暂时的高温,那么用强热的方法也许可以得到较多的氨。按照这一思路,他们采取了高温加热的方法。可是实验结果是失败的。

19世纪末和20世纪初,化学的新领域——物理化学的研究取得了巨大进展。可逆反应、化学平衡的概念被提出来了,哈伯由此得到了很大启发,他认识到沿老路走下去是没有出路的,必须从化学平衡的新角度去重新拓展思路。他们计算了合成氨反应的平衡常数,以及生产氨的平衡浓度,并了解到在较高温度下该反应的转化率不可能很高,必须改变原有的反应条件。这时哈伯从助手那里得到了一份法国科学院的院刊,上面有一篇文章报道了法国化学家吕•查德里在用高温高压方法合成氨时反应器爆炸的事故。实际上,吕•查德里是第一位研究合成氨反应的科学家。他在 1900 年,根据理论推算认为这一反应能在高压下进行。但他在实验时,不慎在氮、氢混合气中混进了一些空气,以致实验时发生爆炸。他没有查明爆炸的真实原因,就草率地决定停止实验。

从吕•查德里的实验中,哈伯受到了加压的启示,决定从加高压和选择高效催化剂入手,提高合成氨反应的产率,实验研究的步伐大大加快了。1909 年 7 月,在 500～600℃ 的高温和 175～200 个大气压的高压下,用锇-铀为催化剂终于得到了浓度为 8% 的氨,实验取得了有应用价值的突破。哈伯还提出了"循环"的新概念,即将氨冷凝分离出来,将未反应的氮和氢重新作为原料。实际上,哈伯的几项措施都是很有道理的。加压可以使平衡向产物方向移动,移走产物同样可使平衡向生成产物的方向移动,加热和加催化剂都可加快反应速率。这一反应的实现带来了巨大的经济效益和社会效益,因此哈伯获得了诺贝尔化学奖。

一个看起来简单的化学反应,在实现工业化的过程中经历了许多次的失败,历时好几年,哈伯与他的助手做了两万多次实验,才获得成功。从中也看到了理论的指导作用。

习题

一、判断题

1. H、S、W、Q 都是状态函数。 (　　)

2. 凡是放热反应都能自发进行;凡是熵增反应也能自发进行。 (　　)

3. 由于 $CaCO_3$ 固体的分解反应是吸热的,故 $CaCO_3$ 的标准摩尔生成焓是负值。
(　　)

4. 室温下,参考态单质的标准摩尔熵为零。 (　　)

5. 因为物质的规定熵随温度的升高而增大,故温度升高可使各种化学反应的 ΔS 大大增加。 (　　)

6. 凡 $\Delta G^{\ominus}$ 大于零的过程都不能自发进行。 (　　)

7. 反应 $Fe_3O_4(s)+4H_2(g) \Longrightarrow 3Fe(s)+4H_2O(g)$ 的平衡常数表达式为

$$K^{\ominus}=\frac{[p(H_2O)/p^{\ominus}]^4}{[p(H_2)/p^{\ominus}]^4}$$
(　　)

8. 化学反应的活化能越大,其反应速率越大。 (　　)

9. 能够发生碰撞的分子都是活化分子。 (　　)

10. 根据反应的化学计量方程可以写出该反应的速率方程。 (　　)

二、选择题

1. 下列物质中,$\Delta_f H_m^{\ominus}$ 不等于零的是 (　　)。

　　A. Fe(s)　　　　B. C(金刚石)　　　C. Ne(g)　　　D. $Cl_2(g)$

2. 已知:$CuCl_2(s)+Cu(s) \longrightarrow 2CuCl(s)$　　$\Delta_r H_m^{\ominus}(1)=170kJ \cdot mol^{-1}$

　　　　　　$Cu(s)+Cl_2(g) \longrightarrow CuCl_2(s)$　　$\Delta_r H_m^{\ominus}(2)=-206kJ \cdot mol^{-1}$

则 $\Delta_f H_m^{\ominus}(CuCl, s)$ 应为 (　　)。

A. 36kJ·mol⁻¹   B. −36kJ·mol⁻¹

C. 18kJ·mol⁻¹   D. −18kJ·mol⁻¹

3. 将固体 NH_4NO_3 溶于水中，溶液变冷，则该过程的 ΔG、ΔH、ΔS 的符号依次是（　　）。

    A. ＋ － －   B. ＋ ＋ －

    C. － ＋ －   D. － ＋ ＋

4. 下列方程式中，能正确表示 AgBr (s) 的 $\Delta_f H_m^{\ominus}$ 是（　　）。

    A. $Ag(s)+\frac{1}{2}Br_2(g)\longrightarrow AgBr(s)$ B. $Ag(s)+\frac{1}{2}Br_2(l)\longrightarrow AgBr(s)$

    C. $2Ag(s)+Br_2(l)\longrightarrow 2AgBr(s)$ D. $Ag^+(aq)+Br^-(aq)\longrightarrow AgBr(s)$

5. 某化学反应的 $\Delta_r H_m^{\ominus}<0$，$\Delta_r S_m^{\ominus}<0$，则对该反应自发进行有利的条件是（　　）。

    A. 升高温度   B. 降低温度   C. 使用催化剂   D. 增加压力

6. 已知下列反应的标准吉布斯函数和标准平衡常数：

    (1) $C(s)+O_2(g)\longrightarrow CO_2(g)$ $\Delta G_1^{\ominus}$，$K_1^{\ominus}$

    (2) $CO_2(g)\longrightarrow CO(g)+1/2O_2(g)$ $\Delta G_2^{\ominus}$，$K_2^{\ominus}$

    (3) $C(s)+1/2O_2(g)\longrightarrow CO(g)$ $\Delta G_3^{\ominus}$，$K_3^{\ominus}$

则下列表达式正确的是（　　）。

    A. $\Delta G_3^{\ominus}=\Delta G_1^{\ominus}+\Delta G_2^{\ominus}$ B. $\Delta G_3^{\ominus}=\Delta G_1^{\ominus}\Delta G_2^{\ominus}$

    C. $K_3^{\ominus}=K_1^{\ominus}-K_2^{\ominus}$ D. $K_3^{\ominus}=K_1^{\ominus}+K_2^{\ominus}$

7. 在反应 $4NH_3(g)+5O_2(g)\Longleftrightarrow 4NO(g)+6H_2O(g)$ 的平衡体系中加入惰性气体以增加体系的压强，这时（　　）。

    A. NO 平衡浓度增加   B. NO 平衡浓度减少

    C. 加快正向反应速率   D. 平衡时 NH_3 和 NO 的量并没有变化

8. 一个反应达到平衡的标志是（　　）。

    A. 各反应物和生成物的浓度等于常数   B. 各反应物和生成物的浓度相等

    C. 各物质浓度不随时间改变而改变   D. $\Delta_f G_m^{\ominus}=0$

9. 关于基元反应的论述，不正确的是（　　）。

    A. 基元反应的逆反应也是基元反应

    B. 反应的级数等于反应的分子数

    C. 分子数大于 3 的反应也可能是基元反应

    D. 碰撞理论指出，没有单分子的基元反应

10. 化学反应中，加入催化剂的作用是（　　）。

    A. 促使反应正向进行   B. 增加反应活化能

    C. 改变反应途径，降低活化能   D. 增加反应平衡常数

11. 升高温度，反应速率常数增加的主要原因是（　　）。

    A. 活化分子百分数增加   B. 混乱度增加

    C. 活化能增加   D. 压力增加

12. 某反应 298K 时，$\Delta_r G_m^{\ominus}=130kJ \cdot mol^{-1}$，$\Delta_r H_m^{\ominus}=150kJ \cdot mol^{-1}$。下列说法错误的是（　　）。

    A. 可以求得 298K 时反应的 $\Delta_r S_m^{\ominus}$

    B. 可以求得 298K 时反应的平衡常数

    C. 可以求得反应的活化能

    D. 可以近似求得反应达平衡时的温度

13. 某反应在 370K 时反应速率常数是 300K 时的 4 倍，则这个反应的活化能近似值是（　　）。

    A. $18.3kJ \cdot mol^{-1}$ B. $-9.3kJ \cdot mol^{-1}$

    C. $9.3kJ \cdot mol^{-1}$ D. 数据不够，不能计算

三、填空题

1. 从系统混乱度的观点看，冰、水蒸气、液态水三者的熵值由大到小的顺序为 _____。

2. 一种溶质从溶液中结晶析出，其熵值_____；纯碳与氧气反应生成 CO，其熵值_____。

3. 系统热力学能的变化，数值上等于_____反应热；系统的焓变，数值上等于_____反应热。

4. 恒温、恒压下不做非体积功的条件下，_____可以作为过程自发性的判据。

5. 功与热是系统状态发生变化时与环境之间的_____两种形式。系统向环境放热 Q _____0，环境对系统做功 W _____0。

6. 当 $\Delta H < 0$、$\Delta S < 0$ 时，低温下反应可能是_____，高温下反应可能是_____。

7. U、S、H、G 是_____函数，其改变量只取决于系统的_____和_____，而与变化的_____无关。

8. 可逆反应的化学平衡是一个_____平衡，平衡时正逆反应均以_____的速率在进行。

9. 加入催化剂可以使反应速率_____；加入催化剂不改变化学平衡移动，但可以_____达到平衡的时间。

10. $H_2(g) + I_2(g) \Longrightarrow 2HI(g)$ 反应机理为：

    $I_2(g) \longrightarrow I(g) + I(g)$（慢反应）

    $H_2(g) + I(g) + I(g) \longrightarrow 2HI(g)$（快反应）

该反应的速率方程为_____。

四、计算题

1. 已知下列热化学方程式

    (1) $Fe_2O_3(s)+3CO(g) \longrightarrow 2Fe(s)+3CO_2(g)$ $\Delta_r H_{m,1}^{\ominus}=-25kJ \cdot mol^{-1}$

    (2) $3Fe_2O_3(s)+CO(g) \longrightarrow 2Fe_3O_4(s)+CO_2(g)$ $\Delta_r H_{m,2}^{\ominus}=-47kJ \cdot mol^{-1}$

    (3) $Fe_3O_4(s)+CO(g) \longrightarrow 3FeO(s)+CO_2(g)$ $\Delta_r H_{m,3}^{\ominus}=19kJ \cdot mol^{-1}$

    不用查表，计算下列反应的 $\Delta_r H_m^{\ominus}$：

$$FeO(s)+CO(g)\longrightarrow Fe(s)+CO_2(g)$$

2. 指出下列反应的平衡常数在升温时会增大还是减小？并说明理由。

(1) $C(s)+CO_2(g)\Longrightarrow 2CO(g)$

(2) $PCl_5(s)\Longrightarrow PCl_3(l)+Cl_2(g)$

(3) $NO(g)+\dfrac{1}{2}O_2(g)\Longrightarrow NO_2(g)$

3. 已知下列物质的标准摩尔生成焓：

	$NH_3(g)$	$NO(g)$	$H_2O(g)$
$\Delta_f H_m^\ominus/kJ\cdot mol^{-1}$	-46.11	90.25	-241.818

计算在25℃标态时，5mol $NH_3(g)$氧化为$NO(g)$及$H_2O(g)$的反应热效应。

4. 反应 $CaCO_3(s)\longrightarrow CaO(s)+CO_2(g)$ 在973K时 $K^\ominus=2.92\times 10^{-2}$，900℃时 $K^\ominus=1.04$，试由此计算该反应的 $\Delta_r G_m^\ominus(973K)$及$\Delta_r G_m^\ominus(1173K)$、$\Delta_r H_m^\ominus$、$\Delta_r S_m^\ominus$。

5. 气体混合物中的氢气，可以在200℃下与氧化铜反应，而被较好地除去：

$$CuO(s)+H_2(g)\longrightarrow Cu(s)+H_2O(g)$$

查表计算200℃时反应的 $\Delta_r G_m^\ominus$、$\Delta_r H_m^\ominus$、$\Delta_r S_m^\ominus$和$K^\ominus$。

6. 在300K时，反应 $2NOCl(g)\longrightarrow 2NO(g)+Cl_2(g)$ 的NOCl浓度和反应速率的数据如下：

NOCl的起始浓度/mol·L^{-1}	起始速率/mol·L^{-1}·s^{-1}
0.30	3.60×10^{-9}
0.60	1.44×10^{-8}
0.90	3.24×10^{-8}

(1) 写出反应速率方程式；

(2) 求出反应速率常数；

(3) 如果NOCl的起始浓度从0.30mol·L^{-1}增大到0.45mol·L^{-1}，反应速率将增大多少倍？

(4) 如果体积不变，将NOCl的浓度增大到原来的3倍，反应速率将如何变化？

第2章

溶液化学与离子平衡

在化工生产和科学实验中，许多化学反应都是在水溶液中进行的。本章将讨论稀溶液的依数性，而后运用化学平衡的原理讨论酸、碱、盐在水溶液中的解离，重点介绍一元弱酸的解离，缓冲溶液和同离子效应的计算；对于难溶电解质主要讨论其溶解平衡，重点介绍溶度积和溶解度的基本计算、溶度积规则及其应用。

2.1 溶液的通性

溶液的物理和化学性质与溶质和溶剂有关，溶液组成不同，其性质也不同。溶液的有些性质，如颜色、导电性、酸碱性等，是由溶质的本性决定的；而溶液的另外一些性质，如蒸气压下降、沸点升高、凝固点降低等则只与溶质的数量（即溶液的浓度）有关，与溶质的本性无关，故把这一类性质称为**稀溶液的依数性**。工业上应用的干燥剂、抗凝剂、冷冻剂以及反渗透技术都与这些性质有关。

非电解质稀溶液的依数性尤其具有明显的定量规律，并且溶液越稀，其规律越准确，所以，稀溶液的依数性定律是有限定律，下面分别进行讨论。

2.1.1 溶液的蒸气压下降

在一定温度下，将水放进密闭容器，这时纯水存在着蒸发和凝聚两个过程。当蒸发速度与凝聚速度相等时，便处于平衡状态。这时，水面上的蒸气压称为水的**饱和蒸气压**，简称水的**蒸气压**。温度越高，水分子的动能越大，在单位时间内克服水分子对它的吸引而逸出水面的水分子数便越多，水的蒸气压也就越大。

若在水中加入一种难挥发的非电解质溶质，使之成为稀溶液，液体中难挥发的溶质分子占据了部分溶剂的表面，降低了溶剂蒸发的速率，使凝聚速度大于蒸发速度，蒸汽分子产生凝聚现象，其蒸气压就会降低。由图 2-1 可知，一定温度下，溶液的蒸气压总是小于纯溶剂的蒸气压，这种现象称为**溶液的蒸气压下降**。而且，溶液浓度越大，溶液的蒸气压下降就

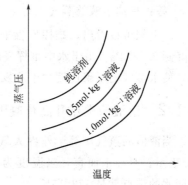

图 2-1　纯溶剂与溶液的蒸气压曲线

越多。

1887 年，法国物理学家拉乌尔（F. M. Raoult）根据一系列实验结果得出了一定温度下难挥发性非电解质稀溶液的蒸气压下降值（Δp）与溶液浓度关系的著名**拉乌尔定律**。该定律经过推算，可用下式表达：

$$\Delta p = p_A^\circ - p = p_A^\circ x_B \qquad (2\text{-}1)$$

式中，Δp 为难挥发性非电解质稀溶液的蒸气压下降值；p_A° 为纯溶液的蒸气压；p 为稀溶液的蒸气压；x_B 为溶质 B 的摩尔系数。显然，稀溶液的浓度越大，溶液的蒸气压下降越多。

当溶液的浓度很稀时，$x_B = \dfrac{n_B}{n_B + n_A} \approx \dfrac{n_B}{n_A}$，如溶剂为 1kg，则 $n_A = \dfrac{1000}{M}$，M 为溶剂的摩尔质量。质量摩尔浓度 b_B 在数值上等于 n_B，所以

$$x_B = \frac{n_B}{n_A} = b_B \frac{M}{1000}$$

$$\Delta p = p_A^\circ b_B \frac{M}{1000} = k b_B \qquad (2\text{-}2)$$

式中，k 为比例常数，$k = p_A^\circ \dfrac{M}{1000}$，只与纯溶剂有关。可见溶液蒸气压下降值与溶液的质量摩尔浓度成正比。

例 2-1

甘油（$C_3H_8O_3$）是一种难挥发性非电解质液体，在 20℃时其密度为 1.26g·mL^{-1}。计算 20℃ 时把 50.0mL 甘油加入 500.0g 水中后溶液的蒸气压。20℃ 时纯水的蒸气压为 2.34kPa。

解：$n(C_3H_8O_3) = \dfrac{50.0mL \times 1.26g \cdot mL^{-1}}{92.1g \cdot mol^{-1}} = 0.684mol$

$n(H_2O) = \dfrac{500.0g}{18.0g \cdot mol^{-1}} = 27.8mol$

$x(H_2O) = \dfrac{27.8mol}{27.8mol + 0.684mol} = 0.976$

$p(H_2O) = x(H_2O) \times p(H_2O) = 0.976 \times 2.34kPa = 2.28kPa$

答：甘油溶液的蒸气压为 2.28kPa。

从上例可以看出，难挥发性非电解质甘油的加入，使水在 20℃ 的蒸气压由 2.34kPa 下降到 2.28kPa。由于水中难挥发的甘油分子占据了部分溶剂的表面，降低了水的蒸发速率，使水蒸气的凝聚速度大于蒸发速度，导致水的蒸气压降低。

2.1.2 溶液的沸点升高及凝固点下降

当液体的蒸气压等于外界大气压时液体将沸腾，此时的温度称为该**液体的沸点**，以 T_b 表示。对纯水而言，当温度为 373.15K 时，水的蒸气压等于外界大气压 101.3kPa，因而水的沸点就是 373.15K。

在纯水中加入少量难挥发的非电解质，由于溶液的蒸气压低于纯水的蒸气压，因此在

373.15K 时溶液不能沸腾。只有升高温度，使得溶液的蒸气压等于外界压力时，溶液才能沸腾。因此，溶液的沸点（T_b）总是高于纯溶剂的沸点（T_b°），如图 2-2 所示，且沸点升高值与溶液中溶质的质量摩尔浓度成正比，其数学表达式如下

$$\Delta T_b = K_b b_B \qquad (2\text{-}3)$$

式中，K_b 为沸点升高常数；b_B 为溶质的质量摩尔浓度。K_b 只与溶剂有关，而与溶质无关。不同溶剂的 K_b 值列于表 2-1。根据溶液的沸点升高值可以计算出溶液的沸点，也可以测定难挥发非电解质的摩尔质量。

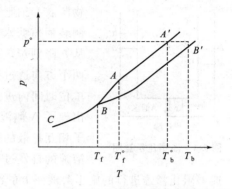

图 2-2　水溶液的沸点升高和凝固点降低示意
CAA' 为纯溶剂曲线；CBB' 为溶液曲线

表 2-1　常见溶剂的 K_f 和 K_b

溶剂	沸点 T_b/K	$K_b/K \cdot kg \cdot mol^{-1}$	凝固点 $T_f/℃$	$K_f/K \cdot kg \cdot mol^{-1}$
乙酸	390.9	3.07	17	3.9
苯	353.15	2.53	5.5	4.9
四氯化碳	349.7	5.03	−22.9	32
乙醚	—	—	−116.2	1.8
萘	491.0	5.80	80.5	6.8
水	373.15	0.512	0.0	1.86

溶液的凝固点是该物质的液相蒸气压力和固相蒸气压力相等时的温度，以 T_f 表示。由图 2-2 可见，水的蒸气压等于冰的蒸气压时的温度（B 点），此时水和冰处于平衡状态，所以水的凝固点 T_f° 是 273.15K。在纯水中加入少量非电解质，由于溶液的蒸气压下降，在 273.15K 时，溶液的蒸气压小于冰的蒸气压，溶液和冰不能共存，欲使溶液和冰处于平衡状态，必须降低温度，此时的温度为溶液的凝固点。显然，溶液的凝固点总是低于纯溶剂的凝固点，且凝固点下降值与溶质的质量摩尔浓度成正比，其数学表达式如下：

$$\Delta T_f = K_f b_B \qquad (2\text{-}4)$$

式中，K_f 为凝固点下降常数；ΔT_f 为溶液凝固点的降低值，常用溶剂的 K_f 值列于表 2-1 中。溶液的凝固点下降理论在工业及日常生活中具有重要的应用。在寒冷的冬天，为防止汽车水箱冻裂，往往在水箱的水中加入甘油或乙二醇来降低水的凝固点，防止水箱中的水结冰，使水箱胀裂；为防止冬天施工中混凝土冻结，添加氯化钙；利用食盐或氯化钙固体与冰混合配制制冷剂等。

2.1.3　溶液的渗透压

在一杯葡萄糖溶液液面上小心加入一层清水，静置足够长的时间后，最终会得到均匀的糖水。这说明分子在不断地运动和迁移，从而产生扩散。这些扩散是在溶液与纯水直接接触时发生的。如果不让溶液和纯水直接接触，用一种只允许溶剂水分子通过而溶质分子不能通过的半透膜将葡萄糖溶液和纯水隔开，具体现象如图 2-3 所示。

连通容器中间安装一种溶剂分子可通过而溶质分子不能通过的半透膜（如羊皮纸、动

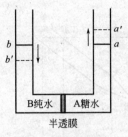

图 2-3　渗透压示意图

物肠衣、细胞半透膜、膀胱膜、鸡蛋膜等)。B 侧装纯水，A 侧装葡萄糖水溶液，两边液面等高。一段时间后，B 侧水面从 b 降到 b'，A 侧糖水面从 a 升到 a'。水分子可以自由地从两个方向透过半透膜，由于葡萄糖水中水分子数目较纯水少，单位时间内进入糖液的水分子比离开糖液的水分子多，于是出现了 A 侧液面升高，B 侧液面降低的现象，直到两边水分子相互扩散的速率相等为止。这种溶剂分子通过半透膜进入溶液的自发过程，称为**渗透作用**（或**渗透现象**）。

能够阻止渗透进行的施于溶液面上的额外压力，称为溶液的**渗透压**。上述过程中，在 A 侧液面上施加外压，当外压恰好能使两边水分子进出速率相等时，体系处于渗透平衡状态。为了保持渗透平衡，需向溶液施加压力，该外加压力即为渗透压。

1886 年，荷兰物理学家范特霍夫（Van't Hoff）根据上述结果进一步总结出如下规律：难挥发非电解质稀溶液的渗透压与溶质 B 的物质的量和热力学温度的乘积成正比，比例常数即为理想气体常数。该规律称为**范特霍夫方程**。表示为

$$\Pi V = n_B RT \qquad 或 \qquad \Pi = c_B RT \qquad (2-5)$$

式中，Π 为渗透压，Pa 或 kPa；V 为溶液的体积，m^3；c_B 为溶液的浓度；R 为气体常数，其值为 $8.314 J \cdot mol^{-1} \cdot K^{-1}$。当水溶液很稀时，可以用质量摩尔浓度 b_B（单位是 $mol \cdot kg^{-1}$）代替 c_B，即 $c_B \approx b_B$。因此式（2-5）可改写为

$$\Pi = b_B RT \qquad (2-6)$$

式（2-5）和式（2-6）表明：在一定体积和温度下，溶液的渗透压只与溶液中所含溶质的物质的量有关，而与溶质本性无关。因此，渗透压也是溶液的依数性。溶液越稀，Π 的计算值越接近实验值。利用**范特霍夫方程**可以计算大分子溶质的相对分子质量

$$M_B = \frac{m_B RT}{\Pi V} \qquad (2-7)$$

生物有机体的细胞大多具有半透膜的性质，因此渗透压是生物体中传递水分的主要动力。在 37℃时，人体血浆的总渗透压为 770kPa，植物细胞的渗透压可以高达 2MPa，所以水可以由植物根部送到数十米高的树枝顶端。

例 2-2

含有 $5g \cdot L^{-1}$ 某可溶性多糖的水溶液，在 278K 时渗透压为 3.24kPa，求该多糖的摩尔质量和该水溶液凝固点的下降值。（多糖的 $K_f \approx 1.86 K \cdot kg \cdot mol^{-1}$）

解：(1) 因为 $\Pi = b_B RT = \dfrac{m(B)/M(B)}{V} RT$

$$3.24 kPa = \frac{5.0 g \cdot L^{-1}}{M(B)} 8.314 J \cdot mol^{-1} \cdot K^{-1} \times 278K$$

$$M(B) = 3567 g \cdot mol^{-1}$$

因为 $c_B \approx b_B = \dfrac{5.0 g \cdot L^{-1}}{3567 g \cdot mol^{-1}} \approx 1.4 \times 10^{-3} mol \cdot kg^{-1}$

(2) 所以 $\Delta T_f = K_f b_B \approx 1.86 K \cdot kg \cdot mol^{-1} \times 1.4 \times 10^{-3} mol \cdot kg^{-1} = 0.0026K$

答：该多糖的摩尔质量为 $3567 g \cdot mol^{-1}$，该水溶液凝固点的下降值为 0.0026K。

由【例 2-2】可知，由于多糖的摩尔质量很大，溶液的质量摩尔浓度数值很小，因而该水溶液凝固点的下降值很小，不易精确测量，所以采用渗透压法测大分子的摩尔质量比用凝固点下降法更灵敏。

2.2 酸碱平衡

人们几乎天天都与酸、碱打交道，食醋的主要成分是醋酸；肥皂、洗衣粉中则离不开碱。化学实验室中酸、碱更是必不可少的试剂。酸和碱是物质世界中极为普遍、又极为重要的物质。在化学反应中，大量的反应都属于酸碱反应，因此掌握酸碱反应的实质和规律、研究酸碱理论是大学化学理论学习的重要内容。酸碱解离平衡是一类重要的化学平衡，它具备化学平衡的一般特点。因此有关酸碱电离平衡的基本理论、酸碱反应及酸碱反应中的 pH 变化规律等内容是本节的重要内容。

2.2.1 酸碱理论

酸和碱是两类重要的电解质。人们对酸和碱的认识经历了一个从现象到本质，从个别到一般的逐步深化过程，提出了一系列的酸碱理论，例如阿伦尼乌斯（S. Arrhenius）电离理论、布朗斯特（J. N. Bronsted）和劳瑞（T. M. Lowry）质子理论、路易斯（G. N. Lewis）的酸碱电子理论等。本文将介绍前两种理论。

（1）酸碱电离理论

1887 年，瑞士化学家阿伦尼乌斯提出了"电离学说"，认为"凡是在水溶液中电离产生的阳离子全部都是 H^+ 的化合物称为酸，电离产生的阴离子全部都是 OH^- 的化合物称为碱"。

酸碱电离理论从物质的化学组成上揭示了酸碱的本质，明确指出 H^+ 是酸的特性、OH^- 是碱的特性。酸碱反应的实质是

$$H^+ + OH^- \rightleftharpoons H_2O$$

这是人们对酸碱的认识由现象到本质的一次飞跃，对化学学科的发展起到了积极的推动作用，目前这一理论在化学界仍然得到普遍应用。

但是电离理论具有一定的局限性。酸碱电离理论只限于水溶液，仅把氢氧化物看成碱；实际上，像氨这种碱，在其水溶液中并不存在 NH_4OH。另外，许多物质在非水溶液中不能电离出氢离子或氢氧根离子，却也表现出酸或碱的性质。这些现象是电离理论无法说明的。

（2）酸碱质子理论

1923 年，丹麦的化学家布朗斯特和英国的化学家劳瑞提出了酸碱质子理论。质子理论认为：凡是能给出质子（H^+）的任何分子或离子都是**酸**，凡是能与质子结合的分子或离子都是**碱**。简而言之，**酸是质子的给予体，碱是质子的接受体**。这样，一个酸给出质子后就变成了相应的碱，一个碱接受质子后就变成了相应的酸。质子理论中酸和碱的关系可以表示为：

$$HCl \rightleftharpoons H^+ + Cl^-$$

$$HAc \Longrightarrow H^+ + Ac^-$$
$$NH_4^+ \Longrightarrow H^+ + NH_3$$
$$HCO_3^- \Longrightarrow H^+ + CO_3^{2-}$$
$$H_2O \Longrightarrow H^+ + OH^-$$

HCl、HAc、NH_4^+、HCO_3^-、H_2O 都能给出质子，它们都是酸；Cl^-、Ac^-、NH_3、CO_3^{2-}、OH^- 都可以接受质子，它们都是碱。酸碱质子理论扩大了酸和碱的范畴，使人们加深了对酸碱的认识。

质子理论强调酸与碱之间的相互依赖关系。酸给出质子后生成相应的碱，而碱结合质子后又生成相应的酸，酸与碱之间的这种依赖的关系称为**共轭关系**。这一关系可以用下列通式表示：

$$酸 \Longrightarrow 质子 + 碱$$

酸给出一个质子后生成的碱称为这种酸的**共轭碱**，例如 Ac^- 是 HAc 的共轭碱；碱接受一个质子后生成的酸称为这种碱的**共轭酸**，例如 HAc 是 Ac^- 的共轭酸。酸与它的共轭碱（或碱与它的共轭酸）一起称为**共轭酸碱对**。而且，酸越强，给出质子的能力越强，它的共轭碱接受质子的能力越弱，共轭碱就越弱；反之，酸越弱，其共轭碱就越强。还有一些物质，既可以给出质子，又可以接受质子，这些物质称为**两性物质**，如 HCO_3^-、H_2O。

酸碱质子理论认为，酸、碱的解离反应是质子转移的反应。如 HAc 在水中的解离，HAc 给出 H^+ 后，生成相应的共轭碱 Ac^-；而 H_2O 接受 H^+ 生成其共轭酸 H_3O^+，即

$$HAc + H_2O \Longrightarrow H_3O^+ + Ac^-$$
$$酸(1) + 碱(2) \Longrightarrow 酸(2) + 碱(1)$$

同样，NH_3 在水溶液中的解离反应也是质子转移反应，可以表示为

$$NH_3 + H_2O \Longrightarrow OH^- + NH_4^+$$
$$碱(1) + 酸(2) \Longrightarrow 碱(2) + 酸(1)$$

酸（1）和碱（1）、酸（2）和碱（2）是两对共轭酸碱对。质子的转移是在两对共轭酸碱对之间进行的，这就是酸碱反应。酸碱反应的实质是两对共轭酸碱对之间的质子传递。反应总是由较强的酸和较强的碱作用，向生成较弱的酸和较弱的碱的方向进行。其中的水既可以接受质子又可以给出质子，是两性物质。

2.2.2 弱酸和弱碱的解离平衡

（1）一元弱酸和一元弱碱的解离平衡及解离常数

在一元弱酸或一元弱碱的水溶液中，由于水分子的作用，部分弱电解质分子发生解离，生成相应的阳离子和阴离子，这个过程称为**解离**。弱电解质的解离是不完全的，存在着未解离的分子和解离生成的阳离子和阴离子，在一定温度下可以达到化学平衡，称为**解离平衡**。

在水溶液中，酸的强弱取决于酸给出质子的能力。一元弱酸（HA）在水溶液中存在下列平衡

$$HA(aq) + H_2O(l) \Longrightarrow H_3O^+(aq) + A^-(aq)$$

或简写成

$$HA(aq) \Longrightarrow H^+(aq) + A^-(aq)$$

一定温度下，解离反应达到平衡，其平衡常数表达式为

$$K_a^\ominus = \frac{c(A^-)/c_c^\ominus \cdot c(H_3O^+)/c^\ominus}{c(HA)/c^\ominus} \tag{2-8}$$

或简写成

$$K_a^\ominus = \frac{c(A^-)c(H^+)}{c(HA)} \tag{2-9}$$

式中，$c^\ominus$ 为标准浓度，其值为 $1mol \cdot L^{-1}$。$K_a^\ominus$ 为弱酸的解离平衡常数，又称为弱酸的解离常数，反映酸给出质子的能力，是量纲为 1 的物理量。$K_a^\ominus$ 的数值越大，表明该酸给出质子的能力越强，酸性越强。$K_a^\ominus$ 与前面讲的标准平衡常数相同，也是温度的函数，与温度有关。附表 2 给出了 298K 时常用酸碱的解离常数。

对于一元弱碱，也同样存在着解离平衡。例如氨水的解离平衡过程

$$NH_3(aq) + H_2O(l) \Longrightarrow NH_4^+(aq) + OH^-(aq)$$

$$K_b^\ominus = \frac{c(OH^-)/c^\ominus \, c(NH_4^+)/c^\ominus}{c(NH_3 \cdot H_2O)/c^\ominus}$$

同样可以简写成 $K_b^\ominus = \dfrac{c(OH^-)c(NH_4^+)}{c(NH_3)}$

例 2-3

计算 298K 时，$0.100mol \cdot L^{-1}$ HAc 溶液中的 H_3O^+、Ac^-、HAc、OH^- 的平衡浓度及 pH。

解：查附表 2 得，$K_a^\ominus(HAc) = 1.8 \times 10^{-5}$。

$$HAc(aq) + H_2O(l) \Longrightarrow H_3O^+(aq) + Ac^-(aq)$$

开始浓度/mol·L⁻¹	0.10	0	0
平衡浓度/mol·L⁻¹	$0.10-x$	x	x

$$K_a^\ominus(HAc) = \frac{c(Ac^-)c(H_3O^+)}{c(HAc)}$$

$$1.8 \times 10^{-5} = \frac{x^2}{0.10-x} \qquad x = 1.3 \times 10^{-3}$$

$$c(H_3O^+) = c(Ac^-) = 1.3 \times 10^{-3} mol \cdot L^{-1}$$

$$c(HAc) = (0.10 - 1.3 \times 10^{-3}) mol \cdot L^{-1} \approx 0.10 mol \cdot L^{-1}$$

溶液中的 OH^- 来自于水的解离。$K_w^\ominus = c(OH^-)c(H_3O^+)$

$$c(OH^-) = 7.7 \times 10^{-12} mol \cdot L^{-1}$$

由 H_2O 本身解离出来的 $c(H_3O^+) = c(OH^-) = 7.7 \times 10^{-12} mol \cdot L^{-1}$。将 $7.7 \times 10^{-12} mol \cdot L^{-1}$ 与 $1.3 \times 10^{-3} mol \cdot L^{-1}$ 比较，可以看出，忽略水解所产生的 H_3O^+ 是完全合理的。

该溶液中的 $pH = -lg c(H_3O^+) = -lg 1.3 \times 10^{-3} = 2.89$

除解离常数外，还常用解离度表示分子在水溶液中的解离程度。**解离度**是指达到解离平衡时，已解离的分子数占解离前分子总数的百分数，实际应用时，解离度常用浓度来计算。

$$\alpha = \frac{\text{弱电解质已解离的浓度}}{\text{弱电解质的初始浓度}}$$

在温度、浓度相同的条件下，弱酸弱碱解离度的大小也可以表示酸或碱的相对强弱。α 值越大，酸性或碱性越强。以浓度为 c 的 HA 的解离平衡为例，α 与 $K_a^{\ominus}$ 间的定量关系推导如下。

$$HA(aq) + H_2O(l) \Longrightarrow H_3O^+(aq) + A^-(aq)$$

初始浓度　　　　c　　　　　　　　　　0　　　　　　　0
平衡浓度　　　　$c-c\alpha$　　　　　　　　$c\alpha$　　　　　　$c\alpha$

$$K_a^{\ominus} = \frac{[c\alpha/c^{\ominus}]^2}{c(1-\alpha)/c^{\ominus}}$$

当 α 很小（$\alpha < 5\%$ 或 $c/K_a^{\ominus} > 500$）时，$1-\alpha \approx 1$，$K_a^{\ominus} = c\alpha^2$。

$$\alpha = \sqrt{\frac{K_a^{\ominus}}{c}} \tag{2-10}$$

式(2-10) 表明了一元弱酸溶液的浓度、解离度和解离常数之间的关系，叫做**稀释定律**。它表明了在一定温度下，$K_a^{\ominus}$ 保持不变，溶液在一定浓度范围内被稀释时，α 增大。

（2）多元弱酸的解离平衡

凡是在水溶液中释放两个或两个以上质子的弱酸称为**多元弱酸**，如 H_2CO_3、H_2S、H_3PO_4 等。多元弱酸的解离是分步进行的。前面讨论的一元弱酸的解离平衡原理，完全适用于多元弱酸的解离平衡。各级解离过程都有相应的标准解离常数，分别用 $K_{a1}^{\ominus}$、$K_{a2}^{\ominus}$ 表示。现以氢硫酸为例。

第一步：$H_2S(aq) + H_2O(l) \Longrightarrow H_3O^+(aq) + HS^-(aq)$

$$K_{a1}^{\ominus} = \frac{c(H_3O^+)c(HS^-)}{c(H_2S)} = 8.9 \times 10^{-8}$$

第二步：$HS^-(aq) + H_2O(l) \Longrightarrow H_3O^+(aq) + S^{2-}(aq)$

$$K_{a2}^{\ominus} = \frac{c(H_3O^+)c(S^{2-})}{c(HS^-)} = 7.1 \times 10^{-19}$$

一般情况下，$K_{a1}^{\ominus} > K_{a2}^{\ominus}$，因为 H_2S 的一级解离是从 H_2S 分子中解离出一个 H^+，须克服带一个负电荷的 HS^- 对 H^+ 的吸引；而二级解离是从 HS^- 中解离另一个 H^+，必须克服带两个负电荷的 S^{2-} 对 H^+ 的吸引。显然，一级解离要容易得多。另一方面，一级解离产生的 H^+ 使二级解离平衡向左移动，也会抑制二级解离。可以推论，对于三元弱电解质，三级解离比二级解离更难。如 298K 时，磷酸的 $K_{a1}^{\ominus} = 7.6 \times 10^{-3} \gg K_{a2}^{\ominus} = 6.3 \times 10^{-8} \gg K_{a3}^{\ominus} = 4.4 \times 10^{-13}$。因此多元弱酸的 H^+ 主要来自一级解离，其酸性的强弱，基本上由一级解离常数的大小而定，而溶液的 pH 可近似地由一级解离计算得出。

2.2.3　同离子效应与缓冲溶液

（1）同离子效应

在弱电解质溶液中，加入与弱电解质具有相同离子的强电解质，可以使弱电解质的解离度降低，这种现象叫做**同离子效应**。

例如在醋酸溶液中存在下列平衡

$$HAc(aq) + H_2O(l) \rightleftharpoons H_3O^+(aq) + Ac^-(aq)$$

如果在此溶液中加入 NaAc，盐类完全解离。

$$NaAc \longrightarrow Na^+(aq) + Ac^-(aq)$$

由于溶液中 Ac^- 浓度急剧增大，HAc 的解离平衡向生成 HAc 的方向移动，导致 HAc 的解离度降低，H^+ 浓度减小，pH 增大，显示出同离子效应。

同理，在氨水中加入某种铵盐或可溶性强碱，由于相同离子 NH_4^+ 或 OH^- 浓度增加，解离平衡会向生成氨的方向移动，结果都降低了氨的解离度。这也是由于同离子效应作用的结果。

例 2-4

在 $0.10 mol \cdot L^{-1}$ 的 HAc 溶液中，加入 NaAc 晶体，使 NaAc 在该溶液中的浓度达到 $0.10 mol \cdot L^{-1}$，计算该溶液的 pH 和 HAc 的解离度 α。

解：

$$NaAc(aq) \longrightarrow Na^+(aq) + Ac^-(aq)$$

开始浓度/$mol \cdot L^{-1}$ 0.10   0.10

$$HAc(aq) + H_2O(l) \rightleftharpoons H_3O^+(aq) + \quad Ac^-(aq)$$

平衡浓度/$mol \cdot L^{-1}$ $0.1-x$ x $0.1+x$

$$K_a^\ominus(HAc) = \frac{c(A^-)c(H_3O^+)}{c(HAc)}$$

$$1.8 \times 10^{-5} = \frac{x(0.10+x)}{0.10-x}$$

$$0.10 \pm x \approx 0.10, x = 1.8 \times 10^{-5}$$

$$c(H_3O^+) = 1.8 \times 10^{-5} mol \cdot L^{-1}, pH = 4.74$$

$$\alpha = \frac{1.8 \times 10^{-5}}{0.10} \times 100\% = 0.018\%$$

由例题可知，由于同离子效应，抑制了 HAc 的解离，使 $c(H_3O^+)$ 减小。

（2）缓冲溶液

1）缓冲溶液的概念

在弱酸及其盐或弱碱及其盐溶液中，加入少量强酸或强碱，溶液中 H^+ 或 OH^- 浓度不产生显著变化，这种能抵抗外来的少量强酸、强碱的影响，而使其 pH 保持相对稳定的能力，称为**缓冲作用**。对酸或碱具有缓冲作用或缓冲能力的溶液称为**缓冲溶液**。

为什么这种溶液具有缓冲作用？现以 HAc 和 NaAc 的混合溶液为例，来分析它的缓冲原理。

HAc 为一元弱酸，在水溶液中的解离度很小，主要以分子形式存在；NaAc 为强电解质，在溶液中完全解离，以 Na^+ 和 Ac^- 存在。因此在 HAc-NaAc 混合溶液中，HAc 和 Ac^- 的浓度都很大，而 H_3O^+ 的浓度却很小。溶液中存在下列解离平衡：

$$HAc(aq) + H_2O(l) \rightleftharpoons H_3O^+(aq) + Ac^-(aq)$$

当加入少量强酸时，溶液中 $c(H_3O^+)$ 浓度增加，H^+ 与 Ac^- 结合生成 HAc 分子，解离平衡向生成 HAc 的方向移动，溶液中 H^+ 浓度不会显著增大；当加入少量强碱，强碱解离出来的 OH^- 就会与 HAc 分子解离出来的 H^+ 结合生成水，H^+ 浓度减小，平衡向着生成 H^+ 的方向移动，使溶液中 H^+ 浓度几乎不变。所以在一定的条件下，缓冲溶液具有保持 pH 相对稳定的能力。

当然，如果加入大量强酸或强碱，缓冲溶液中的抗酸成分或抗碱成分将耗尽，缓冲溶液就丧失了缓冲能力。

2）缓冲溶液的组成

缓冲溶液一般是由一种酸和它的共轭碱组成的溶液。组成缓冲溶液的共轭酸碱对叫**缓冲系或缓冲对**。常见的缓冲系主要有 3 种类型：弱酸及其共轭碱；弱碱及其共轭酸；两性物质及其对应的共轭酸（碱）。常见的缓冲系见表 2-2。

表 2-2　常见的缓冲系

缓冲对	弱酸	弱碱	$pK_a^{\ominus}$(25℃)
HAc-NaAc	HAc	Ac-	4.76
H_2CO_3-$NaHCO_3$	H_2CO_3	$NaHCO_3$	6.35
H_3PO_4-NaH_2PO_4	H_3PO_4	NaH_2PO_4	2.6
NH_4Cl-NH_3	NH_4Cl	NH_3	9.25
NaH_2PO_4-Na_2HPO_4	NaH_2PO_4	Na_2HPO_4	7.21
Na_2HPO_4-Na_3PO_4	Na_2HPO_4	Na_3PO_4	12.32

3）缓冲溶液的 pH 计算

每一种缓冲溶液都有一定的 pH，其大小主要取决于组成该溶液的两种物质的性质和浓度。由于缓冲溶液是由共轭酸碱对组成的混合溶液，其在水溶液中存在着下列平衡：

$$HA(aq) + H_2O(l) \Longleftrightarrow H_3O^+(aq) + A^-(aq)$$

同时，

$$NaA(aq) \longrightarrow Na^+(aq) + A^-(aq)$$

当体系达到平衡时：

$$K_a^{\ominus}(HA) = \frac{c(A^-)c(H_3O^+)}{c(HA)}$$

上式整理得，

$$c(H_3O^+) = K_a^{\ominus}(HA)\frac{c(HA)}{c(A^-)}$$

将等式两边同时取对数：

$$-\lg c(H_3O^+) = -\lg K_a^{\ominus}(HA) - \lg\frac{c(HA)}{c(A^-)}$$

$$pH = pK_a^{\ominus}(HA) - \lg\frac{c(HA)}{c(A^-)} \qquad (2-11)$$

或

$$pH = pK_a^{\ominus}(HA) + \lg\frac{c(A^-)}{c(HA)} \qquad (2-12a)$$

值得注意的是，式(2-11)和式(2-12)中的浓度都是平衡浓度。但是，除了 $pK_a^{\ominus}(HA) < 2$ 的情况外，由于同离子效应的存在，可以把平衡时的浓度 $c(A^-)$ 和 $c(HA)$ 看作最初浓度 $c_0(A^-)$ 和 $c_0(HA)$。

对于共轭碱对来说，25℃时，$pK_a^{\ominus} + pK_b^{\ominus} = 14.00$

$$pH = 14.00 - pK_b^{\ominus}(A^-) + \lg\frac{c(A^-)}{c(HA)} \qquad (2-12b)$$

一般用式(2-12b)计算 NH_3-NH_4Cl 这类碱性缓冲溶液。

例 2-5

10.0mL 0.200mol·L^{-1} 的 HAc 溶液与 5.5mL 0.200mol·L^{-1} 的 NaOH 溶液混合。求该溶液的 pH。已知 $pK_a^\ominus$（HAc）=4.76。

解：加入 HAc 的物质的量为 $0.200 \times 10.0 \times 10^{-3} = 2.0 \times 10^{-3}$（mol）

加入 NaOH 的物质的量为 $0.200 \times 5.5 \times 10^{-3} = 1.1 \times 10^{-3}$（mol）

因为反应后生成 Ac^- 的物质的量为 1.1×10^{-3}mol，所以

$$c(HAc) = \frac{(2.0-1.1) \times 10^{-3}}{(10+5.5) \times 10^{-3}} = 0.058(\text{mol} \cdot L^{-1})$$

$$c(Ac^-) = \frac{1.1 \times 10^{-3}}{(10+5.5) \times 10^{-3}} = 0.071(\text{mol} \cdot L^{-1})$$

$$pH = pK_a^\ominus(HAc) + \lg \frac{c(Ac^-)}{c(HAc)} = 4.76 + \lg \frac{0.071}{0.058} = 4.85$$

2.3 配位平衡

配位化合物，简称配合物，是一类组成比较复杂、应用极为广泛的化合物。配位化合物在工业、农业、国防和药物制造等方面都有着重要的实用价值和理论意义。配合物成为新增化合物中数目最多的种类。

2.3.1 配位化合物的组成

由一个正离子或原子和若干中性分子或负离子以配位键结合而成的具有一定空间构型的复杂离子称为**配离子**。当配离子与带相反电荷的离子结合时，就形成了**配合物**，配合物为中性分子。

例如 $[Cu(NH_3)_4]SO_4$、$[Co(NH_3)_6]Cl_3$、$K_4[Pt(CN)_6]$、$Ni(CO)_4$ 等均为配合物。其中配离子可以是阳离子，如 $[Cu(NH_3)_4]^{2+}$、$[Co(NH_3)]^{3+}$，也可以是阴离子如 $[Pt(CN)_6]^{4-}$，还可以是中性分子，如 $Ni(CO)_4$。

（1）配合物的一般组成

配合物由**内界**和**外界**两部分组成，如图 2-4 所示。配离子称为**内界**，是配合物的特征部分。在配离子中，正离子占据中心位置，称为**中心离子**。与中心离子以配位键结合的分子（或负离子）称为**配位体**，简称**配体**。中心离子与配体构成了配合物的内界，书写时通常放在方括号内。配合物中与内界离子带有相反电荷的其他离子称为**外界**。内界与外界以离子键结合，在水溶液中可以完全离解。

（2）中心离子（或原子）

中心离子（或原子）也称为配合物的**形成体**，通常是金属离子和原子，也有少数是非金属元素，可以接受孤对电子。例如 Cu^{2+}、Ag^+、Fe^{3+}、Fe、Ni、B（Ⅲ）、P（Ⅴ）等。

（3）配位体和配位原子

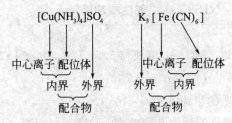

图 2-4　配合物的组成

在配位个体中，提供孤对电子与中心离子或原子形成配位键的阴离子或分子称为**配位体**，简称**配体**。如配离子$[Cu(NH_3)_4]^{2+}$、$[Fe(CN)_6]^{3-}$中的NH_3，CN^-都是配体。配体中提供孤对电子的原子称为**配位原子**，如配体NH_3中的 N 和CN^-中的 C 都是配位原子。配位原子的最外电子层中都含有孤对电子，如F^-、Cl^-、Br^-、I^-、O^{2-}等。

根据配体中所含配位原子的数目，可将配体分成**单齿配体**和**多齿配体**。只含有一个配位原子的配体称为**单齿配体**，如F^-、Cl^-、Br^-、I^-、CN^-等。含有两个或两个以上配位原子的配体称为**多齿配体**，如乙二胺（$NH_2CH_2CH_2NH_2$，缩写为 en）和草酸根（$-OOCCOO^-$），含有 2 个配原子，是二齿配体，它们的结构式如下

$$H_2N-CH_2-CH_2-NH_2$$

乙二胺

草酸根（乙二酸根）

（4）配位数

配合物中直接与中心离子或原子以配位键结合的配位原子的数目称为**中心原子的配位数**。如果配体均为单齿配体，则配体的数目与中心原子的配位数相等。例如，$[Cu(NH_3)_4]^{2+}$中的配体NH_3是单齿配体，则该配合物的配位数是 4。如果配体中有多齿配体，则中心原子的配位数与配体的数目不相等。例如，$[Cu(en)_2]^{2+}$中的配体 en（$NH_2CH_2CH_2NH_2$）是双齿配体，一个 en 中有两个 N 与Cu^{2+}配位，因此$[Cu(en)_2]^{2+}$的配位数是 4 而不是 2。

（5）配离子的电荷

配离子可以带正电荷或负电荷，其电荷等于中心离子与所有配位体电荷的代数和，也与外界离子电荷的绝对值相等，符号相反。例如$[Fe(CN)_6]^{3-}$，由于中心离子和配体都带电荷，所以配体所带的电荷数为（3＋）＋（1－）×6＝3－。

（6）配合物的种类

配合物的种类很多，主要可以分成以下几种。

① 简单配合物　简单配合物分子或离子中只有一个中心离子，每个配体只有一个配位原子（单齿配体）与中心离子成键，如$[Fe(CN)_6]^{3-}$、$[Cu(NH_3)_4]^{2+}$等。

② 螯合物　在螯合物分子或离子中，一个中心离子与多齿配体成键，形成环状结构的配合物。如$[Cu(en)_2]^{2+}$，其结构如图 2-5 所示。

③ 多核配合物　多核配合物分子或离子中含有两个或两个以上的中心离子，在两个

中心离子之间，常以配体连接起来，如$[(H_2O)_4Fe(OH)_2Fe(H_2O)_4]^{4+}$。

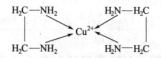

图 2-5　螯合物$[Cu(en)_2]^{2+}$结构示意

2.3.2　配合物的命名

由于配合物的种类繁多，组成和结构比较复杂，因此配合物的命名也比较困难。这里仅简单介绍配合物命名的基本原则。

配合物的命名原则与无机化合物的命名相似，通常是按配合物的化学式从后向前依次读出它们的名称，称"某化某"、"某酸某"或"氢氧化某"等。

（1）内界与外界的命名顺序

如果配合物的外界是一个简单负离子，如F^-、Cl^-等，则称为"某化某"。如果配合物的外界是一个复杂负离子，如SO_4^{2-}、CO_3^{2-}等，或是一个负配离子，如$Fe(CN)_6]^{3-}$、$[HgI_4]^{2-}$等，则称为"某酸某"。若外界为氢离子，配离子的名称之后以"酸"字结尾。

（2）内界的命名顺序

内界的命名方式为

配体-(合)-中心离子(或原子)

在配体前用汉字一、二、三……标明其数目；在中心离子或原子后用罗马数Ⅰ，Ⅱ，Ⅲ……表示其氧化值（对于氧化值不变的元素，则不必标出）。

在内界中含有多种配体时，命名的顺序是：简单离子→复杂离子→有机酸根离子→H_2O→NH_3→有机分子，在不同配体中间可加"·"隔开。

具体实例如下

$[Cu(NH_3)_4]SO_4$	硫酸四氨合铜(Ⅱ)
$K_3[Fe(NCS)_6]$	六异硫氰根合铁(Ⅲ)酸钾
$H_2[PtCl_6]$	六氯合铂(Ⅳ)酸
$[Fe(CN)_6]^{3-}$	六氰合铁(Ⅲ)配离子

2.3.3　配位反应与配位平衡

配合物的内外界之间是以离子键结合的，在水溶液中配合物的内界与外界的解离与强电解质的解离相类似。例如

$$[Cu(NH_3)_4]SO_4 \longrightarrow [Cu(NH_3)_4]^{2+} + SO_4^{2-}$$

解离出来的配离子$[Cu(NH_3)_4]^{2+}$在水溶液有一部分会进一步解离。

$$[Cu(NH_3)_4]^{2+}(aq) \Longleftrightarrow Cu^{2+}(aq) + 4NH_3(aq)$$

这种解离和弱电解在水溶液中发生解离一样，存在着解离平衡，即配位平衡。前面讲到的化学平衡理论，也适用于配位平衡，因此对于$[Cu(NH_3)_4]^{2+}$解离的平衡常数表达式

可以写成

$$[Cu(NH_3)_4]^{2+}(aq) \Longrightarrow Cu^{2+}(aq) + 4NH_3(aq)$$

$$K^\ominus = \frac{[c(Cu^{2+})/c^\ominus][c(NH_3)/c^\ominus]^4}{c[Cu(NH_3)_4]^{2+}/c^\ominus} \tag{2-13}$$

式中，$K^\ominus$ 称为**解离平衡常数**，对同类型的配离子，$K^\ominus$ 值越大，表示配离子越易解离，即配离子越不稳定。所以 $K^\ominus$ 又称为配离子的**不稳定常数**，常以 $K^\ominus_{不稳}$ 表示。

配合物解离反应的逆反应是配合物的生成反应。通常也用配合物生成反应的平衡常数来表示配合物的稳定性。对于铜氨配离子 $[Cu(NH_3)_4]^{2+}$ 来说

$$Cu^{2+}(aq) + 4NH_3(aq) \Longrightarrow [Cu(NH_3)_4]^{2+}(aq)$$

$$K^\ominus_{稳} = \frac{c[Cu(NH_3)_4]^{2+}/c^\ominus}{[c(Cu^{2+})/c^\ominus][c(NH_3)/c^\ominus]^4} = \frac{1}{K^\ominus_{不稳}} \tag{2-14}$$

$K^\ominus_{稳}$ 数值越大，表明配合物越稳定，在水溶液中也就越难解离。配离子的稳定性是人们在应用配合物时首要考虑的因素。因此配合物的稳定常数是一个重要的参数。

2.3.4　配位平衡的移动

配位平衡也是一种动态平衡。当改变平衡条件（浓度、温度等）时，平衡会被打破并发生移动。例如：如果在 $[Cu(NH_3)_4]^{2+}$ 溶液的解离平衡系统中加入 Na_2S 溶液，会生成黑色沉淀。这是因为 CuS 的溶度积很小，$[Cu(NH_3)_4]^{2+}$ 只要解离出少量的 Cu^{2+}，就可以生成 CuS 沉淀而使溶液中的 Cu^{2+} 浓度减小，于是平衡向 $[Cu(NH_3)_4]^{2+}$ 解离的方向移动。

$$[Cu(NH_3)_4]^{2+} \Longrightarrow Cu^{2+} + 4NH_3$$
$$Cu^{2+} + S^{2-} \Longrightarrow CuS(s)$$

总反应为　　　　　$[Cu(NH_3)_4]^{2+} + S^{2-} \Longrightarrow CuS(s) + 4NH_3$

如果在 $[Cu(NH_3)_4]^{2+}$ 的解离平衡系统中加入酸，由于 H^+ 与 NH_3 结合生成更稳定的 NH_4^+，溶液中 NH_3 浓度减小，平衡也将向配离子解离的方向移动。

$$[Cu(NH_3)_4]^{2+} \Longrightarrow Cu^{2+} + 4NH_3$$
$$NH_3 + H_3O^+ \Longrightarrow NH_4^+ + H_2O$$

总反应为　　　　　$[Cu(NH_3)_4]^{2+} + 4H_3O^+ \Longrightarrow Cu^{2+} + 4NH_4^+ + 4H_2O$

结果，深蓝色的 $[Cu(NH_3)_4]^{2+}$ 溶液变成水合的 Cu^{2+} 浅蓝色。

在自然界中，当地质条件改变时，配离子会遭到破坏，导致成矿元素析出。例如 Fe^{3+} 在一定的地质条件下，可形成配离子 $[FeCl_4]^-$，并随着地下水的流动而迁移。当水中 Cl^- 浓度变小或 pH 改变时，$[FeCl_4]^-$ 的解离平衡系统被破坏，就会生成 Fe_2O_3 沉淀而形成赤铁矿：

$$2[FeCl_4]^- + 3H_2O \Longrightarrow Fe_2O_3(s) + 8Cl^- + 6H^+$$

由此可见，化学元素在地壳中迁移的本质就是化学平衡不断的建立又不断被破坏的过程。

2.4 沉淀-溶解平衡

在化工、冶金、自然地质、分析检验、医学等领域中，常常利用沉淀的生成和溶解进行产品的制备、离子的分离和提纯，以及分析检验等。如何判断沉淀与溶解反应发生的方向？如何使沉淀的生成或溶解更完全？如何使沉淀更纯净？如何利用沉淀溶解的方法测定某种待测物的含量或浓度等？要解答这些问题，就需要了解沉淀的生成、溶解和转化的规律。

2.4.1 溶解度

在水中的溶解能力是物质的重要性质之一，常用溶解度来表示。**溶解度**是指在一定温度下，达到溶解平衡（饱和状态）时在 100g 溶剂中所溶解溶质的质量，单位为 g/100g。另一个常用单位是每 100mL 溶剂中所含溶质的质量（对于液体和气体，单位为 mL/100mL）。溶解度的大小与物质的本性、温度等有关，即温度不同，物质在水中的溶解度也不同。

电解质的溶解度往往有很多差异，习惯上划分为可溶、微溶和难溶等不同等级。通常把在水中的溶解度大于 1g/100g 的电解质称为**可溶电解质**；物质的溶解度小于 0.1g/100g 的电解质称为**难溶电解质**；溶解度介于 0.1～1g/100g 之间的称为**微溶**。

2.4.2 溶度积

（1）溶度积的一般概念

难溶强电解质的溶解过程是一个可逆过程。在一定温度下，如果把 AgCl 晶体放入水中，在极性分子 H_2O 的作用下，大大减弱了固态中 Ag^+ 和水合 Cl^- 之间的吸引力，而使得一部分 Ag^+ 和 Cl^- 离开 AgCl 固体表面成为水合离子进入溶液，这个过程称为**溶解**。另外，进入溶液中的水合 Ag^+ 和水合 Cl^- 处于无序的运动状态中，其中有些碰撞到固体 AgCl 表面时，受到固体表面的吸引力，又会重新析出或回到固体表面上来，这个过程称为**沉淀**。开始时，溶解速度较大，沉淀速度较小。在一定条件下，当溶解和沉淀速率相等时，便建立了一个动态的多相离子平衡——沉淀-溶解平衡，可表示如下

$$AgCl(s) \underset{沉淀}{\overset{溶解}{\rightleftharpoons}} Ag^+(aq) + Cl^-(aq)$$

该动态平衡的标准平衡常数表达式为

$$K_{sp}^{\ominus} = c(Ag^+/c^{\ominus})c(Cl^-/c^{\ominus})$$

可以简写成

$$K_{sp}^{\ominus} = c(Ag^+)c(Cl^-)$$

$K_{sp}^{\ominus}$ 是沉淀溶解平衡的标准平衡常数，称为**标准溶度积常数**，简称**溶度积**。$c(Ag^+)$ 和 $c(Cl^-)$ 是饱和溶液中 Ag^+ 和 Cl^- 的浓度。

现以难溶化合物 A_nB_m 为例，在水溶液中达到沉淀-溶解平衡时，有下列平衡关系式。

$$A_nB_m(s) \rightleftharpoons nA^{m+}(aq) + mB^{n-}(aq)$$

则溶度积的通式为

$$K_{sp}^{\ominus}=[c(A^{m+})/c^{\ominus}]^n[c(B^{n-})/c^{\ominus}]^m \qquad (2\text{-}15)$$

可以简写成

$$K_{sp}^{\ominus}=[c(A^{m+})]^n[c(B^{n-})]^m \qquad (2\text{-}16)$$

式（2-15）和式（2-16）表明：在一定温度下，难溶强电解质饱和溶液中阳离子和阴离子的相对浓度各以其化学计量数为指数的幂的乘积为一常数。溶度积常数的大小反映了难溶强电解质的溶解能力的大小，$K_{sp}^{\ominus}$越小，难溶强电解质就越难溶于水。标准溶度积常数只与温度有关，而与电解质离子的浓度无关。需要特别指出的是，在难溶化合物A_nB_m沉淀-溶解达到平衡时，溶液中必须要有未溶解的固体A_nB_m存在，否则就不能保证系统处于平衡状态。难溶强电解质在298.15K时的标准溶度积常数列于附表3中。

（2）溶解度和溶度积的关系

溶度积和溶解度都可以表示难溶强电解质的溶解能力，它们是两个既有联系又有区别的概念。它们之间可以相互换算，既可以从溶解度求溶度积，也可以从溶度积求溶解度。但是要注意它们之间的区别：溶度积是未溶解的固体与溶液中相应离子达到平衡时的离子浓度的乘积，只与温度有关。而溶解度不仅与温度有关，还与溶液的pH等因素有关。在进行溶度积的相关计算时，浓度单位通常使用$mol \cdot L^{-1}$。因为在水溶液中溶解度的单位虽然是$g/100gH_2O$，但由于难溶强电解质在水溶液中的溶解度很小，该稀溶液可以近似地认为与纯水相同。所以溶解度的单位也可以采用$mol \cdot L^{-1}$。

例 2-6

298K 时，把过量的晶体 AgCl 溶解在纯水中得到饱和溶液。计算在 298K 时 AgCl 的溶解度（$mol \cdot L^{-1}$）。已知 AgCl 的溶度积为 $K_{sp}^{\ominus}$（AgCl）$=1.8\times10^{-10}$。

解：设 AgCl 的溶解度为 x，则有

$$AgCl(s)\Longrightarrow Ag^+(aq)+Cl^-(aq)$$

平衡浓度/$mol \cdot L^{-1}$ $\qquad\qquad\qquad x \qquad\quad x$

$$K_{sp}^{\ominus}=c(Ag^+)c(Cl^-)$$

$$1.8\times10^{-10}=x^2 \qquad x=1.3\times10^{-5}(mol \cdot L^{-1})$$

例 2-7

已知 298K 时，Ag_2CrO_4 的溶度积为 1.1×10^{-12}，试求 $Ag_2CrO_4(s)$ 在水中的溶解度（$g \cdot L^{-1}$）。

解：设 $Ag_2CrO_4(s)$ 的溶解度为 x $mol \cdot L^{-1}$。

$$Ag_2CrO_4(s)\Longrightarrow 2Ag^+(aq)+CrO_4^{2-}(aq)$$

平衡浓度/$mol \cdot L^{-1}$ $\qquad\qquad\qquad 2x \qquad\qquad x$

$$K_{sp}^{\ominus}(Ag_2CrO_4)=[c(Ag^+)]^2c(CrO_4^-)$$

$$1.1\times10^{-12}=4x^3, x=6.5\times10^{-5}$$

$Mr(Ag_2CrO_4)=331.7$，Ag_2CrO_4 在水溶液中的溶解度 s 为

$$s=6.5\times10^{-5}\times331.7g \cdot L^{-1}=2.2\times10^{-2}g \cdot L^{-1}$$

【例 2-6】和【例 2-7】计算结果表明，$K_{sp}^{\ominus}(AgCl) > K_{sp}^{\ominus}(Ag_2CrO_4)$，但在相同温度下，$Ag_2CrO_4$ 溶解度反而比 AgCl 的溶解度大。这是因为它们不属于同种类型的难溶强电解质。Ag_2CrO_4 是 A_2B 型难溶电解质，AgCl 是 AB 型难溶电解质。对于同一类型的难溶电解质，可以通过溶度积的大小来比较它们的溶解度的大小。即在相同温度下，溶度积越大，溶解度也越大；反之亦然。但对于不同类型的难溶电解质，则不能用溶度积直接比较溶解度的大小，需要通过计算进行比较。

2.4.3　沉淀的生成和溶解

（1）溶度积规则

一般物质的沉淀-溶解平衡可以表示为

$$A_nB_m(s) \Longrightarrow nA^{m+}(aq) + mB^{n-}(aq)$$

则反应商 J 表达式可以写作：

$$J = \left[c(A^{m+})\right]^n \left[c(B^{n-})\right]^m$$

在一定条件下某难溶强电解质的沉淀能否生成或溶解，可以通过反应商与溶度积的比较来判断。

① 当 $J < K_{sp}^{\ominus}$ 时，反应正向进行。如果溶液中有沉淀物质存在，则沉淀将溶解，直至溶液达到饱和状态。

② 当 $J = K_{sp}^{\ominus}$ 时，反应处于平衡状态；如果溶液中原来就有沉淀存在，该溶液就是其饱和溶液。此时溶液可能是固相与其饱和溶液共存的两相系统，也可能是沉淀刚好溶解完全的单相系统；如果溶液中原来没有沉淀存在，则溶液刚好达到饱和状态，此时如果再提高溶液中该晶体离子的浓度，将会有沉淀物质生成。因此，这是沉淀生成的"临界点"。

③ 当 $J > K_{sp}^{\ominus}$ 时，反应逆向进行，将有沉淀生成，溶液过饱和。

以上三点统称为**溶度积规则**。运用这一规律可以判断一定条件下某溶液中是否有沉淀生成。

例 2-8

在 10mL 0.010mol·L^{-1} BaCl$_2$ 溶液中，加入 30mL 0.0050mol·L^{-1} 的 Na$_2$SO$_4$ 溶液，有无沉淀产生？[$K_{sp}^{\ominus}$(BaSO$_4$) $= 1.1 \times 10^{-10}$]

解： 两种溶液混合后，总体积为 40mL，则

$$c(Ba^{2+}) = 0.010 \times \frac{10}{40} \ (mol \cdot L^{-1}) = 2.5 \times 10^{-3} \ (mol \cdot L^{-1})$$

$$c(SO_4^{2-}) = 0.0050 \times \frac{30}{40} \ (mol \cdot L^{-1}) = 3.8 \times 10^{-3} \ (mol \cdot L^{-1})$$

$$J = c(Ba^{2+}) \ c(SO_4^{2-}) = 2.5 \times 10^{-3} \times 3.8 \times 10^{-3} = 9.5 \times 10^{-6} > K_{sp}^{\ominus}(BaSO_4)$$

因而有 BaSO$_4$ 沉淀产生。

（2）同离子效应

如果在难溶电解质的饱和溶液中，加入含有相同离子的强电解质，难溶电解质的多相离子平衡将会发生移动。如同前面讲的在弱酸或弱碱溶液中的同离子效应那样，也会发生使难溶电解质的溶解度降低的现象，称为**同离子效应**。

例如在 $BaSO_4$ 饱和溶液中存在下列平衡

$$BaSO_4(s) \Longrightarrow Ba^{2+}(aq) + SO_4^{2-}(aq)$$

若加入 $BaCl_2$，由于溶液中的 Ba^{2+} 浓度增加，平衡就会向左移动，生成了较多的 $BaSO_4$（s），使 $BaSO_4$ 溶解度变小。这就是同离子效应作用的结果。

例 2-9

求 298K 时，$AgCl$ 在 $0.010\text{mol} \cdot L^{-1}$ $NaCl$ 溶液中的溶解度（$\text{mol} \cdot L^{-1}$）。已知 $K_{sp}^{\ominus}(AgCl) = 1.8 \times 10^{-10}$。

解：设 $AgCl$（s）的溶解度为 $s\ \text{mol} \cdot L^{-1}$，当其达到溶解平衡时，有

$$AgCl(s) \Longrightarrow Ag^+(aq) + Cl^-(aq)$$

平衡浓度/$\text{mol} \cdot L^{-1}$ s $s + 0.010$

$$K_{sp}^{\ominus} = c(Ag^+)c(Cl^-)$$

$$1.8 \times 10^{-10} = s(s + 0.010)$$

$$s = 1.8 \times 10^{-8} \ (\text{mol} \cdot L^{-1})$$

由【例 2-6】可知，$AgCl$（s）在纯水中的溶解度是 $1.3 \times 10^{-5}\ \text{mol} \cdot L^{-1}$，比在 $0.010\text{mol} \cdot L^{-1}$ $NaCl$ 溶液中的溶解度高。这是因为在 $AgCl$ 饱和溶液中，加入含有相同离子的强电解质 $NaCl$，使溶液中的 $c(Cl^-)$ 增加。根据溶度积规则可知，此时 $J > K_{sp}^{\ominus}$ 时，平衡向生成 $AgCl$ 的方向移动，当达到新平衡时，溶液中的 $AgCl$ 浓度减小了，也就是降低了 $AgCl$（s）的溶解度。

2.4.4　两种沉淀之间的平衡

（1）分步沉淀

在实际工作中，经常会遇到某一溶液中同时存在着几种离子，当加入沉淀剂时，又都能生成难溶电解质。如果生成的是相同构型的难溶电解质（同是 AB 型或 A_2B 型），则溶度积小的先沉淀出来。这种先后生成沉淀的现象，叫做**分步沉淀**。

例 2-10

在含有 $0.010\text{mol} \cdot L^{-1}$ 的 Cl^- 和 $0.010\text{mol} \cdot L^{-1}$ I^- 的溶液中，逐滴加入 $AgNO_3$ 溶液。问（1）哪一种离子先沉淀？（2）第二种离子开始沉淀时，溶液中第一种离子的浓度是多少？（3）能否用分步沉淀法将二者分离？假设滴入溶液时引起的体积改变忽略不计。已知 $K_{sp}^{\ominus}(AgCl) = 1.8 \times 10^{-10}$，$K_{sp}^{\ominus}(AgI) = 8.3 \times 10^{-17}$。

解：依题意可知，存在下列溶解平衡

$$AgCl(s) \Longrightarrow Ag^+(aq) + Cl^-(aq) \qquad AgI(s) \Longrightarrow Ag^+(aq) + I^-(aq)$$

（1）根据溶度积规则，计算 $AgCl$（s）和 AgI（s）开始沉淀时所需 $c(Ag^+)$ 分别为

$$c_1(Ag^+) = \frac{K_{sp}^{\ominus}(AgCl)}{c(Cl^-)} = \frac{1.8 \times 10^{-10}}{0.010} = 1.8 \times 10^{-8}$$

$$c_2(Ag^+) = \frac{K_{sp}^{\ominus}(AgI)}{c(I^-)} = \frac{8.3 \times 10^{-17}}{0.010} = 8.3 \times 10^{-15}$$

通过计算可知，AgI 开始沉淀时需要的 $c(Ag^+)$ 更低，因此先生成 AgI 沉淀。

（2）当开始生成 AgCl 沉淀时，AgCl（s）已处于饱和状态，即 $c(Ag^+)$ 必须同时满足两个溶解-沉淀平衡

$$c(Ag^+) = \frac{K_{sp}^{\ominus}(AgCl)}{c(Cl^-)} = \frac{K_{sp}^{\ominus}(AgI)}{c(I^-)}$$

当 AgCl 开始沉淀时，此时 $c(Cl^-) = 0.010 \text{mol} \cdot L^{-1}$，则此时溶液中剩余 $c(I^-)$ 为

$$c(I^-) = \frac{K_{sp}^{\ominus}(AgI) \cdot c(Cl^-)}{K_{sp}^{\ominus}(AgCl)} = \frac{8.3 \times 10^{-17} \times 0.010}{1.8 \times 10^{-10}} = 4.6 \times 10^{-9}$$

由此可以看出，当 AgCl 开始沉淀时，$c(I^-) = 4.6 \times 10^{-9} \text{mol} \cdot L^{-1} < 1.0 \times 10^{-5}$，因此溶液中的 I^- 已经沉淀完全。

（3）根据（2）的计算结果可知，当 AgCl 开始沉淀时，I^- 早已经沉淀完全。所以，利用分步沉淀法可以将二者分离完全。

（2）沉淀的转化

有些沉淀既不溶于酸，又无法用配位溶解和氧化还原溶解等方法把它直接溶解。这时，可以把一种难溶电解质转化成另一种难溶电解质，然后再使其溶解。例如将 $BaSO_4$ 放在饱和碳酸钠溶液中，它就逐渐转变为 $BaCO_3$。这种把一种沉淀转变为另一沉淀的过程叫做**沉淀的转化**。

一种难溶电解质能否转变为另一种难溶电解质，一方面和它们的溶解度大小有关，另一方面和溶液中的试剂浓度有关。下面用具体例子加以说明。

例 2-11

根据溶度积规则，试说明 $SrSO_4$ 在浓 Na_2CO_3 溶液中可以转化为 $SrCO_3$ 沉淀。已知，$K_{sp}^{\ominus}(SrSO_4) = 3.4 \times 10^{-7}$，$K_{sp}^{\ominus}(SrCO_3) = 5.6 \times 10^{-10}$。

解：溶液中存在下列平衡

$$SrSO_4(s) \Longrightarrow Sr^{2+}(aq) + SO_4^{2-}(aq)$$

$$Sr^{2+}(aq) + CO_3^{2-}(aq) \Longrightarrow SrCO_3(s)$$

以上两个方程式可用总离子方程式表示

$$SrSO_4(s) + CO_3^{2-}(aq) \Longrightarrow SO_4^{2-}(aq) + SrCO_3(s)$$

该反应的平衡常数为

$$K^{\ominus} = \frac{c(SO_4^{2-})}{c(CO_3^{2-})} = \frac{K_{sp}^{\ominus}(SrSO_4)}{K_{sp}^{\ominus}(SrCO_3)} = \frac{3.4 \times 10^{-7}}{5.6 \times 10^{-10}} = 6.1 \times 10^2$$

$K^{\ominus}$ 值比较大，说明 $SrSO_4$ 在浓 Na_2CO_3 溶液中可以转化为 $SrCO_3$。

锅炉用水处理

水是锅炉的工作介质,一般的锅炉离开了水就无法工作。锅炉水质的处理关系到锅炉设备安全和锅炉的经济运行。锅炉水处理在工业用水中要求很高,通常可分为炉外给水处理和炉内锅水处理两大类。其目的是尽可能防止生成水垢,防止金属腐蚀,提高蒸汽品质。

1 不良水质对锅炉的危害

锅炉用水中含有各种杂质,主要包括气体、各种矿物、无机盐和微生物。由于水在锅炉中不断蒸发浓缩,水中的杂质会发生各种物理和化学变化,其中的盐类达到饱和后,随着温度的升高,会陆续结晶析出,附着在金属受热面上,形成坚硬的沉积物水垢。

由于水垢的导热能力比金属低得多,所以一旦锅炉受热面结垢,其传热性能就明显降低,导致锅炉输出热量能力降低、燃料浪费,缩短其使用寿命。另外,结垢部位的金属壁因温度过高,引起金属强度下降,在蒸汽压力的作用下会产生变形、鼓包,甚至引起爆炸事故。水垢还会阻塞管道,在金属表面上覆盖不均匀时,还会导致金属的局部腐蚀,形成安全隐患。

2 锅炉用水处理方法

锅炉用水处理虽因锅炉类型繁多而方法多样,但大体上可分为炉外处理和炉内处理两种。

(1)炉外处理

炉外处理是预先去除锅炉给水中的杂质,再使水进入锅炉。炉外处理按其方法和目的可分为以下几个过程。

① 悬浮物的除去　可通过混凝、沉淀、过滤等操作完成。

② 水中气体的除去　通过曝气、除氧等操作完成。工业上常用的曝气设备又叫除碳器,其主要目的是驱除水中溶解的二氧化碳。

氧的去除可采用将水加热至沸腾,使水中的氧因溶解度减小而逸出;而工业上常采用的是化学除氧的方法,即在水中加入铁屑、亚硫酸钠等化学药剂,使其与溶解氧反应而除去氧。

③ 软化　采用石灰-纯碱法、离子交换法等。

④ 除硅酸　采用强碱性阴离子交换树脂交换法或采用石灰纯碱和氧化镁并用,用铝、铁盐混凝、沉淀法。

⑤ 除盐　随着锅炉参数的不断提高和直流锅炉的出现,甚至要求将锅炉给水中所有的盐分都除尽。这时就必须采用除盐的方法。化学除盐所采用的离子交换剂品种很多,使用最普遍的是阳离子交换树脂和阴离子交换树脂。

(2)炉内处理

炉内水处理,是一种在锅炉本体锅内进行的水处理。进行锅内水处理往往要向给水或锅水中投加适当的药剂,故锅内水处理也称锅内加药处理。锅内水处理的目的是防垢、防腐和防止蒸汽污染,确保锅炉安全经济运行。由于锅炉设备种类繁多,处理方法也不相同。这里仅就中、低压锅炉的锅内水处理方法进行讨论。

① 纯碱防垢法　1.5MPa 以下的低压锅炉,可向锅内投加一定数量的 Na_2CO_3,维持锅水有足够数量的 CO_3^{2-},由于锅水一直处于沸腾状态,生成的 $CaCO_3$ 只能生成流动的水渣,而不会生成坚硬的水垢从而防止了碳酸钙水垢的生成。

$$Ca^{2+}+CO_3^{2-} \Longleftrightarrow CaCO_3 \Longleftrightarrow CaCO_3 \Longleftrightarrow CaCO_3 \Longleftrightarrow CaCO_3 \Longleftrightarrow CaCO_3$$

饱和溶液　过饱和溶液　结晶核　无定形物　结晶体

当锅炉水中 $c(Ca^{2+})c(CO_3^{2-}) > K_{sp}^{\ominus}(CaCO_3)$ 时,平衡向右进行,经历生成碳酸钙的饱和溶液、过饱和溶液、结晶核、无定形物阶段,最后以碳酸钙结晶体析出。因为碳酸钙是一种离子晶体,所以碳酸钙水垢非常坚硬。但是,如果改变碳酸钙结晶体的形成条件,也就是设法中断碳酸钙无定形物向结晶体转变,那么就可以避免生成坚硬的水垢而只生成无定形状态的松软的水渣。

② 加磷酸盐处理法　对于 1.5MPa 以上的中压锅炉,由于炉水中的 Na_2CO_3 水解率很高,难以维持所需的 CO_3^{2-},且水解产生的苛性碱使锅水碱度过高,故采用磷酸盐为处理剂。处理使用的磷酸盐有 Na_3PO_4、Na_2HPO_4、NaH_2PO_4、$Na_5P_3O_{10}$(三聚磷酸钠)等,常用的是 Na_3PO_4。

进行水处理时,需要加入适量的磷酸盐以维持一定的 PO_4^{3-} 浓度。并且使锅水的 pH 保持在 10～12 的碱性范围内。此时 Ca^{2+} 与 PO_4^{3-} 反应生成松软的碱式磷酸钙 $[Ca_{10}(OH)_2(PO_4)_6]$ 水渣而随锅炉排污排出。由于碱式磷酸钙溶解度很小,故锅水中 Ca^{2+} 浓度很小,不容易生成难处理的 $CaSO_4$ 和 $CaSiO_3$ 水垢。加入 PO_4^{3-} 还可以使锅炉金属表面生成磷酸盐的保护膜,防止锅炉金属的腐蚀。但锅水中 PO_4^{3-} 的浓度也不能过高,否则会生成 $Mg_3(PO_4)_2$ 水垢。

知·识·链·接

1　人体与渗透压

血浆中既有小分子的晶体物质(如氯化钠、碳酸氢钠、葡萄糖等),又有大分子和大离子的胶体物质(如蛋白质等)。因此,血浆的渗透压力是晶体物质和胶体物质所产生的渗透压力的总和。通常把由小分子和小离子所产生的渗透压力称为晶体的渗透压力;把由大分子和大离子所产生的渗透压力称为胶体渗透压力。

血浆中小分子晶体物质的质量浓度约为 $7.58g \cdot L^{-1}$,而大分子和大离子的质量浓度约为 $70g \cdot L^{-1}$。在 37℃时,血浆的总渗透压力约为 770kPa,其中由大分子和大离子产生的胶体渗透压力仅约为 4kPa。这是因为小分子晶体物质在血浆中的质量浓度虽然较低,但由于其摩尔质量较小,而且无机盐又可解离成阴离子和阳离子,因此其渗透浓度较大;而蛋白质等胶体物质在血浆中的质量浓度虽然较高,但由于它们的分子很大(血浆中各种蛋白质的摩尔质量大多在 $7 \times 10^4 g \cdot L^{-1}$),因此其渗透浓度很小。所以,血浆的渗透压力主要是由小分子晶体物质产生的,而胶体渗透压力仅占血浆总渗透压力的极小部分。

人体内存在有半透膜,如间隔细胞内液与细胞外液的细胞膜和间隔血浆与组织液的毛细血管壁等。由于这些半透膜的通透性不同,因此晶体渗透压力和胶体渗透压力的功能也有所不同。

间隔着细胞内液与外液的细胞膜只允许水分子透过,而其他分子和离子(如 K^+、Na^+ 等)不能透过。由于晶体渗透压力比胶体渗透压力大得多,因此水分子的渗透方向主要取决于晶体渗透压力。当人体缺水时,细胞外液中盐的浓度就会相对升高,细胞外液的晶体渗透压力增大,大于细胞内液的渗透压力,使细胞内液的水分子进入细胞外液,造成细胞内失水。如果大量饮水或输入过多的葡萄糖溶液(葡萄糖在体内氧化成二氧化碳和水),又会造成细胞外液晶体渗透压力减小,导致细胞外液的水分子进入细胞内液,使细胞肿胀,严重时可引起水中毒。因此,晶体渗透压力对维持细胞内液和细胞外液的水的相对平衡起着重要作用。临床上常使用小分子晶体物质的溶液来纠正某些疾病所引起的水盐失调。

间隔着血液与细胞液的毛细血管壁,对物质的通透性与细胞膜不同,除了水分子能透过外,各种盐类的离子(如 K^+、Na^+ 等)也能透过,只有蛋白质等胶体物质的分子或离子不能透过。因此血液与细胞液中小分子晶体物质的浓度相等,小分子晶体物质对维持血液与组织之间水的相对平衡几乎不起作用。蛋白质等胶体物质的分子或离子所产生的胶体渗透压力虽然很小,但由于蛋白质分子或离子不能透过毛细血管壁,对维持血容量和血液与细胞液的水和盐的相对平衡却起着重要作用。当血浆蛋白的浓度(特别是白蛋白浓度)因某些病变下降时,血浆的胶体渗透压力也随之降低,结果水和盐由血液进入组织液,而使血容量(人体血液总量)降低,组织液增多,这是形成水肿的一个因素。临床上对大面积烧伤或失血等原因造成血容量下降的病人进行补液时,由于这类病人的血浆蛋白损失很多,血浆的胶体渗透压力下降,不能单纯补充晶体溶液(如生理盐水等),还要同时输入血浆或右旋糖酐等血浆代用品,才能恢复胶体渗透压力和增加血容量。

由此可见,渗透压力在维持人体的水、电解质平衡中起着重要的作用。

2 离子液体

离子液体又称室温离子液体或室温熔融盐,也称非水离子液体、液态有机盐等,是指在室温或室温附近温度下呈液态,并由阴、阳离子组成的物质。离子液体具有很多独特的物理化学性质,如蒸气压低、不挥发、不可燃、热容量大、离子导电率高、电化学窗口宽、物质溶解性好、萃取能力好、相稳定性好、热稳定性好、水稳定性好、酸碱稳定性好等。由于这些独特性能,离子液体的应用研究,正在世界范围内迅速开展。

最早关于离子液体的研究可以追溯到 1914 年,Sudgen 等报道了第一个在室温下呈液体的有机盐类硝酸乙基胺 $[C_2H_5NH_3][NO_3]$,直到 20 世纪 90 年代,成功合成了一类以 1,3-二烷基咪唑氟硼酸盐为代表的新型离子液体,使得离子液体的研究和应用迅速扩展。同时,离子液体的研究成功扩展到分离分析、电化学以及功能材料等领域。这一阶段成为离子液体发展的黄金时期。近两年来,功能化和固载化成为离子液体发展的一个重要方向,其目的是最大可能地发挥离子液体的功能。这一阶段比较有代表性的工作是酸功能化离子液体的设计合成以及离子液体固载化的工作。

从理论上讲离子液体可能有1万亿种,化学家和生产企业可以从中选择适合自己工作需要的离子液体。目前,对离子液体的应用研究主要集中在如何提高离子液体的稳定性,降低离子液体的生产成本,解决离子液体中高沸点有机物的分离,以及开发既能用作催化反应溶剂,又能用作催化剂的离子液体新体系等领域。

从离子液体的制备、再生和处置过程看,目前用于制备离子液体的主要原料(烷基取代咪唑、烷基取代吡啶、烷基取代盐和烷基取代铵盐等)大多是挥发性有机物;而离子液体的再生过程主要是采用具有挥发性的传统有机溶剂进行萃取的过程;某些离子液体本身是有毒且难以生物降解的。因此,在离子液体大规模应用前需对其应用风险进行评价。

习题

一、判断题

1. 溶液的蒸气压总是低于纯溶剂的蒸气压。 （　　）

2. 在一定温度下,液体蒸气产生的压力称为饱和蒸气压。 （　　）

3. 导致难挥发非电解质的稀溶液凝固点下降的根本原因是溶液的蒸气压下降。 （　　）

4. 渗透压是为了阻止溶剂通过半透膜流入溶液所施加于溶液上的额外压力。 （　　）

5. 液体的凝固点是指液体蒸发和凝结速率相等时的温度。 （　　）

6. 强酸或强碱溶液具有缓冲作用。 （　　）

7. 在缓冲溶液中,只要每次加少量强酸或强碱,无论添加多少次,缓冲溶液始终具有缓冲能力。 （　　）

8. 弱酸或弱碱的浓度越小,其解离度也越小,酸性或碱性越弱。 （　　）

9. 在一定温度下,某两种酸的浓度相等,其水溶液的pH也必然相等。 （　　）

二、选择题

1. 取两小块冰,分别放在温度均为273K的纯水和盐水中,将会发生的现象是（　　）。

A. 放在纯水和盐水中的冰均不融化

B. 放在纯水中的冰融化为水,而放在盐水中的冰不融化

C. 放在纯水中的冰不融化,而放在盐水中的冰融化为水

D. 放在纯水和盐水中的冰均融化为水

2. 已知水的$K_f = 1.86K \cdot kg \cdot mol^{-1}$,测得某人血清的凝固点为$-0.56°C$,则该血清的浓度为（　　）。

A. $332mmol \cdot kg^{-1}$　　　　　　　　　B. $147mmol \cdot kg^{-1}$

C. $301mmol \cdot kg^{-1}$　　　　　　　　　D. $146mmol \cdot kg^{-1}$

3. 已知　$2H_2(g) + S_2(g) \Longrightarrow 2H_2S(g)$　　　　　　　$K_p^{\ominus}(1)$

　　　　　$2Br_2(g) + 2H_2S(g) \Longrightarrow 4HBr(g) + S_2(g)$　$K_p^{\ominus}(2)$

　　　　　$H_2(g) + Br_2(g) \Longrightarrow 2HBr(g)$　　　　　　$K_p^{\ominus}(3)$

则$K_p^{\ominus}(3)$等于（　　）。

A. $[K_p^{\ominus}(1)K_p^{\ominus}(2)]^{\frac{1}{2}}$　　　B. $[K_p^{\ominus}(2)/K_p^{\ominus}(1)]^{\frac{1}{2}}$

C. $K_p^\ominus(2)/K_p^\ominus(1)$ D. $K_p^\ominus(1)/K_p^\ominus(2)$

4. 下列混合溶液中，属于缓冲溶液的是（   ）。

    A. 50mL 0.2mol·L^{-1} HAc 与 50 mL 0.1mol·L^{-1} NaOH

    B. 50 mL 0.1mol·L^{-1} HAc 与 50 mL 0.1mol·L^{-1} NaOH

    C. 50 mL 0.1mol·L^{-1} HAc 与 50 mL 0.2 mol·L^{-1} NaOH

    D. 50 mL 0.2mol·L^{-1} HCl 与 50mL 0.1mol·L^{-1} NH$_3$·H$_2$O

5. 配制 pH≈7 的缓冲溶液，应选择（   ）。

    A. $K_a^\ominus$（HAc）＝1.8×10^{-5} B. $K_a^\ominus$（HCOOH）＝1.77×10^{-4}

    C. $K_a^\ominus$（H$_2$CO$_3$）＝4.3×10^{-7} D. $K_a^\ominus$（H$_2$PO$_4^-$）＝6.23×10^{-8}

6. AgCl 在下列物质中溶解度最大的是（   ）。

    A. 纯水   B. 6mol·L^{-1} NH$_3$·H$_2$O

    C. 0.1mol·L^{-1} NaCl   D. 0.1mol·L^{-1} BaCl$_2$

7. 在 PbI$_2$ 沉淀中加入过量的 KI 溶液，使沉淀溶解的原因是（   ）。

    A. 同离子效应   B. 生成配位化合物

    C. 氧化还原作用   D. 溶液碱性增强

8. 下列说法中正确的是（   ）。

    A. 在 H$_2$S 的饱和溶液中加入 Cu^{2+}，溶液的 pH 将变小。

    B. 分步沉淀的结果总能使两种溶度积不同的离子通过沉淀反应完全分离开。

    C. 所谓沉淀完全是指沉淀剂将溶液中某一离子除净了。

    D. 若某系统的溶液中离子积等于溶度积，则该系统必然存在固相。

9. 配合物［CoCl(SCN)(en)$_2$］NO$_2$ 的配位数是（   ）。

    A. 6   B. 4   C. 2   D. 7

三、填空题

1. 稀溶液的依数性是指溶液的 _____ 、_____ 、_____ 和 _____。它们的数值只与溶质的 _____ 成正比。

2. Ca$_3$(PO$_4$)$_2$ 的溶度积常数表达式为 _____，其溶解度 S 与 $K_{sp}^\ominus$ 的关系为 _____。

3. 根据酸碱质子理论，H$_3$PO$_4$、HCO$_3^-$、H$_2$O、H$_2$SO$_4$、［Al(H$_2$O)$_6$］$^{3+}$ 的共轭碱的化学式分别是 _____、_____、_____、_____ 和 _____。两性物质为 _____，它们的共轭酸是 _____。

4. 配合物一般分为 _____ 和 _____ 两个组成部分。

5. ［Ni(NH$_3$)$_6$］SO$_4$ 的中心离子为 _____，配位原子为 _____，命名为 _____。

6. 已知 $K_{sp}^\ominus$(AgI)＝8.5×10^{-17}，$K_{sp}^\ominus$(AgCl)＝1.8×10^{-10}，在含有 0.01mol·L^{-1} I$^-$ 和 0.01mol·L^{-1} Cl$^-$ 的混合溶液中，逐滴加入 AgNO$_3$ 溶液，则 AgI 开始沉淀时 c(Ag$^+$)应超过 _____ mol·L^{-1}；AgCl 开始沉淀时 c(Ag$^+$)应超过 _____ mol·L^{-1}。

四、计算题

1. 估算在 100℃ 时，1.0mol·kg^{-1} 水溶液的蒸气压比纯水的蒸气压降低了多少？

2. 1.22×10^{-2}kg 苯甲酸溶于 0.10kg 乙醇后，使乙醇沸点升高了 1.13K. 若将 1.22×

10^{-2}kg 苯甲酸溶于 0.10kg 苯中，则苯的沸点升高 1.36K，计算苯甲酸在两种溶剂中的摩尔质量，计算结果说明什么问题？ （乙醇的 $K_b=1.19$K·kg·mol^{-1}，苯的 $K_b=2.06$ K·kg·mol^{-1}）

3. 将磷溶于苯配制成饱和溶液，取 3.747g 此饱和溶液加入 15.401g 苯中，混合溶液的凝固点是 5.155℃，而纯苯的凝固点为 5.400℃，已知磷在苯中以 P_4 分子存在，求磷在苯中的溶解度（g/100g 苯）。

4. 0.324g $Hg(NO_3)_2$ 溶于 100g 水中，其凝固点为 -0.0588℃；0.542g $HgCl_2$ 溶于 50g 水中，其凝固点为 -0.0744℃。用计算结果判断这两种盐在水中的电离情况。

5. 人体血浆的凝固点为 -0.501℃，正常人体温度为 37℃。人体血液的渗透压是多少？（水的 $K_f=1.8$ K·kg·mol^{-1}）

6. 计算下列溶液的 c（H^+）和 c（OH^-）：

（1）25.00g NaOH 溶解于 400mL 水中；

（2）50.00mL 的 0.5mol·L^{-1} HCl 稀释至 175mL；

（3）30mL 2.5mol·L^{-1} KOH 稀释至 120mL；

（4）4.5×10^{-4} mol·L^{-1} 的 $Ba(OH)_2$。

7. 0.2mol·L^{-1} 的 HCl 和 0.2mol·L^{-1} HCN 溶液的酸度是否相等？通过计算说明。

8. 在 100mL 0.1mol·L^{-1} 的氨水中加入 1.07g 氯化铵。计算：（1）溶液的 pH 为多少；（2）在此溶液中再加入 100mL 水，pH 有何变化？

9. 通过计算说明：在 100mL 0.15mol·L^{-1} 的 $AgNO_3$ 溶液中加入 50mL 0.1mol·L^{-1} 的 KI 溶液，是否有 AgI 沉淀产生？

10. 求 AgCl 在纯水中和 0.01mol·L^{-1} KCl 溶液中的溶解度（g·L^{-1}）。

第3章
氧化还原反应——电化学基础

所有的化学反应可划分为两类：一类是氧化还原反应，另一类是非氧化还原反应。前面学习的酸碱反应和沉淀反应都是非氧化还原反应。所谓**氧化还原反应**是指反应物之间发生电子转移的反应。植物的光合作用、人体的代谢过程、化学电池、金属的腐蚀、金属的冶炼、电镀、高能燃料和众多化工产品的合成等均涉及氧化还原反应。若氧化还原反应的反应物之间不直接接触，而是通过导体实现电子的定向转移，即有电流产生，这种研究化学能与电能相互转化的过程及其规律的学科称为电化学，它是化学与电学之间的边缘学科，对工农业生产、医学卫生、环境保护和科学研究起着重要作用。

3.1 氧化还原反应

3.1.1 氧化数

在氧化还原反应中，电子转移引起某些原子的价电子层结构发生变化，从而改变了这些原子的带电状态。为了描述原子带电状态的改变，表明元素被氧化的程度，提出了氧化态的概念，元素的氧化态是用一定的数值来表示的，称为元素的氧化数，**氧化数**是指化合物中某元素的一个原子的荷电数。该荷电数可由假设把每一化学键的电子指定给电负性较大的原子而求得。

确定氧化数的规则如下：

① 在单质中，元素的氧化数为零。

② 在单原子离子中，元素的氧化数等于离子所带的电荷数，如 Cu^{2+}、Cl^-、S^{2-} 的氧化数分别为 $+2$、-1、-2；在多原子离子中，各元素氧化数的代数和等于该离子所带电荷数。

③ 在中性分子中，各元素氧化数的代数和等于零。

④ 在化合物中，氢的氧化数一般为 $+1$（但在金属氢化物如 NaH、CaH_2 中氢的氧化数为 -1）；氧的氧化数一般为 -2（但在过氧化物如 H_2O_2、Na_2O_2 中氧的氧化数为 -1；在氧的氟化物如 OF_2 和 O_2F_2 中氧的氧化数分别为 $+2$ 和 $+1$）；在所有的氟化物中，氟的氧化数为 -1。

⑤ 在配离子中，各元素氧化数的代数和等于该配离子的电荷。

按上述规则可以容易地计算各种元素的不同氧化数，特别是结构不易确定的离子或分子中元素的氧化数。

例如，由于氢的氧化数为 +1，氧的氧化数为 -2，所以在 CO、CO_2、CH_4、C_2H_5OH 中碳的氧化数分别为 +2、+4、-4、-2。在 $S_2O_3^{2-}$、$S_4O_6^{2-}$（连四硫酸根）、$S_2O_8^{2-}$（过二硫酸根）中，硫的氧化数分别为 +2、$+\frac{5}{2}$、+7。在 Fe_3O_4 中，铁的氧化数为 $+\frac{8}{3}$。

3.1.2 氧化还原

根据氧化数的概念，氧化还原反应是元素的氧化数发生变化的反应。元素氧化数的改变与反应中得失电子相关联。如果反应中某元素的原子失去电子，使该元素的氧化数升高；相反，某元素的原子得到电子，其氧化数降低。在氧化还原反应中失去电子的物质称为还原剂，得到电子的物质称为氧化剂。氧化剂从还原剂获得电子，使自身的氧化数降低，这个过程称为还原；相应地，还原剂则由于给出电子而使自身的氧化数升高，这个过程称为氧化。

例如铜锌氧化还原反应

$$Zn + Cu^{2+} \rightleftharpoons Zn^{2+} + Cu$$

在该反应中，Zn 失去电子是还原剂，Cu^{2+} 得到电子是氧化剂；Zn 被氧化，Cu^{2+} 被还原。所以，上述反应是由两个"半反应"构成的，即

氧化半反应 $\quad Zn - 2e^- \rightleftharpoons Zn^{2+}$

还原半反应 $\quad Cu^{2+} + 2e^- \rightleftharpoons Cu$

元素的高价态称为**氧化态**，因为它可以作为氧化剂而获得电子；元素的低价态称为**还原态**，因为它可以作为还原剂而给出电子。这样，**氧化半反应**就是元素由还原态变为氧化态的过程，而**还原半反应**则是元素由氧化态变为还原态的过程。一个氧化还原反应便可一般地表示为

$$氧化态 \text{I} + 还原态 \text{II} \rightleftharpoons 还原态 \text{I} + 氧化态 \text{II}$$

从这里可以看到：在氧化还原反应中，氧化与还原是共存共依的，在一定条件下又可以相互转化。

3.2 原电池与电极电势

3.2.1 原电池

（1）原电池组成

上述金属 Zn 置换 Cu^{2+} 的反应是典型的氧化还原反应。将 Zn 片插入硫酸铜溶液中，很快可以观察到，红色的金属 Cu 在 Zn 片上析出，硫酸铜的蓝颜色逐渐变浅，与此同时还伴随着 Zn 片的溶解。相关的离子反应方程式为

$$Zn(s) + Cu^{2+}(aq) \rightleftharpoons Zn^{2+}(aq) + Cu(s)$$

$$\Delta_r H_m^{\ominus}(298K) = -218.66 \text{kJ} \cdot \text{mol}^{-1} \qquad \Delta_r G_m^{\ominus}(298K) = -212.55 \text{kJ} \cdot \text{mol}^{-1}$$

可见该氧化还原反应可以自发进行，且有热量放出，表明化学能转变为热能。但该反

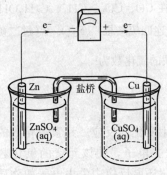

图 3-1 原电池装置示意

应的两种反应物是直接接触的，虽然有电子的转移，但不能产生电流。但如果采用一种特殊装置——原电池，即可实现化学能转变成电能。原电池装置如图 3-1 所示。

这种借助氧化还原反应将化学能直接转化为电能的装置就是**原电池**。图 3-1 所示的原电池称为铜锌原电池（因该种原电池是英国科学家丹尼尔 J. F. Daniel 发明的，又称为丹尼尔电池）。

在原电池中，电子流出的一极称负极，电子流入的一极称正极，在铜锌原电池中，Zn 是负极，Cu 是正电极，两极上的反应为

锌电极（负极）　$Zn(s) - 2e^- \Longleftrightarrow Zn^{2+}(aq)$　（氧化半反应）

铜电极（正极）　$Cu^{2+}(aq) + 2e^- \Longleftrightarrow Cu(s)$　（还原半反应）

合并两个半反应，即可得到在原电池中发生的氧化还原反应（电池反应）：

$$Zn(s) + Cu^{2+}(aq) \Longleftrightarrow Zn^{2+}(aq) + Cu(s)$$

可见，原电池可以使氧化还原反应产生电流，是因为它使氧化和还原两个半反应分别在不同的区域同时进行，这不同的区域就是半电池。

原电池是由 3 个部分组成的：两个半电池、外电路及盐桥。

半电池是原电池的主体，由电极导体和电解质溶液组成。以铜锌原电池为例，如 Cu 棒和 $CuSO_4$ 溶液；Zn 棒和 $ZnSO_4$ 溶液分别组成两个半电池。每一个半电池都是由同一种元素不同氧化数的两种物质组成的，它们构成一个氧化还原电对，其符号为 Zn^{2+}/Zn、Cu^{2+}/Cu，其通式为氧化态/还原态。在半电池中进行着氧化态和还原态的相互转化反应，即电极反应。

$$氧化态 + ne^- \Longleftrightarrow 还原态$$

连接两个半电池溶液的倒置 U 形管（管内充满含饱和 KCl 或其他电解质溶液的琼胶）称为盐桥，使两个半电池连通成内电路，保证两溶液的电中性。因为随着反应的进行，左侧烧杯中的溶液由于 Zn 片的溶解导致 Zn^{2+} 的增加而带正电荷，右侧烧杯中 Cu^{2+} 还原成 Cu 沉积在 Cu 片上而使 SO_4^{2-} 增加溶液带负电荷，这样会阻止原电池中反应的继续进行。当有盐桥时，盐桥中的 K^+ 和 Cl^- 分别向 $CuSO_4$ 溶液和 $ZnSO_4$ 溶液扩散（K^+ 和 Cl^- 在溶液中迁移速度近乎相等），从而保持了溶液的电中性，维持电子通路，电流能继续产生。

（2）原电池符号

原电池可以用统一的符号表示。原电池的负极写在左边，用（－）标明，正极写在右边，用（＋）标明（有时在原电池的符号表示中，也可不标明正负）。两个半电池之间用"‖"表示盐桥，用"｜"表示电极和离子之间的相界面，同一相中的不同组分间则用逗号分开，c 表示溶液浓度，p 表示气体压力，例如，Cu-Zn 原电池可以表示为

$$(-)Zn | ZnSO_4(c_1) \| CuSO_4(c_2) | Cu(+)$$

对于组成半电池的氧化还原电对，除金属与金属离子之外，还有金属及其难溶盐（如 $AgCl/Ag$，Hg_2Cl_2/Hg）、非金属单质与其离子（如 H^+/H_2，Cl/Cl^-，O_2/OH^-）、同一金属不同氧化数离子（如 Fe^{3+}/Fe^{2+}，$Cr_2O_7^{2-}/Cr^{3+}$）。后两种电极需要外加惰性电极（一般为 Pt 或石墨）担负输送电子的任务。相应的原电池符号表示为

$$(-)Pt | H_2(p) | H^+(c) \| AgCl | Ag(+)$$

$$(-)Cu|Cu^{2+}(c_1)\parallel Fe^{3+}(c_2),Fe^{2+}(c_3)|Pt(+)$$

3.2.2 电极电势

原电池能够产生电流的事实说明原电池的两个电极间存在电势差，电流由电势高的电极流向电势低的电极。那么为何两个电极的电势不同？电极的电势是如何产生的呢？

（1）电极电势的产生

当把金属放入它的盐溶液中时，由于金属晶体中处于热运动的金属离子受到极性水分子的作用，有离开金属进入溶液的趋势，金属越活泼或者溶液中金属离子的浓度越小，这种趋势就越大；另一方面，溶液中的金属离子，由于受到金属表面电子的吸引，有从溶液向金属表面沉积的趋势，金属越不活泼或溶液中的金属离子浓度越大，这种趋势也越大。这两种对立趋势在一定条件下达到一种动态平衡。

$$M \rightleftharpoons M^{n+}+ne^-$$

在一定浓度的溶液中，如果金属溶解的趋势大于金属离子沉淀的趋势，当达到动态平衡时，金属带负电，而溶液带正电。因为正、负电荷的吸引，金属离子不是均匀分布在整

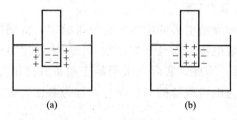

(a)   (b)

图 3-2 金属电极的双电层

个溶液中，而主要集聚在金属表面附近，形成双电层，见图 3-2 （a）。因此在金属和溶液间产生了电势差，这种电势差称为金属的**电极电势**。用符号 E（M^{n+}/M）表示，单位为 V。如果金属溶解的趋势小于金属离子沉淀的趋势，则在达到动态平衡时，金属带正电，而溶液带负电，同样形成双电层，产生电极电势，见图 3-2 （b）。不同的电极溶解和沉淀的平衡状态是不一样的，因此电极不同则电极电势不同，由不同的电极组成的原电池，其电动势就是两个电极的电极电势之差。

$$E=E_+ -E_-$$

由于两个电极之间存在电势差，因此产生了电流。电极电势较大的电极称为正极，电极电势较小的电极称为负极。

（2）标准电极电势

迄今为止，人们还无法测得单个电极的电极电势。但可以与某一指定电极比较，测定任何一个电极电势的相对值，通常选取标准氢电极作为衡量各种电极的电极电势的标准。

1）标准氢电极

标准氢电极的构造如图 3-3 所示。它是将镀有海绵状铂黑的铂片放入氢离子浓度为 $1mol \cdot L^{-1}$ 的硫酸溶液中，并不断通入压力为 100kPa 的纯氢气，使铂黑吸附氢气达到饱和，这样 H_2 与溶液中的 H^+ 建立如下平衡。

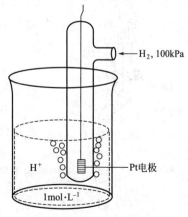

← H_2, 100kPa

H^+

Pt电极

$1mol \cdot L^{-1}$

图 3-3 标准氢电极构造示意

$$2H^+(aq,1mol \cdot L^{-1})+2e^- \Longrightarrow H_2(g,100kPa)$$

这时双电层的电势差就是标准氢电极（记为 SHE）的电势，规定其值为零，单位为 V。

2）标准电极电势的测定

欲测定某电极的标准电极电势，可将标准态的待测电极与标准氢电极组成原电池，测出该原电池的电动势 E，即可算出待测电极相对于标准氢电极的电极电势，称为该电极的标准电极电势。

例如，为测定锌电极的标准电极电势，可用标准锌电极与标准氢电极组成原电池，实验确定，在此原电池中标准氢电极是正极，锌电极是负极，原电池符号可表示为

$$(-)Zn \mid Zn^{2+}(1mol \cdot L^{-1}) \parallel H^+(1mol \cdot L^{-1}) \mid H_2(100kPa) \mid Pt(+)$$

在 298.15K 测得原电池电动势为 0.7618V，由

$$E=E^{\ominus}(H^+/H_2)-E^{\ominus}(Zn^{2+}/Zn)=0-E^{\ominus}(Zn^{2+}/Zn)=0.7618V$$

可得 $$E^{\ominus}(Zn^{2+}/Zn)=-0.7618V$$

用同样的方法，可以测出其他电极的标准电极电势，如 $E^{\ominus}(Cu^{2+}/Cu)=0.3419V$，$E^{\ominus}(MnO_4^-/Mn^{2+})=1.507V$ 等。

在实际应用中，虽然标准氢电极的电极电势值很稳定，特别适宜作为测量其他电极电势的相对标准，但是标准氢电极要求氢气纯度很高、压力稳定，且铂在溶液中易吸附其他组分而"中毒"，失去活性。因此，实际上常用易于制备、使用方便且电极电势稳定的甘汞电极或氯化银电极等作为电极电势的对比参考，称为参比电极。饱和甘汞电极是目前普遍使用的参比电极。

饱和甘汞电极是由 Hg（l）、糊状 Hg_2Cl_2（s）以及饱和 KCl 溶液等组成的，以铂丝为导体（见图 3-4）。电极反应为

$$Hg_2Cl_2(s)+2e^- \Longrightarrow 2Hg(l)+2Cl^-(aq)$$

25℃时，以标准氢电极的电极电势为基准，测得饱和甘汞电极（简写为 SCE）的电极电势为 0.2415V。

利用标准氢电极或参比电极可测得各种电极的标准电极电势，书后附表 4 中列出常用电极的标准电极电势。

使用标准电极电势表时应注意以下几点。

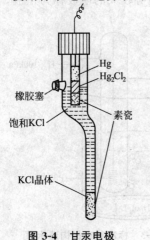

图 3-4 甘汞电极

① 本书采用的是电极反应的还原电势，电极反应均写成还原反应形式，即

$$氧化型+ne^- \Longrightarrow 还原型$$

② 电对的标准电极电势代数值越小，其还原型物质的还原能力越强，相应氧化型物质的氧化能力越弱；反之则相反。在表中 Li 是最强的还原剂，Li^+ 是最弱的氧化剂；F_2 是最强的氧化剂，F^- 几乎不具有还原性。

③ 电极电势不随电极反应方程式的写法或化学计量数的不同而变化。例如

$$Zn^{2+}(aq)+2e^- \Longrightarrow Zn(s) \qquad E^{\ominus}=-0.7618V$$
$$Zn(s)-2e^- \Longrightarrow Zn^{2+}(aq) \qquad E^{\ominus}=-0.7618V$$
$$2Zn^{2+}(aq)+4e^- \Longrightarrow 2Zn(s) \qquad E^{\ominus}=-0.7618V$$

④ $E^{\ominus}$ 值的大小，只表示在标准状态下水溶液中氧化剂的氧化能力和还原剂还原能力的相对强弱，其数据不适用于高温或非水介质体系。

3.2.3 影响电极电势的因素

标准电极电势的值是在标准状态下测得的，当电极处于非标准状态下，其电极电势的大小除了取决于电极材料的本性外，还与参与电极反应的有关物质的浓度或分压、电极反应的温度等因素有关。

德国化学家能斯特（W. Nernst）从理论上推导出了计算非标准状态下电极电势的公式——能斯特方程，表达了电极电势与浓度或分压、温度之间的定量关系。

对任一电极反应：氧化态物质$+n\mathrm{e}^- \Longleftrightarrow$还原态物质，能斯特方程表示为

$$E = E^{\ominus} + \frac{RT}{nF}\ln\frac{c(氧化态)}{c(还原态)} \tag{3-1}$$

式中，E 为电极在指定状态下的电极电势，V；$E^{\ominus}$ 为电极在标准状态下的电极电势，V；n 为电极反应中转移的电子数；R 为摩尔气体常数，$8.314\mathrm{J \cdot mol^{-1} \cdot K^{-1}}$；$T$ 为电极反应的热力学温度，K；F 为法拉第常数，$96485\mathrm{C \cdot mol^{-1}}$；$c$（氧化态）、$c$（还原态）分别为指定状态下参与电极反应的氧化态、还原态物质的相对浓度。

当热力学温度 $T=298.15\mathrm{K}$ 时，将 R、F 代入式（3-1），计算后可得到能斯特方程的常用形式

$$E = E^{\ominus} + \frac{0.0592}{n}\lg\frac{c(氧化态)}{c(还原态)} \tag{3-2}$$

应用能斯特方程时，应注意以下几点：

① 在电极反应中，若有固体或纯液体物质参与反应，它们的相对浓度可看作1，不写入能斯特方程式中；

② 电极反应中若涉及气态物质，用气体的相对分压代入能斯特方程；

③ 电极反应方程式中，若氧化态、还原态物质的反应系数不为1，则能斯特方程式中相应于该物质的相对浓度，应以其对应的化学计量系数为指数的幂代入；

④ 若电极反应中，除氧化态和还原态物质外，还有 H^+ 或 OH^- 等参加，则这些离子的相对浓度也应根据反应式写在能斯特方程式中。

利用标准电极电势表和能斯特方程式，可以求出任意指定状态下某电极的电势值。

例 3-1

计算当 $c(\mathrm{Zn}^{2+})=0.001\mathrm{mol \cdot L^{-1}}$ 时，在 298.15K 下，电对 $\mathrm{Zn}^{2+}/\mathrm{Zn}$ 的电极电势。

解：电极反应为

$$\mathrm{Zn}^{2+}(\mathrm{aq}) + 2\mathrm{e}^- \Longleftrightarrow \mathrm{Zn}(\mathrm{s})$$

查附表得 $E^{\ominus}(\mathrm{Zn}^{2+}/\mathrm{Zn}) = -0.7618\mathrm{V}$，又 $c(\mathrm{Zn}^{2+})=0.001\mathrm{mol \cdot L^{-1}}$，带入能斯特方程，则

$$E(\mathrm{Zn}^{2+}/\mathrm{Zn}) = E^{\ominus}(\mathrm{Zn}^{2+}/\mathrm{Zn}) + \frac{0.0592}{2}\lg c(\mathrm{Zn}^{2+})/c^{\ominus}$$

$$= -0.7618 + \frac{0.0592}{2}\lg 0.001 = -0.8506\mathrm{V}$$

计算 $p(O_2)=100$kPa，$c(OH^-)=0.100$mol $\cdot$ L^{-1} 时，在 298.15K 下，电对 O_2/OH^- 的电极电势。

解： 电极反应为

$$O_2(g)+2H_2O(l)+4e^- \Longrightarrow 4OH^-(aq)$$

查附表 4 得 $E^\ominus(O_2/OH^-)=0.4009$V，又 $p(O_2)=100$kPa，$c(OH^-)=0.100$mol $\cdot$ L^{-1}，带入能斯特方程，则

$$E(O_2/OH^-)=E^\ominus(O_2/OH^-)+\frac{0.0592}{4}\lg\frac{p(O_2)/p^\ominus}{[c(OH^-)/c^\ominus]^4}$$

$$=0.4009+\frac{0.0592}{4}\lg\frac{1}{(0.100)^4}=0.460\text{V}$$

由【例 3-1】、【例 3-2】可看出，尽管氧化态或还原态离子浓度对电极电势有影响，但一般情况下，电极的标准电势值才是决定电极电势高低的主要因素。当电极的组成恒定时，要改变电极的电极电势，可通过改变相应物质的浓度来实现。

若 H^+、OH^- 也参与了电极反应，溶液的酸度往往对电极电势有较大的影响；另外，沉淀、弱电解质和配离子的生成对电极电势也有较大的影响。

计算在 $c(MnO_4^-)=c(Mn^{2+})=1.0$mol $\cdot$ L^{-1}，$c(H^+)=1.0\times10^{-5}$mol $\cdot$ L^{-1} 时，电对 MnO_4^-/Mn^{2+} 的电极电势。

解： 电极反应为

$$MnO_4^-(aq)+8H^+(aq)+5e^- \Longrightarrow Mn^{2+}(aq)+4H_2O(l)$$

查附表 4 可得 $E^\ominus(MnO_4^-/Mn^{2+})=1.507$V，又 $c(MnO_4^-)=c(Mn^{2+})=1.0$ mol $\cdot$ L^{-1}，$c(H^+)=1.0\times10^{-5}$mol $\cdot$ L^{-1}，带入能斯特方程，则

$$E=E^\ominus+\frac{0.0592}{5}\lg\frac{[c(MnO_4^-)/c^\ominus][c(H^+)/c^\ominus]^8}{c(Mn^{2+})/c^\ominus}$$

$$=1.507+\frac{0.0592}{5}\lg(10^{-5})^8=1.033\ (\text{V})$$

已知 $E^\ominus(Ag^+/Ag)=0.799$V，$K_{sp}^\ominus(AgCl)=1.77\times10^{-10}$，若在此半电池中加入 KCl 溶液，生成的 AgCl 沉淀达到溶解沉淀平衡后，$c(Cl^-)=1.0$mol $\cdot$ L^{-1}，计算电对 Ag^+/Ag 的电极电势。

解： 当加入 KCl 溶液，存在下列平衡：

$$AgCl(s)\Longrightarrow Ag^+(aq)+Cl^-(aq)$$

$$K_{sp}^\ominus(AgCl)=c(Ag^+)c(Cl^-)$$

则　　　$c(Ag^+)=K_{sp}^\ominus(AgCl)/c(Cl^-)=1.77\times10^{-10}/1=1.77\times10^{-10}$（mol $\cdot$ L^{-1}）

根据能斯特方程

$$E(Ag^+/Ag)=E^\ominus(Ag^+/Ag)+\frac{0.0592}{1}\lg c(Ag^+)/c^\ominus$$

$$=0.799+0.0592\lg1.77\times10^{-10}$$

$$=0.22\text{V}$$

3.2.4 原电池电动势与吉布斯自由能变之间的关系

热力学研究表明，在定温定压下，系统吉布斯自由能的减少等于系统对外所做的最大非体积功，在原电池中非体积功就是电功 W'_{max}，即

$$-\Delta_r G_m = W'_{max} \tag{3-3}$$

而电功等于电路中所通过的电量 Q 与电动势 E 的乘积，即

$$W'_{max} = QE = nEF \tag{3-4}$$

所以

$$\Delta_r G_m = -nFE \tag{3-5}$$

当原电池处于标准状态时，则有

$$\Delta_r G_m^\ominus = -nFE^\ominus \tag{3-6}$$

根据式(3-5)和式(3-6)可以进行电池反应的吉布斯自由能变与电池电动势的相互换算，可以利用测定原电池电动势的方法确定 $\Delta_r G_m^\ominus$。

3.2.5 电极电势的应用

（1）判断原电池的正负极和计算原电池的电动势

在原电池中，电极电势代数值较大的电极为正极，电极电势代数值较小的电极为负极。原电池的电动势等于正极电极电势与负极电极电势之差。

例如由两电对 MnO_4^-/Mn^{2+} 和 Zn^{2+}/Zn 组成原电池，如在标准状态下，$E^\ominus(MnO_4^-/Mn^{2+}) = 1.507V$，$E^\ominus(Zn^{2+}/Zn) = -0.762V$，所以 Zn^{2+}/Zn 电极是负极，另一极为正极。该原电池的电动势为：

$$E = E_+ - E_- = 1.507 - (-0.762) = 2.269 \ (V)$$

（2）比较氧化剂和还原剂的相对强弱

电极电势的大小反映了电对中氧化型物质得电子的能力和还原型物质失电子的能力的相对强弱。电极电势代数值越大，该电对中氧化态物质得电子能力越强，是越强的氧化剂；反之电极电势代数值越小，该电对中还原态物质的失电子能力越强，是越强的还原剂。

例 3-5

已知 $E^\ominus(MnO_4^-/Mn^{2+}) = 1.51V$，$E^\ominus(Br_2/Br^-) = 1.07V$，$E^\ominus(Zn^{2+}/Zn) = -0.76V$，$E^\ominus(I_2/I^-) = 0.53V$。试列出氧化型物质的氧化能力和还原型物质的还有能力强弱的顺序。

解：电对 MnO_4^-/Mn^{2+} 的 $E^\ominus$ 值最大，其氧化型物质 MnO_4^- 是最强的氧化剂；电对 Zn^{2+}/Zn 的 $E^\ominus$ 值最小，其还原型物质 Zn 是最强的还原剂。

各氧化型物质的氧化能力由强到弱的顺序为：$MnO_4^- > Br_2 > I_2 > Zn^{2+}$

各还原型物质的还原能力由强到弱的顺序为：$Zn > I^- > Br^- > Mn^{2+}$

（3）判断氧化还原反应进行的方向

氧化还原反应能否自发进行，可用反应的吉布斯自由能变（$\Delta_r G_m$）来判断。氧化还原反应的吉布斯自由能变与原电池电动势的关系为 $\Delta_r G_m = -nFE$，所以氧化还原反应的

方向可以由 E 直接判断：

当 $\Delta_r G_m < 0$ 时，$E > 0$，反应正向自发进行；

$\Delta_r G_m > 0$ 时，$E < 0$，反应正向非自发进行；

$\Delta_r G_m = 0$ 时，$E = 0$，反应处于平衡状态。

例 3-6

当 $c(Pb^{2+}) = 0.1 mol \cdot L^{-1}$，$c(Sn^{2+}) = 1.0 mol \cdot L^{-1}$ 时，判断氧化还原反应：$Pb^{2+}(aq) + Sn(s) \rightleftharpoons Pb(s) + Sn^{2+}(aq)$ 能否正向自发进行？

解：查附表 4 可知，$E^{\ominus}(Pb^{2+}/Pb) = -0.1262V$，$E^{\ominus}(Sn^{2+}/Sn) = -0.1375V$，而

$$E(Pb^{2+}/Pb) = E^{\ominus}(Pb^{2+}/Pb) + \frac{0.059}{2} \lg c(Pb^{2+})/c^{\ominus}$$

$$= -0.1262 + \frac{0.059}{2} \lg c(10^{-1}) = -0.1557(V)$$

$$E(Sn^{2+}/Sn) = E^{\ominus}(Sn^{2+}/Sn)$$

由所给方程式可以看出，如果反应正向自发进行，则锡电极应是负极，故该原电池电动势为：

$$E = E(Pb^{2+}/Pb) - E(Sn^{2+}/Sn) = -0.1557 + 0.1375$$

$$= -0.0182(V) < 0$$

所以，该反应正向不能自发进行。

此例中，如果 $c(Pb^{2+}) = 1.0 mol \cdot L^{-1}$，依据标准电极电势可判断反应正向自发进行。由此可见，浓度对电极电势和氧化还原反应方向的影响。

（4）判断氧化还原反应进行的程度

根据式（1-18）

$$\Delta_r G_m^{\ominus} = -RT \ln K^{\ominus}$$

对于氧化还原反应又有

$$\Delta_r G_m^{\ominus} = -nFE^{\ominus}$$

可得

$$\lg K^{\ominus} = \frac{nFE^{\ominus}}{2.303RT} \tag{3-7}$$

当温度为 298.15K 时

$$\lg K^{\ominus} = \frac{nE^{\ominus}}{0.0592} \tag{3-8}$$

利用式（3-8）可由标准电动势计算氧化还原反应的平衡常数，从而判断反应进行的程度。

例 3-7

计算反应：$Zn + Cu^{2+} \rightleftharpoons Zn^{2+} + Cu$ 的标准平衡常数。

解：查附表 4 可知，$E^{\ominus}(Cu^{2+}/Cu) = 0.3419V$，$E^{\ominus}(Zn^{2+}/Zn) = -0.7618V$，则有

$$E^{\ominus} = E^{\ominus}(Cu^{2+}/Cu) - E^{\ominus}(Zn^{2+}/Zn) = 0.3419 + 0.7618 = 1.1037(V)$$

而 $\lg K^{\ominus} = \frac{nE^{\ominus}}{0.0592}$，所以

$$\lg K^{\ominus} = \frac{2 \times 1.1037}{0.0592} = 37.29, \quad K^{\ominus} = 1.95 \times 10^{37}$$

$K^\ominus$ 值很大，说明锌置换铜的反应达到平衡时进行得很完全。如果正、负极的标准电极电势差值越大，则 $K^\ominus$ 值越大，它们间的反应进行得越完全。

3.3 电解的基本原理和应用

对于某些不能自发进行（即 $\Delta_r G_m > 0$）的氧化还原反应，可以借助于外电源做功，将电能转变为化学能。电解工业就是利用这种方法生产出许多电解产品。

3.3.1 电解池

使电流通过电解质溶液（或熔融电解质）而引起的氧化还原反应过程称为**电解**。这种能通过氧化还原反应将电能转变为化学能的装置称为**电解池**（或电解槽）。

在电解池中，与直流电源的正极相连的电极是电解池的阳极；与直流电源的负极相连的电极是电解池的阴极。在电解池中，电子从阳极流出，因此阳极上缺少电子；电子流入阴极，因此阴极上电子过剩。由于阳极带正电，电解液中的负离子会向阳极迁移，在阳极上可给出电子，进行氧化反应；阴极带负电，电解液中的正离子会向阴极迁移，在阴极上可得到电子，进行还原反应。离子移至电极并在其上给出或获取电子、发生氧化或还原反应的过程称为离子的放电。

3.3.2 分解电压

要想使电解池正常工作，必须施加一定的外电压，电流才能通过电解液。那么要对电解池施以多大的电压才能使电解顺利进行呢？现以铂作电极，电解 $0.1\mathrm{mol \cdot L^{-1}}$ NaOH 溶液为例进行说明。在图 3-5 测定分解电压的装置中，通过可变电阻 R 调节外电压 V，从电流计上可以读出在一定外加电压下的电流数值。实验中逐渐增加外加电压，记录其电流值，可得电压-电流密度（单位电极面积的电流）曲线，如图 3-6 所示。

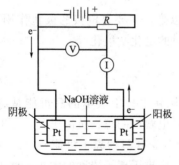

图 3-5　测定分解电压装置示意

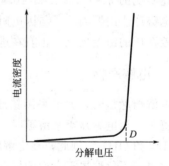

图 3-6　电压-电流密度曲线

当外加电压很小时，电流很小；电压逐渐增大到 1.23V 时，电流增加仍很小，电极上没有气泡产生；当电压增大到 1.7V（即图 3-6 中 D 点的电压）时，电流开始剧增，以后随着电压的增加，电流直线上升，同时电极上有明显的气泡析出，说明电解已顺利进行。通常把能使电解得以顺利进行的最低电压称为实际分解电压，简称**分解电压**。图 3-6

中 D 点的电压即为分解电压,各物质的分解电压可通过实验测定。

产生分解电压的原因是什么?这可从电极上的氧化还原产物进行分析。

电解 $0.1mol \cdot L^{-1}NaOH$ 溶液时,电解池进行的反应如下。

阴极: $2H^+(aq)+2e^- \Longrightarrow H_2(g)$

阳极: $4OH^-(aq)-4e^- \Longrightarrow 2H_2O(l)+O_2(g)$

此时实际上是电解水,NaOH 的作用是增加溶液的导电性。生成的 H_2 和 O_2 部分吸附在 Pt 上而形成氢电极和氧电极,组成原电池。

$$(-)Pt \mid H_2(g) \mid NaOH(0.1mol \cdot L^{-1}) \mid O_2(g) \mid Pt(+)$$

该原电池的电子流动方向与外电源的电子流动方向相反,因此外加电压必须克服这一反向电动势,才能使电解顺利进行。所以理论分解电压的大小就等于反电动势。例如上述原电池的电动势可计算如下:在 298.15K 下,若 $p(H_2)=p(O_2)=1.0\times10^5Pa$,则

$$E(H^+/H_2)=E^\ominus(H^+/H_2)+\frac{0.0592}{2}\lg\frac{[c(H^+)/c^\ominus]^2}{p(H_2)/p^\ominus}$$

$$=0.00+\frac{0.0592}{2}\lg(10^{-13})^2$$

$$=-0.7696V$$

$$E(O_2/OH^-)=E^\ominus(O_2/OH^-)+\frac{0.0592}{4}\lg\frac{p(O_2)/P^\ominus}{[c(OH^-)/c^\ominus]^4}$$

$$=0.4009+\frac{0.0592}{4}\lg\frac{1}{(0.1)^4}=0.4602V$$

电动势　　$E=E(O_2/OH^-)-E(H^+/H_2)=0.4602-(-0.7696)=1.2298$（V）

该原电池的电动势为 1.23V,与外加电压正好相反。要想使电解反应顺利进行,必须克服这一电动势,加 $\geqslant1.23V$ 的外电压,这个电压是理论分解电压(即原电池的电动势)。而实际分解电压要高于理论分解电压,两者的差值称为超电压 η:

$$\eta=E(实)-E(理)$$

上述实例的 $\eta=1.7-1.23=0.47$（V）。

超电势产生的原因除了与因电阻引起的电压降以外,主要是电极的极化作用引起的,既有浓差造成的浓差极化,也有在进行电化学反应时的电化学极化等。

3.3.3 电解产物

当电解熔融盐时,如果采用铂或石墨作电极,则在电极上放电的只可能是熔融盐的正、负离子;当电解盐类水溶液时,在电解液中,除电解质的正、负离子外,还有水解离出来的 H^+ 和 OH^-。因此,在电解时,电极上一般至少有两种离子可能放电。那么哪种离子先放电,不仅取决于它们的标准电极电势,而且取决于离子浓度的大小。此外,还与电极材料、电极的表面状况、电流密度等有关。尽管影响电解产物的因素很多,但是还是通过大量实验总结出盐类水溶液电解产物的规律。

① 在阴极,电极电势代数值小于 Al 的金属离子(包括 K^+、Ca^{2+}、Na^+、Mg^{2+}、Al^{3+}),在水溶液中不放电,放电的是 H^+,电解这些金属的盐溶液时,阴极析出氢;电解其他金属的盐溶液时,阴极则析出相应的金属。

② 在阳极，OH⁻只比含氧酸根离子易放电。电解含氧酸盐溶液时，阳极析出氧；电解卤化物或硫化物时，阳极则分别析出卤素或硫。但是，如果阳极导体是可溶性金属，则阳极金属首先放电，称阳极溶解。

电解的应用很广泛，常见的有电镀、电抛光、电铸、电解加工、金属的电解精炼、含金属离子废水的回收利用以及阳极氧化等，具体见本书5.3节。

3.4　金属的腐蚀与防护

金属与周围介质接触时，由于发生化学或电化学作用而引起金属材料的破坏现象称为金属的腐蚀。金属腐蚀现象非常普遍，据统计，世界上每年由于腐蚀而损耗的金属占年产量的20%～40%。工业发达国家每年因金属腐蚀造成的经济损失约占国民经济总产值的3%～4%，我国每年因金属腐蚀造成的损失至少达200亿元。因此研究金属腐蚀发生的原因及其防护是关系到保护资源、节约能源、节省材料、保护环境、保证正常生产和人身安全等一系列重大的社会和经济问题。

根据金属腐蚀的机理不同，可分为化学腐蚀和电化学腐蚀两大类。化学腐蚀就是一般的氧化还原反应，而电化学腐蚀才是电化学反应，即原电池中的反应。

3.4.1　化学腐蚀

金属材料与干燥气体或非电解质直接发生反应而引起的腐蚀称**化学腐蚀**。例如，金属与干燥气体 O_2、Cl_2、H_2S、SO_2 等接触或者与石油、无水乙醇、苯等接触，在金属表面就会生成相应的氧化物、氯化物、硫化物等，都属于化学腐蚀。具体说，原油中含有多种有机硫化物，会对金属材料的输油管及容器产生化学腐蚀；钢铁材料在高温氧化介质中加热时，也会产生严重的氧化腐蚀。钢铁材料在空气中加热时，铁与空气中的 O_2、CO_2、H_2O 等发生反应，生成一层由 FeO、Fe_2O_3、Fe_3O_4 等组成的既疏松又极易龟裂的氧化皮，若温度高于700℃还会发生脱碳现象，即钢铁中的渗碳体（Fe_3C）与高温气体发生了反应

$$Fe_3C + \frac{1}{2}O_2 \longrightarrow 3Fe + CO$$

$$Fe_3C + CO_2 \longrightarrow 3Fe + 2CO$$

$$Fe_3C + H_2O \longrightarrow 3Fe + CO + H_2$$

$$Fe_3C + 2H_2 \longrightarrow 3Fe + CH_4$$

反应生成的气体产物离开表面，使碳不断地从邻近的尚未反应的金属内部逐渐地扩散到反应区。金属内部的碳逐渐减少，形成脱碳层。同时，反应生成的 H_2 向金属内部扩散渗透，使钢铁产生氢脆。而脱碳和氢脆都会造成钢铁表面硬度和内部强度的降低、性能的损坏。

化学腐蚀在常温、常压下不易发生，相对于在常温、常压下即可发生的电化学腐蚀，危害性相对较小。

3.4.2 电化学腐蚀

不纯的金属与电解质溶液接触时，会发生原电池（腐蚀电池）反应，比较活泼的金属失去电子被氧化而发生的腐蚀称为**电化学腐蚀**。钢铁在水溶液或潮湿空气中所发生的腐蚀是电化学腐蚀最突出的例子。在腐蚀电池中，发生氧化反应的负极，习惯上叫做阳极；发生还原反应的正极，习惯上叫做阴极。电化学腐蚀分为析氢腐蚀、吸氧腐蚀和差异充气腐蚀（浓差腐蚀）。

（1）析氢腐蚀

当金属暴露在潮湿的空气中时，表面吸附了空气中的水分，形成一层水膜，因而使空气中的 CO_2、SO_2、NO_2 等溶解在这层水膜中，形成酸性电解质溶液。工业上用的钢铁，实际上是合金，即除铁之外，还含有石墨、渗碳体（Fe_3C）以及其他金属和杂质，它们大多数没有铁活泼。这样形成的腐蚀电池的阳极为铁，而阴极为杂质，又由于铁与杂质紧密接触，使得电化学腐蚀不断进行。在阳极和阴极所发生的反应如下。

阳极（Fe）：$\qquad Fe - 2e^- \Longrightarrow Fe^{2+}$

$\qquad\qquad\qquad\qquad Fe^{2+} + 2H_2O \Longrightarrow Fe(OH)_2 + 2H^+$

阴极（杂质）：$\qquad 2H^+ + 2e^- \Longrightarrow H_2$

电池总反应：$\qquad Fe + 2H_2O \Longrightarrow Fe(OH)_2 + H_2\uparrow$

$Fe(OH)_2$ 在空气中被进一步氧化：$4Fe(OH)_2 + O_2 + 2H_2O \Longrightarrow 4Fe(OH)_3$

$Fe(OH)_3$ 脱水后生成 Fe_2O_3，这便是常见的红褐色铁锈的主要成分。由于在腐蚀过程中有氢析出，所以称为析氢腐蚀。在酸性较强的介质中钢铁易发生析氢腐蚀。

（2）吸氧腐蚀

当介质呈中性或弱酸性时，钢铁主要发生吸氧腐蚀。这是一种吸收氧气的电化学腐蚀，溶解在水膜中的氧气作为氧化剂，在阴极被还原为 OH^-，反应如下

阳极（Fe）：$\qquad\qquad Fe - 2e^- \Longrightarrow Fe^{2+}$

阴极（杂质）：$\qquad\qquad O_2 + 2H_2O + 4e^- \Longrightarrow 4OH^-$

电池总反应：$\qquad\qquad 2Fe + 2H_2O + O_2 \Longrightarrow 2Fe(OH)_2$

$Fe(OH)_2$ 在空气中被进一步氧化为 $Fe(OH)_3$，所得产物与析氢腐蚀相似。

由于大多数金属的电极电势比 $E(O_2/OH^-)$ 小得多，因此大多数金属都可能产生吸氧腐蚀。甚至在酸性较强的溶液中，金属在发生析氢腐蚀的同时，也有吸氧腐蚀发生。

（3）差异充气腐蚀

差异充气腐蚀是吸氧腐蚀的一种，是由于金属表面的氧气分布不均匀所致。当金属插入水或泥土中时，由于金属与含氧量不同的介质接触，各部分的电极电势就不一样。氧电极的电极电势与氧的分压有关。根据氧的电极反应

$$O_2 + 2H_2O + 4e^- \Longrightarrow 4OH^-$$

$$E(O_2/OH^-) = E^{\ominus}(O_2/OH^-) + \frac{0.0592}{4}\lg\frac{p(O_2)/P^{\ominus}}{[c(OH^-)/c^{\ominus}]^4}$$

在氧分压较小处，电极电势低，成为阳极，金属发生氧化反应而溶解腐蚀；在氧分压较大处，电极电势较高，成为阴极却不会受到腐蚀。这种腐蚀又叫浓差腐蚀。例如将金属棒插

入泥土中，常常在埋入泥土的地方发生腐蚀。

需要说明的是，金属插入土中或水中的腐蚀原因是很复杂的，金属形成的是复杂电极，只能说氧浓度差异造成的腐蚀是主要原因。

3.4.3　金属腐蚀的防护

了解金属腐蚀的原理后，便可有针对性地采取措施防止金属腐蚀的发生或者减缓腐蚀的速率。金属防护的方法很多，常用的方法有以下几种。

（1）金属材料的正确选择

为了改善金属的耐腐蚀性能，首先选择合适的耐蚀金属或合金。纯金属的耐蚀性能一般比含有杂质或少量其他元素的金属更好，因此，提高金属的纯度是防止金属腐蚀的一种有效措施。例如，锆是原子能工业中非常重要的材料，不允许发生腐蚀，因此必须使用经电弧熔炼的高纯度锆。而纯铁的机械性能和耐腐蚀性能较差，形成合金则可直接提高其耐腐蚀性。例如，在铁中加入18%的铬、9%镍，可制成不锈钢。

此外，按照产品使用时所处环境、腐蚀介质的种类、浓度、温度、压力、流速等特定条件，选择适当的金属材料。金属所处的环境包括海水、土壤、大气等自然环境和化工介质环境，金属材料的选择要与腐蚀环境有一定的搭配关系。可根据金属材料的使用环境相应地选取耐大气腐蚀用钢、耐海水腐蚀用钢、耐盐酸金属材料、耐碱金属材料及耐盐金属材料。不锈钢、钛、锆等被认为是耐蚀性优良的材料，但并不是说它们在任何环境下都适用，例如不锈钢在大气和水中比碳钢更优越，但在浓硫酸中碳钢却优于不锈钢，如果水中含微量氯离子，奥氏体不锈钢可能发生危险的应力腐蚀破裂，碳钢却没有这种危险。

另外，设计金属构件时，应注意避免两种电势差很大的金属直接接触。例如镁合金、铝合金不应和铜、镍、钢铁等电极电势代数值较大的金属直接接触。如果必须把这些不同的金属装配在一起时，应使用隔离层。如喷绝缘漆，衬塑料或橡胶垫，或用适当的金属镀层过渡。

（2）覆盖保护层

在金属表面覆盖紧密的保护膜，使金属与周围介质隔开，是防止金属腐蚀常用的有效方法。工业上普遍使用的保护层有金属保护层和非金属保护层两大类。它们是用化学方法、物理方法和电化学方法实现的。

① 金属镀层　在金属表面覆盖另一种耐腐蚀的金属。覆盖方法有电镀、喷镀、热浸镀、化学镀、包镀、真空镀等。电镀是用电沉积的方法使金属表面镀上一层金属或合金，如镀金、银、铜、锡、铅、镍、铬、锌、黄铜、锡青铜等；喷镀是将丝状或粉状金属放入喷枪中，借助高压空气把火焰或电弧熔融的金属喷射到被保护的金属件上，形成均匀覆盖层，用来喷镀的金属有铝、锌、锡、铅等；热浸镀简称热镀，是将被保护的金属浸入到其他熔点较低的熔融金属或合金液体中，使其表面形成金属镀层的一种工艺方法，如镀锌、镀锡、镀铝等；化学镀是在金属的催化作用下，利用还原剂使金属离子在被镀金属表面上经自催化还原沉积出金属镀层的方法，如用次磷酸盐作还原剂，化学镀 Ni-P 合金镀层；包镀是将耐腐蚀性好的金属，通过碾压的方法包覆在被保护的金属或合金上，形成包覆层或双金属层，如将镍或不锈钢包覆在钢板上；真空镀包括蒸发镀、磁控溅射镀、离子镀，它们都是在真空中镀覆的工艺方法，可以镀铅、镁、锡、不锈钢、TiN、TiC 等。

② 非金属涂料　在金属表面涂一层涂料、搪瓷、塑料、沥青或水泥等非金属材料。

（3）缓蚀剂法

在腐蚀介质中加入少量能减小腐蚀速率的物质来防止腐蚀的方法叫做缓蚀剂法。所用的物质叫缓蚀剂。缓蚀剂的添加量一般为 0.1%～1%（质量分数）。缓蚀剂的种类很多，按化学性质可分为无机缓蚀剂和有机缓蚀剂两类。

① 无机缓蚀剂　这类缓蚀剂绝大部分为各种无机盐类。常用的无机缓蚀剂有亚硝酸盐、硝酸盐、铬酸盐、重铬酸盐、硅酸盐、钼酸盐、聚磷酸盐、亚砷酸盐、硫化物等。这类缓蚀剂的缓蚀作用一般是和金属发生反应，在金属表面生成钝化膜或生成结合牢固、致密的金属盐的保护膜，阻止了金属的腐蚀过程。

② 有机缓蚀剂　这类缓蚀剂基本上是含有 O、N、S、P 元素的各类有机物质，例如，胺类、季铵盐、醛类、杂环化合物、炔醇类、有机硫化合物、有机磷化合物、咪唑类化合物等。这类缓蚀剂的缓蚀作用是由于有机物质在金属表面发生的化学吸附或物理吸附作用，覆盖了金属表面或活性部位，从而阻止了金属的电化学腐蚀过程。

（4）电化学保护法

金属电化学腐蚀是阳极金属（较活泼金属）被腐蚀，可以使用外加阳极将被保护金属作为阴极保护起来。因此电化学保护法又叫阴极保护法。根据外加阳极的不同，分为牺牲阳极保护法和外加电源保护法两种。

① 牺牲阳极保护法　牺牲阳极保护法是用电极电势比被保护金属更低的金属（如 Al、Zn、Mg）或合金做阳极，固定在被保护金属上，形成腐蚀电池，被保护金属作为阴极而得到保护。此法常用于保护海轮外壳、海水中的各种金属设备、构件和防止巨型设备（如储油罐）以及石油管路的腐蚀。

② 外加电流保护法　将被保护金属与另一附加电极（废钢或石墨等）作为电解池的两个极，使被保护的金属作为阴极，在外加直流电的作用下使阴极得到保护。此法主要用于防止土壤、海水及河水中金属设备的腐蚀。尤其是地下管道、电缆的保护。

知识链接

1　超级电池

超级电池是美国科学家研制的一种新型电池，它们被称为微型石墨烯超级电容，其充电和放电速度比普通电池快 1000 倍。超级电池采用单原子厚度的碳层构成，这项技术能够在最短时间内对手机和汽车快速充电，能够很容易制造并整合成为器件，未来有望制造更小的手机。

为了研制这种微型超级电池，研究人员使用二维石墨烯层，在第三维立体层面其厚度仅有单个原子。由于制造微型超级电容的传统方法涉及密集型光刻技术，被证实很难制造成本低廉的器件，因此在商业应用领域受限。但是，研究人员基于适用于大众的光速写 DVD 刻录技术，可以仅用部分传统装置成本制造出石墨烯微型超级电容。使用这种技术，利用廉价材料仅不足 30min 在一个光盘上制造 100 多个微型超级电池。

超级电池能够存储更多的电能，更快地完成充电。研究人员表示，人们未来可能在家中完成这种超级电池的制造。但美国加州洛杉矶大学材料科学和工程系教授理查德·卡恩表示，集合电子电路的能量存储单元的设计制造存在着挑战。

2 龋齿——发生在牙齿上的电化学腐蚀

1890年,米勒提出了龋齿的细菌学说,即细菌分解牙面滞留的糖类食物产生了酸,酸在牙面上停留、扩散、渗透,使牙齿的矿化成分(羟基磷灰石)溶解析出而导致牙齿着色、变软、成洞,成为龋齿。

但是中国人民解放军第四军医大学对牙齿的电位测试表明,龋齿牙面比同健康牙面电位值低,其值为−678.8～−158.62mV。这种电位差与唾液有关。龋齿牙面的负电位构成原电池的阳极,与附近的唾液发生氧化反应,导致脱矿形成龋洞;正常牙面的正电位构成原电池的阴极,与附近的唾液发生还原反应。这种原电池所产生的电流流过的阴、阳极间的牙体组织和牙髓,使氧化还原反应自发持续进行。而且实验表明,牙周病的主要致病因素——牙结石的形成,也与钙离子在这个系统中的定向移动有关。

习题

一、选择题

1. 下列关于氧化数叙述正确的是 (　　)。

    A. 氧化数是指某元素的一个原子的表观电荷数

    B. 氧化数在数值上与化合价相同

    C. 氧化数均为整数

    D. 氢在化合物中的氧化数都为+1

2. 已知 $E^{\ominus}$ (Cl_2/Cl^-) $=1.358V$,在下列电极反应中标准电极电势为1.358V的是 (　　)。

    A. $Cl_2+2e^- \rightleftharpoons 2Cl^-$ B. $2Cl^- -2e^- \rightleftharpoons Cl_2$

    C. $1/2Cl_2+e^- \rightleftharpoons Cl^-$ D. 都是

3. 已知标准氯电极的电势为1.358V,当氯离子浓度减少到 $0.1mol \cdot L^{-1}$,氯气分压减少到 $0.1 \times 100kPa$ 时,该电极的电极电势应为 (　　)。

    A. 1.358V   B. 1.3284V   C. 1.3876V   D. 1.4172V

4. 若已知下列电对电极电势的大小顺序:

    E (F_2/F^-) $> E$ (Fe^{3+}/Fe^{2+}) $> E$ (Mg^{2+}/Mg) $> E$ (Na^+/Na)

则下列离子中最强的还原剂是 (　　)。

    A. F^- B. Fe^{2+} C. Na   D. Mg^{2+}

5. 反应 $Zn(s) +2H^+ \rightleftharpoons Zn^{2+}+H_2(g)$ 的平衡常数是 (　　)。

    A. 2×10^{-33} B. 1×10^{-13} C. 7×10^{-12} D. 5×10^{26}

6. A、B、C、D四种金属,将A、B用导线连接,浸在稀硫酸中,在A表面上有氢气放出,B逐渐溶解;将含有A、C两种金属的阳离子溶液进行电解时,阴极上先析出C;把D置于B的盐溶液中有B析出。则这四种金属的还原性由强到弱的顺序是 (　　)。

    A. A>B>C>D   B. C>D>A>B   C. D>B>A>C   D. B>C>D>A

7. 电解 $NiSO_4$ 溶液,阳极用镍,阴极用铁,则阳极和阴极的产物分别是 (　　)。

    A. Ni^{2+},Ni   B. Ni^{2+},H_2 C. Fe^{2+},Ni   D. Fe^{2+},H_2

8. 在标准状态下,反应 $MnO_2 +4HCl \rightleftharpoons MnCl_2+Cl_2+2H_2O$ 的电极电位分别为

$E^{\ominus}(MnO_2/Mn^{2+})=1.22V$，$E^{\ominus}(Cl_2/Cl^-)=1.36V$，该反应的反应方向为（　　）。

    A. 向右进行　　　　　B. 向左进行　　　　　C. 处于平衡状态　　D. 无法确定

二、填空题

1. 在氧化还原反应中，氧化数_____的物质被氧化，是_____剂；氧化数_____的物质被还原，是_____剂。

2. 含银电极的 $AgNO_3$ 溶液通过盐桥与含有锌电极的 $Zn(NO_3)_2$ 溶液相连。这一电池的符号是_____。

3. 将反应 $2Fe^{3+}+Cu \Longrightarrow 2Fe^{2+}+Cu^{2+}$ 设计成原电池，正极的电极材料应选_____，电极反应式为_____；负极的电极材料是_____，电极反应式为_____；电池符号为_____。

4. 在电池$(-)Zn\,|\,Zn^{2+}\,(aq)\,\|\,H^+\,(aq)\,|\,H_2(Pt)(+)$中，增大氢气的压力，电池电动势将_____；在锌半电池中加入氨水，电池电动势将_____。

5. 根据金属腐蚀的起因不同，主要可分为_____和_____两大类。

三、判断题

1. 在电池反应中，电动势越大的反应速率越快。（　　）

2. 在原电池中，增加氧化态物质的浓度，必使原电池的电动势增加。（　　）

3. 由于 $E^{\ominus}(Cu^+/Cu)=0.521V$，$E^{\ominus}(I_2/I^-)=0.536V$，故在标准状态下 Cu^+ 和 I^- 不能发生氧化还原反应。（　　）

4. 溶液的浓度能影响电极电势，若增加反应 $I_2+2e^- \Longrightarrow 2I^-$ 中有关的离子浓度，则电极电势增加。（　　）

5. 若将马口铁（镀锡）和白铁（镀锌）的断面放入稀盐酸中，则其发生电化学腐蚀时阳极反应是相同的。（　　）

6. 钢铁在大气的中性或弱酸性水膜中主要发生吸氧腐蚀，只有在酸性较强的水膜中才主要发生析氢腐蚀。（　　）

四、计算题

1. 将反应 $MnO_4^-+5Fe^{2+}+8H^+ \Longrightarrow Mn^{2+}+5Fe^{3+}+4H_2O$ 组成原电池，（1）写出正负极反应；（2）写出电池符号；（3）计算当 pH=1，其余离子浓度均为 $1.0mol\cdot L^{-1}$ 时，原电池的电动势；（4）计算反应的平衡常数。

2. 某原电池的一个半电池是由金属 Co 浸在 $1.0mol\cdot L^{-1}$ 的 Co^{2+} 溶液中组成的；另一半电池则由 Pt 片浸入 $1.0mol\cdot L^{-1}$ 的 Cl^- 溶液中，并不断通入 $Cl_2\,[p(Cl_2)=100kPa]$ 组成。实验测得电池的电动势为 1.63V；钴电极为负极，又已知 $E^{\ominus}(Cl_2/Cl^-)=1.36V$。通过计算回答下面问题：

（1）写出电池反应方程式；

（2）$E^{\ominus}(Co^{2+}/Co)$ 为多少？

（3）$p(Cl_2)$ 增大时，电池电动势将如何变化？

（4）当 Co^{2+} 浓度为 $0.01mol\cdot L^{-1}$ 时，电池电动势是多少？Δ_rG_m 为多少？

五、思考题

铜制水龙头与铁制水龙头接头处，哪个部位容易遭受腐蚀？这种腐蚀现象与钉入木头的铁钉的腐蚀，在机理上有何不同？

第4章

物质结构基础

人类生存的宇宙属于物质世界，种类繁多，瞬息万变。这些人们肉眼所能观察到的变化是物质的宏观性质。而宏观性质又是由物质的微观结构决定的。微观结构是由不同的分子或原子组成的，原子之间的不同组合方式决定了宏观物质的性质。因此，要了解物质的性质及其变化的根本原因，就必须先研究物质的内部结构。本章将讨论原子结构、化学键和晶体结构等方面的基本概念和基本理论，这对掌握物质世界的性质及其变化规律具有十分重要的意义。

4.1 原子结构与周期性

经过 200 多年的努力，人们已经熟知：原子是由居于原子中心的带正电荷的原子核和绕核运动的、带负电荷的电子构成的。原子很小，原子核更小，但却几乎占有原子的全部质量。研究原子实际上就是研究原子核外电子的运动状态。20 世纪初期的以微观粒子的波粒二象性为基础发展起来的量子力学，正确地描述了核外电子的运动状态，奠定了物质结构的近代理论基础。

4.1.1 微观粒子运动的基本特征

（1）能量的量子化

经过不断的探索，人们发现微观粒子运动的特征与原子发射光谱有着本质的联系，原子发射光谱谱图可以反映原子的结构特征。如果将一根含有低压氢气的放电管所发出的光通过三棱镜时，可以得到如图 4-1 所示的氢原子发射光谱，在可见光区域内有四条谱线：H_α、H_β、H_γ、H_d，这四条谱线是不连续的。而且，每一种原子辐射都具有一定频率的特征谱线。这种由激发态原子发射出来的光谱称为原子光谱。

1885 年，瑞士的一位物理学家巴尔麦（J. J. Balmer）提出了一个符合氢原子光谱的可见光区谱线波长公式。

$$\lambda = \frac{364.6 n^2}{n^2 - 4} \text{nm} \tag{4-1}$$

当 $n = 3$、4、5、6 时，符合氢原子光谱中 H_α、H_β、H_γ、H_d 四条谱线（称为玻耳兹曼线系）。后经进一步研究，瑞典物理学家里德堡（J. R. Rydberg）提出了更具普遍性的

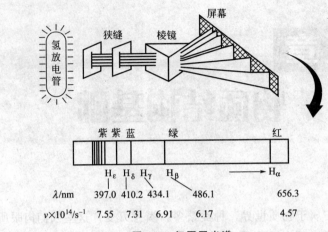

图 4-1 氢原子光谱

谱线间相互联系的关系式

$$\nu = 3.289 \times 10^{15} (\frac{1}{n_1^2} - \frac{1}{n_2^2}) s^{-1} \tag{4-2}$$

式中，n_1、n_2 都是正整数，$n_2 > n_1$。由这个公式预测且发现了氢光谱的其他线系。当 $n_1 = 2$ 时，即为可见光区的巴尔麦（Balmer）线系。

巴尔麦和里德堡经验公式不仅适用于氢原子光谱，而且也适用于其他元素的更为复杂的光谱线系，它们在一定程度上反映了原子光谱的规律性。

德国物理学家普朗克（M. Planck）通过对氢原子光谱不连续性的研究，提出了量子论：微观领域能量是不连续的，物质吸收或发射的能量总是一个最小能量单位的整数倍，这个最小的能量单位称为**量子**。量子的能量（E）是以光的形式传播，它与光的频率（ν）的关系式为

$$E = h\nu \tag{4-3}$$

式中，h 为普朗克常数，其数值为 $6.626 \times 10^{-34} J \cdot s$。

丹麦物理学家玻尔（N. Bohr）在普朗克的量子论基础上，提出了玻尔氢原子模型和原子结构理论的假设。

① 在氢原子中，电子不能在任意轨道上绕核运动，只能沿着固定的轨道绕核运动，这种状态称**定态**（又称**基态**）。电子在这种稳定轨道上运行，不吸收也不放出能量。

② 当原子从外界吸收能量时，电子可以从低能级跃迁到离核较远的高能级上去，这时原子所处的状态为**激发态**。处于激发态的电子极不稳定，它会迅速地回到能量较低的轨道，并以光子的形式放出能量。当电子由一个轨道跃迁到另一个轨道时，吸收或放出的能量恰好等于两个轨道的能量差。以光能放出时，与光的频率关系为

$$\Delta E = E_2 - E_1 = h\nu \tag{4-4}$$

这也说明这种辐射能是一份一份的，即**量子化**的。辐射能的大小与 2 个轨道之间的能级差成正比。

玻尔理论是建立在牛顿力学的基础上，认为电子在核外的运动就犹如行星围绕太阳公转会遵循经典力学的运动定律。但实际上电子、原子等微观粒子的运动具有波粒二象性，遵循其特有的运动规律。因此，玻尔理论在解释多电子原子核外电子的运动规律时，便无

能为力了。

（2）微观粒子的波粒二象性

20世纪初，人们对光的本质有了比较正确的认识：光既有波动性，又具有粒子性。波动性和粒子性是光表现出来的两方面的属性，它们互相联系，并在一定条件下相互转化。

德布罗意（de Broglie）提出大胆假设，认为波粒二象性不仅为光子所特有，其他微观粒子，如电子也具有波粒二象性。即一个质量为 m、运动速度为 v 的电子，其物质波的波长 λ 与其动量 P 之间存在如下关系式（德布罗意关系式）。

$$\lambda = \frac{h}{mv} = \frac{h}{P} \tag{4-5}$$

式中，h 为普朗克常数。这一关系式将电子的粒子性与波动性定量地联系在一起。

已知电子的质量 $m = 9.11 \times 10^{-31} \text{kg}$，运动速率 $v = 10^6 \text{m} \cdot \text{s}^{-1}$，代入式（4-5），可以求得电子的波长为

$$\lambda = \frac{h}{mv} = \frac{6.626 \times 10^{-34} \text{J} \cdot \text{s}}{9.11 \times 10^{-31} \text{kg} \times 10^6 \text{m} \cdot \text{s}^{-1}} = 7.27 \times 10^{-10} \text{m}$$

这个波长相当于分子大小的数量级。因此，当一束电子流经晶体时，应该能够观察到由于电子的波动性所产生的衍射条纹。1927年，美国科学家戴维森（C. J. Davisson）和格曼（L. H. Germer）用电子衍射实验证实了电子的波动性（见图4-2）。该实验在照相底片上观察到电子的衍射条纹，从而肯定了微观粒子也具有波粒二象性这一重要事实。

4.1.2　核外电子的运动状态

电子具有波粒二象性，其运动规律必须用量子力学来描述。

（1）薛定谔方程

1926年，奥地利物理学家薛定谔（E. Schrodinger）从电子具有波粒二象性的特点出发，通过与光的波动方程进行类比，首先提出描述电子运动状态的方程，称为**薛定谔方程**。氢原子的薛定谔方程在直角坐标系中的表达式为

图4-2　电子衍射示意

$$\frac{\partial^2 \psi}{\partial x^2} + \frac{\partial^2 \psi}{\partial y^2} + \frac{\partial^2 \psi}{\partial z^2} + \frac{8\pi^2 m}{h^2}(E - V)\psi = 0 \tag{4-6}$$

这是一个二阶偏微分。式中，E 为微观系统的总能量；V 为系统所处的势能；m 为粒子的质量；h 为普朗克常量；x、y、z 为三维空间坐标；ψ 为描述微观粒子运动状态的函数，称为**波函数**。对于一个原子，ψ 就是描述原子核外电子运动状态的数学表达式。

一个波函数 ψ 代表了微观粒子在一定能量状态下的一种运动状态。薛定谔方程把微观粒子的粒子性（m、E、V、x、y、z）和波动性（ψ）有机结合在一起，从而更真实地反映出微观粒子的运动状态。

（2）波函数与原子轨道

波函数是薛定谔方程的解，解方程的具体过程比较复杂，这里仅给出最后的一些结论。

薛定谔方程是一个二阶偏微分方程，解薛定谔方程就是求出波函数 ψ 的表达式及其对应的能量 E，相当于由一个方程求出两个未知量，这在数学上有无穷多组解，但这些解并不都是描述电子运动的合理解。只有满足一定条件的解才有意义，才能描述电子的运动状态。这个条件就是被称为**量子数**的 3 个常数 n、l、m，只有满足这三个量子数取值规律的解才是薛定谔方程的合理解，所对应的波函数才能够描述电子运动的状态。这 3 个量子数的取值规律如下。

① 主量子数 n $n=1$、2、3、4、$\cdots$、∞，分别对应于 K、L、M、N、$\cdots$表示电子所在的电子层，也表示电子距核的平均距离，决定原子轨道的能量。n 值越大，电子层数越多，电子所处的位置离核越远，电子的能量越高，所处轨道的能量也越高；反之，n 值越小，电子层数越少，电子所处的位置离核越近，所处轨道的能量越低。

② 角量子数 l $l=0$、1、2、3、$\cdots$、$n-1$，分别对应于 s、p、d、$\cdots$表示电子所在的电子亚层，决定原子轨道的形状。对于多电子体系，与主量子数 n 共同决定轨道的能量。当 n 相同时，l 值越大，电子所在轨道的能量越高。通常把 n 相同而 l 不同的波函数 ψ 称为不同的电子亚层。

③ 磁量子数 m $m=0$、±1、±2、±3、$\cdots$、$\pm l$，表示原子轨道在空间的伸展方向，决定 l 相同的原子轨道的数目。例如，$l=1$ 时，$m=0$、±1，表示有 3 个伸展方向不同的 p 轨道，又如，$l=2$ 时，$m=0$、±1、±2，表示有 5 个伸展方向不同的 d 轨道。这种能量相同，即 n、l 相同而 m 不同的轨道称为等**价轨道**（或简并轨道）。

一套量子数 n、l、m 就确定了薛定谔方程的一个解，即一个波函数 $\psi_{n,l,m}$。一个波函数 $\psi_{n,l,m}(x，y，z)$ 描述了电子的一种运动状态，所以波函数也称为**原子轨道**。但要指出的是，这里的轨道与玻尔的轨道概念完全不同，它指的只是电子的一种空间运动状态。表 4-1 列出了 n、l、m 的取值关系、轨道名称和轨道数。

表 4-1 n、l、m 的取值关系、轨道名称和轨道数

n	l	l 符号	轨道符号	m	l 相同的轨道数目	轨道总数
1	0	s	1s	0	1	1
2	0	s	2s	0	1	4
	1	p	2p	0，±1	3	
3	0	s	3s	0	1	9
	1	p	3p	0，±1	3	
	2	d	3d	0，±1，±2	5	
4	0	s	4s	0	1	16
	1	p	4p	0，±1	3	
	2	d	4d	0，±1，±2	5	
	3	f	4f	0，±1，±2，±3	7	

从表 4-1 可以看出，每一套合理的量子数表示了一个原子轨道。例如，氢原子基态时，$n=1$，$l=0$，$m=0$，即电子处于 1s 轨道，解薛定谔方程时，就可以得到相应的常微分表达式：

$$R_{1s}(r)=2\sqrt{\frac{1}{a_0^3}}\,e^{-r/a_0} \qquad Y_{1s}(\theta，\varphi)=\sqrt{\frac{1}{4\pi}}$$

上式给出的是球坐标系中的解。因为在解薛定谔方程时，为了方便分离变量，需将直

角坐标（x，y，z）变换为球坐标（r，θ，φ）。如图 4-3 所示，设原子核在坐标系原点 O 处，P 为核外电子的位置，r 为从 P 点到球坐标系原点的距离，θ 是 z 轴与 OP 间的夹角，f 为 x 轴与 OP 在 xOy 平面上的投影 OP' 的夹角。直角坐标（x，y，z）与球坐标（r、θ、φ）具有如下关系：

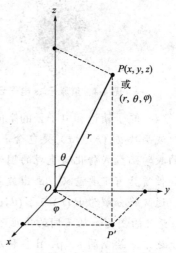

$$x = r\sin\theta\cos\varphi$$
$$y = r\sin\theta\sin\varphi$$
$$z = r\cos\theta$$
$$r = \sqrt{x^2 + y^2 + z^2}$$

坐标变换后，$\psi(x,y,z)$ 转化成用 r、θ、φ 为变量的 $\psi(r,\theta,\varphi)$。再对波函数进行变量变换及分离，可以得到

$$\psi(r,\theta,\varphi) = R(r)T(\theta)F(\varphi) \tag{4-7}$$

在波函数中，$R(r)$ 与核外电子到核的距离有关，称为波函数的**径向分布函数**，而 $T(\theta)$、$F(\varphi)$ 与电子所处位置的坐标角度有关，将此两项合并，即

$$Y(\theta,\varphi) = T(\theta)F(\varphi) \tag{4-8}$$

图 4-3 球坐标与直角坐标的关系

$Y(\theta,\varphi)$ 称为波函数的**角度分布函数**，表示波函数在空间上的伸展方向。表 4-2 列出了求解薛定谔方程得到的氢原子的某些波函数、径向函数和角函数。

表 4-2 氢原子的部分波函数表达式

n	l	m	$R_{n,l}(r)$	$Y_{l,m}(\theta,\varphi)$	$\psi(r,\theta,\varphi)$
1	0	0	$2\sqrt{\dfrac{1}{a_0^3}}e^{-r/a_0}$	$\sqrt{\dfrac{1}{4\pi}}$	$\sqrt{\dfrac{1}{\pi a_0^3}}e^{-r/a_0}$
2	0	0	$\sqrt{\dfrac{1}{8a_0^3}}\left(2-\dfrac{r}{a_0}\right)e^{-r/2a_0}$	$\sqrt{\dfrac{1}{4\pi}}$	$\dfrac{1}{4\pi}\sqrt{\dfrac{1}{2\pi a_0^3}}\left(2-\dfrac{r}{a_0}\right)e^{-r/2a_0}$
2	1	0	$\sqrt{\dfrac{1}{24a_0^3}}\left(\dfrac{r}{a_0}\right)e^{-r/2a_0}$	$\sqrt{\dfrac{3}{4\pi}}\cos\theta$	$\dfrac{1}{4\pi}\sqrt{\dfrac{1}{2\pi a_0^3}}\left(\dfrac{r}{a_0}\right)e^{-r/2a_0}\cos\theta$

（3）概率密度和电子云

波函数 ψ 虽然用来描述电子的运动状态，但 ψ 本身并没有明确的物理意义，它的物理意义通过用 $|\psi|^2$ 来表现的。在量子力学中，人们认为 $|\psi|^2$ 代表电子在空间各点出现的概率密度（电子在核外某处单位体积内出现的概率）。若用黑点的疏密程度来表示空间各点电子概率密度的大小，则 $|\psi|^2$ 大的地方，黑点较密；反之，黑点较少。这种以黑点的疏密形象化地表示电子在空间的概率分布的图形称为**电子云**。需要明确指出的是，电子云并不是说电子真的像云那样分布。电子云只是电子行为具有统计性的一种形象说法，电子仍然是一个粒子，只不过它在空间各点出现的概率可用电子云来表现。如图 4-4 所示，小黑点密集的区域（靠近原子核），表示电子在此区域出现的概率密度大，在离核较远的区域小黑点稀疏，表示电子在此区域出现的概率密度小。电子云是没有边界的。即使在离核很远的地方，电子仍有可能出现，只是出现的概率很小，属于小概率事件，可以忽略。因此，通常取一个电子的等概率密度面（电子云密度相等的曲面），使在界面内电

子出现的概率达到某一定值（如 90%），这样的图像称为电子云的**界面图**，如图 4-5 所示。

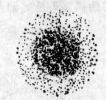

图 4-4　氢原子 1s 电子云

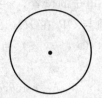

图 4-5　氢原子 1s 电子云界面

（4）原子轨道和电子云的空间图像（选修内容）

波函数 $\psi(r,\theta,\varphi)$ 是包含 r、θ、φ 三个变量的函数，把它用图形表示出来，可以把抽象的数学函数式转化为直观的图形，这对于了解原子核内电子的运动状态、了解原子的结构和性质具有重要意义。画出波函数的图形需要四维坐标。这在三维空间中是不可能实现的。通常将分解为 $R(r)$ 与 $Y(\theta,\varphi)$ 的乘积，分别画出 $R(r)$ 随 r 变化的图形和 $Y(\theta,\varphi)$ 随 θ,φ 变化的图形，从不同的角度了解它的性质。具体的绘图过程比较复杂，这里只给出按照上述方法绘制的 s、p、d 各种原子轨道的角度分布图（见图 4-6）。

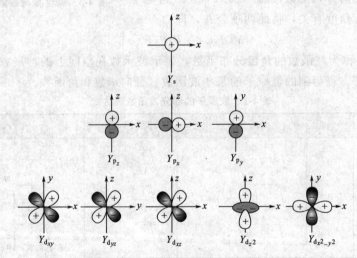

图 4-6　原子轨道的角度分布图

与波函数一样，概率密度也可以分解为 $R^2(r)$ 与 $Y^2(\theta,\varphi)$ 两个函数的乘积：

$$\varphi^2(r,\theta,\varphi)=R^2(r)Y^2(\theta,\varphi)$$

以概率密度的角函数 $Y^2(\theta,\varphi)$ 对角 θ、φ 作图，所得图形称为**原子的概率密度的角度分布图**，也称为**电子云的角度分布图**，如图 4-7 所示。

电子云的角度分布图与原子轨道的角度分布图相似，但它们存在以下两点区别。

① 电子云的角度分布图比原子轨道的角度分布图要瘦些。因为 $|Y|\leqslant1$，故 $Y^2\leqslant|Y|$。

② 原子轨道的角度分布图有正、负号，而电子云的角度分布图无正、负之分。原子轨道和电子云的角度分布图只是反映波函数在核外空间的伸展方向，不是原子轨道和电子云的实际形状。电子云的空间图像要综合考虑电子云的角度分布和径向分布。它的空间形状虽与电子云角度分布有关，但却不相同。

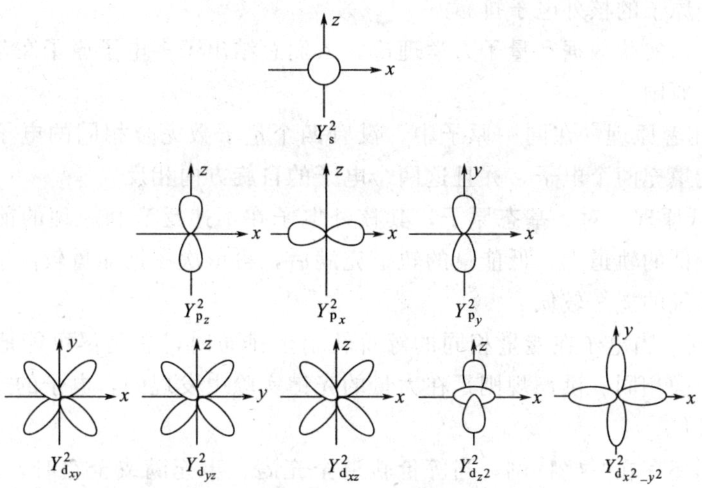

图 4-7　电子云的角度分布图

（5）电子自旋量子数

大量实验事实证明：电子除了在原子轨道中做无规则运动外，还有自旋运动。就像地球除了绕太阳公转以外，也在进行自转一样。因此，要确切地描述核外某个电子的运动状态，除了解薛定谔方程得出的波函数的特征量子数 n、l、m 外，还必须加入一个描述电子自身运动特征的量子数，称为电子的**自旋量子数**，用 m_s 表示。电子的自旋运动只有两个方向：顺时针方向和逆时针方向，分别用"↑"和"↓"来代表，相应的 m_s 分别取值为 $+\dfrac{1}{2}$ 和 $-\dfrac{1}{2}$。因此，描述原子中每个电子的运动状态需要四个量子数。其中主量子数 n 决定了电子运动离核的平均距离和能量的高低，决定了电子所处的层数；角量子数 l 决定了电子运动空间区域的形状，即原子轨道或电子云的形状，或电子所在的亚层，同时它也影响多电子原子的轨道能量；磁量子数 m 决定了原子轨道在空间的伸展方向，决定了每个亚层中原子轨道的数目；电子自旋量子数 m_s 反映出了电子的自旋方向。

例 4-1

用合理的量子数描述在原子核外第四电子层上 4p 亚层电子的运动状态。

解：$n=4$、$l=1$，$m=0$，± 1；$m_s=\pm\dfrac{1}{2}$

4.1.3　多电子原子核外电子排布式

用薛定谔方程可以精确解出氢原子和类氢原子的概率分布和轨道能量。这是由于氢原子和类氢离子，核外只有一个电子，电子只受核的吸引。在多电子原子（核外有 2 个或 2 个以上电子的原子）中，电子不仅受核的吸引，电子与电子间还存在着相互排斥作用。由于电子不停地运动，电子间的相互排斥作用也随时都在发生改变，所以至今薛定谔方程还无法对多电子原子的轨道能量精确求解。而对于多电子原子，大多采用一些近似的方法来处理。例如，可以采用中心力场法等近似方法。该方法是在引进有效核电荷概念的基础上，通过解氢原子的薛定谔方程得到的一些结论而推广到多电子原子。

（1）多电子原子的核外电子排布

根据原子光谱实验数据和量子力学理论，人们总结出了多电子原子在基态时核外电子排布遵循的 3 个原则。

① 泡利不相容原理　在同一原子中，没有四个量子数完全相同的电子。因此，每个原子轨道中只能填充两个电子，并且这两个电子的自旋方向相反。

② 能量最低原理　对于基态原子，其核外电子在不违反泡利原理的前提下，总是优先排布在能量较低的轨道上，低能量的轨道充满后，再依次占据能量较高的轨道，这样的电子排布使得系统的能量较低。

③ 洪德规则　当电子在能量相同的等价轨道上排布时，总是尽可能地分占不同的轨道，并且自旋方向相同。洪德规则是在大量的光谱实验中发现的，电子的这种排布方式使得系统的能量最低。

但洪德规则还存在一些特例，当等价轨道全充满、半充满或全空时，系统比较稳定，即下面这些状态是稳定状态：

全充满	s^2	p^6	d^{10}	f^{14}
半充满	s^1	p^3	d^5	f^7
全空	s^0	p^0	d^0	f^0

当处于上述这些状态时，各亚层的电子云分布正好处于球对称状态，原子结构比较稳定，系统能量较低。因此，在可能的情况下，电子将优先处于这些状态。

这里需要指出的是，s 轨道只有 1 个轨道，不存在等价轨道，但是依然符合上述规律。

从上面的三条规则可以看出，多电子原子在进行核外电子排布时，必须使整个系统的能量最低。也就是电子要首先填充能量较低的轨道。轨道能量高低的顺序是什么样的呢？下面来了解原子轨道的能级。

（2）多电子原子轨道的能级

鲍林（Pauling）根据光谱实验以及理论计算结果，提出了多电子原子的**近似能级图**（见图 4-8）。用小圆圈代表原子轨道，能量相近的划成一组，称为**能级组**，小圆圈的位置高低表示原子轨道的能级高低。

鲍林近似能级图具有以下特点。

① 在鲍林能级图中，把能量相近的原子轨道划为一组，称为**能级组**，通常分为 7 个能级组。各能级组的能量由低到高次序如下：

第一能级组：1s　　　　　　　　　　　　　1 个原子轨道
第二能级组：2s，2p　　　　　　　　　　　4 个原子轨道
第三能级组：3s，3p　　　　　　　　　　　4 个原子轨道
第四能级组：4s，3d，4p　　　　　　　　　9 个原子轨道
第五能级组：5s，4d，5p　　　　　　　　　9 个原子轨道
第六能级组：6s，4f，5d，6p　　　　　　　16 个原子轨道
第七能级组：7s，5f，6d，7p　　　　　　　16 个原子轨道

其中，第四～七能级组中每组包含了不同主量子数的能级。例如，第五能级组中，除了第五电子层的 5s、5p 外，还有第四电子层的 4d 轨道，这就是**能级交错**现象。能级交错现象对核外电子排布及元素性质具有很大的影响。在能级图中，相同能级组的轨道能量比

较接近，而不同能级组的原子轨道能量有较大的差别，因此原子轨道能级组是以原子轨道的能量而划分的，而不是以原子轨道离核的远近即主量子数 n 来划分的。

② 角量子数 l 相同的轨道，其能量次序由主量子数 n 决定。n 越大，能量越高，例如，$E_{2p} < E_{3p} < E_{4p} < E_{5p}$。这是因为 n 越大，电子离核越远，核对电子吸引越弱的缘故。

③ 主量子数 n 相同而角量子数 l 不同的能级，其能量随角量子数 l 的增大而增大，产生**能级分裂**现象，即

$$E_{6s} < E_{6p} < E_{6d} < E_{6f}$$

需要注意的是，这与单电子的氢原子体系是不同的。对于单电子体系，E 只与 n 有关，即 $E_{ns} = E_{np} = E_{nd} = E_{nf}$。

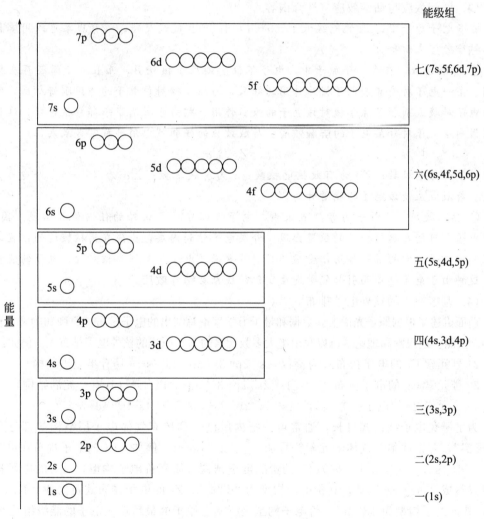

图 4-8　鲍林近似能级图

④ 存在**能级交错**现象，即出现了主量子数 n 大的原子轨道的能量低于主量子数 n 小的轨道的能量现象。例如

$$E_{4s} < E_{3d} < E_{4p}$$
$$E_{5s} < E_{4d} < E_{5p}$$

$$E_{6s} < E_{4f} < E_{5d} < E_{6p}$$

⑤ 我国化学家徐光宪根据光谱实验数据，提出一个十分简便的划分多电子原子能级的准则，主要内容是：当原子外层电子的 $(n+0.7l)$ 的值越大时，能级越高；当离子外层电子的 $(n+0.42l)$ 的值越大，能级越高；原子或离子的内层电子的能级高低主要由 n 决定。

徐光宪还建议，把 $(n+0.7l)$ 的第一位数字相同的各能级合为一组，称为**能级组**，例如 4s、3d 和 4p 的 $(n+0.7l)$ 值依次等于 4.0、4.4 和 4.7，它们的第一位数字为 4，因此可以合并为一组，称**第Ⅳ能级组**，在此组内能级的高低次序依 $(n+0.7l)$ 的值为：
$$E_{4s} < E_{3d} < E_{4p}$$

⑥ 每个方框代表一个能级组，相当于周期表中的一个周期。

（3）屏蔽效应与钻穿效应（选修内容）

在多电子原子中，ns 的能级低于 $(n-1)d$，产生能级交错，这种现象可以用**屏蔽效应**和**钻穿效应**来解释。

① **屏蔽效应** 在多电子原子中，电子不仅受到原子核吸引，而且电子间还存在排斥作用。某一电子所受其余电子排斥作用的结果，与原子核对该电子的作用刚好相反。因此其余电子屏蔽或削弱了原子核对该电子的吸引作用，相当于抵消了一部分核电荷，这种现象叫做内层电子对外层电子的**屏蔽效应**。屏蔽效应的强弱可以用屏蔽常数来表征。

$$Z^* = Z - \sum \sigma \tag{4-9}$$

式中，Z 为核电核数；Z^* 为有效核电核数；σ 为屏蔽常数；$\sum \sigma$ 为 $(Z-1)$ 个电子的 σ 总和。屏蔽效应使该电子的能量升高。

② **钻穿效应** 从量子力学观点来看，电子可以在原子核外的任何位置出现。因此，外层电子也可能在离核较近的位置出现。外层电子钻到内层，出现在离核较近的位置，降低了其他电子对它的屏蔽作用，受核的吸引就更强。电子钻穿得离核愈近，电子的能量愈低。这种由于电子钻穿而引起能量发生变化的现象称**钻穿效应**。

（4）基态原子的核外电子排布

前面讲述了根据原子光谱实验数据和量子力学理论总结出的电子排布三原则和鲍林近似能级图。按照上述规则和理论就可以写出绝大多数元素的基态原子的核外电子排布式。例如：

24 号元素 Cr 的电子排布式为：$1s^2 2s^2 2p^6 3s^2 3p^6 3d^5 4s^1$（具有半充满结构）

29 号元素 Cu 的电子排布式为：$1s^2 2s^2 2p^6 3s^2 3p^6 3d^{10} 4s^1$（具有全充满结构）

40 号元素 Zr 的电子排布式为：$1s^2 2s^2 2p^6 3s^2 3p^6 3d^{10} 4s^2 4p^6 4d^2 5s^2$

为了避免电子结构式过长，通常可以把内层已达到稀有气体电子层结构的部分写成**"原子实"**，并以此稀有气体的元素符号加"[ ]"表示。例如，Cr 的电子排布式可写成 $[Ar] 3d^5 4s^1$，其中 $3d^5 4s^1$ 称为 Cr 的**价层电子结构**（简称价电子构型）；Cu 的电子排布式可以写成 $[Ar] 3d^{10} 4s^1$，其价电子构型为 $3d^{10} 4s^1$。Zr 的电子排布式可写成 $[Kr] 4d^2 5s^2$，其价电子构型为 $4d^2 5s^2$。**价电子构型**是指基态原子的最后填入电子的能级组状态。

Cu 原子的电子排布式不是 $[Ar] 3d^9 4s^2$，而是 $[Ar] 3d^{10} 4s^1$。这是因为 $3d^9$ 轨道中增加一个电子就达到全充满的球对称 $3d^{10}$ 电子结构，有特殊的稳定性。同样，Cr 原子的电子结构是 $[Ar] 3d^5 4s^1$，d 轨道达到了半充满的球状稳定状态，这些都是洪特规则的特例。

需要注意的是，原子的核外电子排布是按照能级顺序填充的，但书写时必须按主量子数和角量子数增大的顺序来写。例如锰的电子排布式书写为 $1s^2 2s^2 2p^6 3s^2 3p^6 3d^5 4s^2$，

而不是 $1s^2\ 2s^2\ 2p^6\ 3s^2\ 3p^6\ 4s^2 3d^5$。

　　元素原子的核外电子排布情况主要是由光谱实验得出的，表 4-3 列出了原子序数为

表 4-3　基态原子的电子排布式

周期	原子序数	元素符合	电子结构	周期	原子序数	元素符合	电子结构	周期	原子序数	元素符合	电子结构
1	1	H	$1s^1$		37	Rb	$[Kr]5s^1$		73	Ta	$[Xe]4f^{14}5d^3 6s^2$
	2	He	$1s^2$		38	Sr	$[Kr]5s^2$		74	W	$[Xe]4f^{14}5d^4 6s^2$
2	3	Li	$[He]2s^1$		39	Y	$[Kr]4d^1 5s^2$		75	Re	$[Xe]4f^{14}5d^5 6s^2$
	4	Be	$[He]1s^2$		40	Zr	$[Kr]4d^2 5s^2$		76	Os	$[Xe]4f^{14}5d^6 6s^2$
	5	B	$[He]2s^2 2p^1$		41	Nb	$[Kr]4d^4 5s^1$		77	Ir	$[Xe]4f^{14}5d^7 6s^2$
	6	C	$[He]2s^2 2p^2$		42	Mo	$[Kr]4d^5 5s^1$		78	Pt	$[Xe]4f^{14}5d^9 6s^1$
	7	N	$[He]2s^2 2p^3$		43	Tc	$[Kr]4d^5 5s^2$	6	79	Au	$[Xe]4f^{14}5d^{10} 6s^1$
	8	O	$[He]2s^2 2p^4$		44	Ru	$[Kr]4d^7 5s^1$		80	Hg	$[Xe]4f^{14}5d^{10} 6s^2$
	9	F	$[He]2s^2 2p^5$		45	Rh	$[Kr]4d^8 5s^1$		81	Tl	$[Xe]4f^{14}5d^{10} 6s^2 6p^1$
	10	Ne	$[He]2s^2 2p^6$		46	Pd	$[Kr]4d^{10}$		82	Pb	$[Xe]4f^{14}5d^{10} 6s^2 6p^2$
3	11	Na	$[Ne]3s^1$	5	47	Ag	$[Kr]4d^{10} 5s^1$		83	Bi	$[Xe]4f^{14}5d^{10} 6s^2 6p^3$
	12	Mg	$[Ne]3s^2$		48	Cd	$[Kr]4d^{10} 5s^2$		84	Po	$[Xe]4f^{14}5d^{10} 6s^2 6p^4$
	13	Al	$[Ne]3s^2 3p^1$		49	In	$[Kr]4d^{10} 5s^2\ 5p^1$		85	At	$[Xe]4f^{14}5d^{10} 6s^2 6p^5$
	14	Si	$[Ne]3s^2 3p^2$		50	Sn	$[Kr]\ 4d^{10} 5s^2\ 5p^2$		86	Ru	$[Xe]4f^{14}5d^6\ s^2\ 6p^6$
	15	P	$[Ne]3s^2 3p^3$		51	Sb	$[Kr]\ 4d^{10} 5s^2 5p^3$		87	Fr	$[Rn]7s^1$
	16	S	$[Ne]3s^2 3p^4$		52	Te	$[Kr]\ 4d^{10} 5s^2\ 5p^4$		88	Ra	$[Rn]7s^2$
	17	Cl	$[Ne]3s^2 3p^5$		53	I	$[Kr]\ 4d^{10} 5s^2\ 5p^5$		89	Ac	$[Rn]6d^1 7s^2$
	18	Ar	$[Ne]3s^2 3p^6$		54	Xe	$[Kr]\ 4d^{10} 5s^2\ 5p^6$		90	Th	$[Rn]6d^2 7s^2$
	19	K	$[Ar]4s^1$		55	Cs	$[Xe]6s^1$		91	Pa	$[Rn]5f^2\ 6d^1 7s^2$
	20	Ca	$[Ar]4s^2$		56	Ba	$[Xe]6s^2$		92	U	$[Rn]5f^3\ 6d^1 7s^2$
	21	Sc	$[Ar]3d^1 4s^2$		57	La	$[Xe]5d^1 6s^2$		93	Np	$[Rn]5f^4\ 6d^1 7s^2$
	22	Ti	$[Ar]3d^2 4s^2$		58	Ce	$[Xe]4f^1 5d^1 6s^2$		94	Pu	$[Rn]5f^6 7s^2$
	23	V	$[Ar]3d^3 4s^2$		59	Pr	$[Xe]4f^3 6s^2$		95	Am	$[Rn]5f^7 7s^2$
	24	Cr	$[Ar]3d^5 4s^1$		60	Nd	$[Xe]4f^4 6s^2$		96	Cm	$[Rn]5f^7\ 6d^1 7s^2$
	25	Mn	$[Ar]3d^5 4s^2$		61	Pm	$[Xe]4f^5 6s^2$		97	Bk	$[Rn]5f^9 7s^2$
	26	Fe	$[Ar]3d^6 4s^2$		62	Sm	$[Xe]4f^6 6s^2$		98	Cf	$[Rn]5f^{10} 7s^2$
4	27	Co	$[Ar]3d^7 4s^2$	6	63	Eu	$[Xe]4f^7 6s^2$	7	99	Es	$[Rn]5f^{11} 7s^2$
	28	Ni	$[Ar]3d^8 4s^2$		64	Gd	$[Xe]4f^7 5d^1 6s^2$		100	Fm	$[Rn]5f^{12} 7s^2$
	29	Cu	$[Ar]3d^{10} 4s^1$		65	Tb	$[Xe]4f^9 6s^2$		101	Md	$[Rn]5f^{13} 7s^2$
	30	Zn	$[Ar]3d^{10} 4s^2$		66	Dy	$[Xe]4f^{10} 6s^2$		102	No	$[Rn]5f^{14} 7s^2$
	31	Ga	$[Ar]3d^{10} 4s^2 4p^1$		67	Ho	$[Xe]4f^{11} 6s^2$		103	Lr	$[Rn]5f^{14}\ 6d^1 7s^2$
	32	Ge	$[Ar]3d^{10} 4s^2 4p^2$		68	Er	$[Xe]4f^{12} 6s^2$		104	Rf	$[Rn]5f^{14}\ 6d^2 7s^2$
	33	As	$[Ar]3d^{10} 4s^2 4p^3$		69	Tm	$[Xe]4f^{13} 6s^2$		105	Db	$[Rn]5f^{14}\ 6d^3 7s^2$
	34	Se	$[Ar]3d^{10} 4s^2 4p^4$		70	Yb	$[Xe]4f^{14} 6s^2$		106	Sg	$[Rn]5f^{14}\ 6d^4 7s^2$
	35	Br	$[Ar]3d^{10} 4s^2 4p^5$		71	Lu	$[Xe]4f^{14} 5d^1 6s^2$		107	Bh	$[Rn]5f^{14}\ 6d^5 7s^2$
	36	Kr	$[Ar]3d^{10} 4s^2 4p^6$		72	Hf	$[Xe]4f^{14} 5d^2 6s^2$		108	Hs	$[Rn]5f^{14}\ 6d^6 7s^2$
									109	Mt	$[Rn]5f^{14}\ 6d^7 7s^2$
									110	Ds	$[Rn]5f^{14}\ 6d^8 7s^2$

1～110 的元素基态原子的电子排布式。从表 4-3 可以看到，除了第一电子层只能容纳 2 个

电子外，原子的最外层最多只能容纳 8 个电子，次外层最多可容纳 18 个电子，多数第三层最多能容纳 32 个电子。正是由于各层原子轨道容纳电子的能力不同，元素原子核外电子的排布状况呈现出周期性的变化规律。

由表 4-3 可以看出，绝大部分元素的核外电子是按照三条规则进行排列的。有少数元素如 Nb、Ru、Rh、La、Ce、Gd、Pt、Ac、Th、Pa、U 等的基态电子构型是根据光谱实验数据排列的，它不符合鲍林能级图和洪特规则，这种反常是由于电子间复杂相互作用引起的，表明原子结构的理论还有待进一步完善。

4.1.4 原子的电子结构和元素周期律

俄国科学家门捷列夫在研究当时已发现的 60 多种化学元素的基础上，于 1869 年发表了著名的元素周期表，揭示了元素性质的递变规律：元素性质随着原子相对质量的增加呈现周期性变化。1912 年，英国年轻的科学家莫斯莱在大量实验的基础上得出结论：元素性质的变化规律与原子量没有直接关系，而是与核外电子数（原子序数）直接相关。按原子序数大小排列的元素，在性质上呈现明显的周期性，从而揭示了元素周期表的实质——元素的性质取决于元素原子的结构。随着人们对原子结构的深入认识，提出了长表和短表等多种形式的元素周期表。从原子结构的观点看，长周期表更能反映元素间的内在联系。通常使用的长周期表分为 7 个周期，18 个纵行。其周期数与原子的电子层数相对应。

（1）元素的周期

元素周期表中的周期是与元素的核外电子排布式有内在联系的。元素在周期表中所属周期数等于该元素原子的电子层数，即核外电子排布式中最外层的电子层数 n。各周期所包含的元素的数目，等于相应能级组中的原子轨道所能容纳的电子总数。

第一周期只有一个电子层，主量子数 $n=1$，属于第 1 能级组，只有 1s 轨道，最多能容纳 2 个电子，所以第一周期只有氢和氦 2 个元素，是**特短周期**。

第二周期元素的最外层原子轨道为 2s 和 2p，共有 4 个轨道，属于第 2 能级组；第三周期元素的最外层原子轨道是 3s 和 3p，与第二周期相同，总共可填 8 个电子，因此第二、三周期各有 8 种元素，称为**短周期**。

第四周期元素的最外层原子轨道为：1 个 4s、3 个 4p 和 5 个 3d（出现了交错现象），属于第 4 能级组，最多能容纳 18 个电子；第五周期元素的最外层原子轨道与第四周期元素的相同。因此，第四、五周期各有 18 种元素，称为**长周期**。

第六周期元素的最外层原子轨道为：1 个 6s、3 个 6p、5 个 5d 和 7 个 4f 轨道，属于第 6 能级组，最多能容纳 32 个电子，第六周期共有 32 种元素，称为**特长周期**。

第七周期元素的最外层原子轨道种类与第六周期相同，也应该有 32 种元素，但目前还有几种元素没有发现。所以，第七周期称为**不完全周期**。各周期中元素的数目与相应能级组的原子轨道的关系如表 4-4 所示。

（2）元素的族

长式元素周期表中共有 18 个纵列，除第 8、9、10 三个纵列为一个族外，其余 15 个纵行，每一个纵列为一个族。第 1、2、13、14、15、16 和 17 纵列为主族，通常用符号 A 表示，以罗马数字 Ⅰ、Ⅱ、Ⅲ、…表示族的序号，可以表示为 Ⅰ A～Ⅶ A 族。第 18 纵列为惰性气体，称为零族元素，也称为Ⅷ A 族。

表 4-4　能级组与周期的关系

周期	特点	能级组	所属能级组的轨道	原子轨道数	轨道最多容纳电子数
一	特短周期	1	1s	1	2
二	短周期	2	2s 2p	4	8
三	短周期	3	3s 3p	4	8
四	长周期	4	4s 3d 4p	9	18
五	长周期	5	5s 4d 5p	9	18
六	特长周期	6	6s 4f 5d 6p	16	32
七	不完全周期	7	7s 5f 6d 7p	16	应有 32

长式元素周期表中从第 3～11 纵列为副族，通常用 B 表示，包括 ⅠB～ⅦB 族和一个 Ⅷ族。其中第 3、4、5、6、7、11 和 12 列分别称为 ⅢB、ⅣB、ⅤB、ⅥB、ⅦB、ⅠB 和 ⅡB。周期表中第 8、9 和 10 列元素称为 Ⅷ族。

元素的族数与元素原子的核外电子层的电子数的关系如下。

① 主族元素族数＝最外层电子数；主族元素在周期表中的族数等于元素原子的最外电子层的电子数；主族元素的最高氧化值等于元素原子的最外电子层上的电子数。在同一主族内，虽然不同元素的电子层数是不相同的，但是最外电子层上的电子数都是相同的。

② ⅠB、ⅡB 副族元素族数＝最外层 s 电子数；ⅢB～ⅦB 副族元素族数＝最外层 s 电子数＋次外层 d 电子数；Ⅷ族的三列元素最外层 s 电子数＋次外层 d 电子数分别为 8、9、10。

副族元素原子的核外电子层有 1 个或 2 个电子，次外层上有 9～18 个电子，它们在化学反应中除了能失去最外层的电子外，还能失去一部分次外层上的 d 电子。除Ⅷ族外，副族元素的最高氧化值一般等于该元素所属的族数。

（3）元素的分区

根据元素原子的核外电子排布的特点，可将周期表中的元素分为 5 个区，以核外电子排布中最后填入的电子的能级代号作为该区区号，如图 4-9 所示。

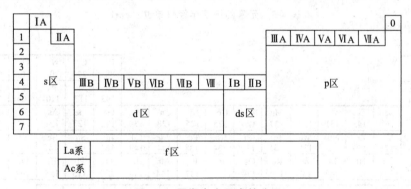

图 4-9　周期表中元素的分区

s 区元素：包括 ⅠA 和 ⅡA 两族元素，最后一个电子填在最外层 s 轨道。价层电子结构为 $ns^{1\sim2}$。易失去价层电子而形成 M^+ 或 M^{2+}，是元素周期系中最活泼的金属元素。

p 区元素：包括 ⅢA～ⅦA 各族元素和零族元素，最后一个电子填充在最外层 p 轨道上，其价层电子结构式为 $ns^2np^{1\sim6}$，除氢以外的非金属都在 p 区。p 区元素除非金属外，还有部分金属，所有半导体元素都在 p 区。

d 区元素：包括 ⅢB～ⅦB 和Ⅷ族元素，最后一个电子填充在次外层 d 轨道上，其价

层电子结构为 $(n-1)\,d^{1\sim9}n\,s^{1\sim2}$，都是过渡元素。由于 $(n-1)\,d$ 与 $n\,s$ 轨道能级相差较小，可部分或全部参与形成化学键，因此此区元素都有多种氧化值。

ds 区元素：包括 ⅠB 和 ⅡB 两族元素，价电子构型为 $(n-1)\,d^{10}n\,s^{1\sim2}$，价层电子虽在 s 轨道上，但与 s 区元素不同，它的次外层有充满电子的 d 轨道。

f 区元素：包括镧系元素和锕系元素（内过渡元素），最后一个电子填充在 f 能级上，价电子层结构为 $(n-2)f^{0\sim14}(n-1)d^{0\sim2}n\,s^2$。

（4）元素性质的周期性

原子的一些性质，如有效核电荷数、原子半径、电离能、电子亲和能和电负性等取决于原子的电子层结构。而原子的电子层结构随原子序数的增大发生周期性变化，因此与电子层结构有关的元素性质也呈现出明显的周期性变化。

1）原子半径

由于电子的运动没有固定的运动轨迹，因此，原子没有明确的分界线，不存在经典意义上的半径。人们假定原子呈球形，借助相邻原子间的核间距离来确定原子半径。基于此假定以及原子的存在形式，原子半径可以分为**共价半径、金属半径**和**范德华半径**。

共价半径：同种原子以共价键结合时，其核间距离的一半称为原子的共价半径。

金属半径：金属单质的晶体中两个相邻金属原子的核间距的一半称为金属半径。

范德华半径：两个原子之间靠分子间作用力（也称范德华力）互相聚集在一起，相邻两个原子核间距的一半称为范德华半径。例如，稀有气体在低温下形成单原子分子晶体时原子核间距的一半即为该稀有气体原子的范德华半径。

一般来说，共价半径比金属半径小，这是因为形成共价单键时，轨道重叠程度较大；而范德华半径总是较大，因为分子间作用力较小，分子间距离较大。

表 4-5 列出了各元素的原子半径数据，其中除金属为金属半径，稀有气体为范德华半径外，其余皆为共价半径。

表 4-5 元素的原子半径（单位：pm）

H 37																	He 32
Li 152	Be 113											B 88	C 77	N 70	O 66	F 64	Ne 69
Na 186	Mg 160											Al 143	Si 117	P 110	S 104	Cl 99	Ar 97
K 227	Ca 197	Sc 161	Ti 145	V 131	Cr 125	Mn 137	Fe 124	Co 125	Ni 125	Cu 128	Zn 134	Ga 122	Ge 123	As 121	Se 117	Br 114	Kr 110
Rb 247	Sr 215	Y 178	Zr 159	Nb 143	Mo 136	Tc 135	Ru 132	Rh 134	Pd 138	Ag 144	Cd 149	In 163	Sn 140	Sb 141	Te 143	I 133	Xe 130
Cs 265	Ba 217	Lu 172	Hf 156	Ta 143	W 137	Re 137	Os 134	Ir 136	Pt 137	Au 144	Hg 150	Tl 170	Pb 175	Bi 155	Po 167	At 140	Rn 145

镧系	La 187	Ce 182	Pr 182	Nd 181	Pm 181	Sm 180	Eu 200	Gd 179	Tb 176	Dy 175	Ho 174	Er 172	Tm 172	Yb 194

注：引自 W.Oxtobg exc,Principle of Modem Chemistry. 5th Ed. (2002)。

表 4-5 数据显示的原子半径变化规律如下。

同一周期主族元素，随着核电核数的增加，原子半径逐渐减小。这是因为随着原子序数的增加，原子的核电核数也随之增加，原子核对外层电子的引力逐渐增强，导致原子半径明显减小。

同一周期副族元素，从左到右随着核电核数的增加，原子半径减小得比较缓慢。这主要是由于过渡元素新增的电子是填入次外层的 d 轨道上，而次外层的 d 轨道离核的平均距离要比最外层的 s 轨道小，部分地抵消了核电荷的增加对外层 s 电子的吸引作用。因此，对于过渡元素，随着核电荷数的增加，原子核对外层电子的吸引增加缓慢，从而使原子半径的总体变化趋势略有减小。另外，当次外层的 d 轨道全充满形成 18 电子构型时，对外层电子屏蔽作用较大，使原子核作用在最外层电子上的有效核电荷数减小。

同一主族中，从上到下，外层电子构型相同，有效核电荷相差不大，因此电子层增加的因素占主导地位，所以原子半径逐渐增大。副族元素的原子半径，从第四周期过渡到第五周期是增大的，但第五周期和第六周期同一族中的过渡元素的原子半径很相近。

2）电离能

基态气体原子失去电子的过程称为**电离**。完成这一过程所需的能量称为**电离能**，常用符号 I 表示，单位为 $kJ \cdot mol^{-1}$。电离所需能量的多少反映了原子失去电子的难易程度。

基态气体原子失去一个电子成为带一个正电荷的气态离子所需的能量称为**第一电离能**，用 I_1 表示。由 +1 价气态离子失去一个电子形成 +2 价气态离子所需的能量称为**第二电离能**，用 I_2 表示。以此类推，还有第三电离能 I_3、第四电离能 I_4 等。表 4-6 列出了元素的第一电离能数据。随着原了逐步失去电子，所形成的离子止电荷越来越大，使核电荷对电子的吸引也越来越强，因而失去电子也越来越难。因此，同一元素的第一电离能小于第二电离能，第二电离能小于第三电离能。

由表 4-6 可见，在同一周期中从左到右，金属元素的第一电离能较小，非金属元素的第一电离能较大。而稀有气体的第一电离能最大，总的趋势是从左到右第一电离能增大。但由于一些复杂的原因，中间有一些特例和反复。例如，N 的第一电离能比 O 的高，P 的第一电离能比 S 的高。这是因为 N 和 P 的最外电子层分别是 $2s^2\,2p^3$ 和 $3s^2\,3p^3$，属于半充满电子构型，结构较稳定，不易失去电子。一般来说，具有半充满和全充满电子构型的元素具有相对较大的电离能。

表 4-6　元素的第一电离能 I_1（单位：$kJ \cdot mol^{-1}$）

H 1312																	He 2372
Li 520	Be 900											B 801	C 1086	N 1402	O 1314	F 1681	Ne 2081
Na 496	Mg 738											Al 578	Si 786	P 1012	S 1000	Cl 1251	Ar 1520
K 419	Ca 590	Sc 631	Ti 658	V 650	Cr 653	Mn 717	Fe 759	Co 758	Ni 737	Cu 745	Zn 906	Ga 579	Ge 762	As 947	Se 941	Br 1140	Kr 1351
Rb 403	Sr 550	Y 616	Zr 660	Nb 664	Mo 685	Tc 702	Ru 711	Rh 720	Pd 805	Ag 731	Cd 868	In 558	Sn 709	Sb 834	Te 870	I 1008	Xe 1170
Cs 376	Ba 503	Lu 524	Hf 654	Ta 761	W 770	Re 760	Os 840	Ir 889	Pt 868	Au 890	Hg 1007	Ti 589	Pb 716	Bi 703	Po 812	At 930	Rn 1037

镧系	La 538	Ce 528	Pr 523	Nd 530	Pm 536	Sm 543	Eu 547	Gd 592	Tb 564	Dy 572	Ho 581	Er 589	Tm 597	Yb 603

注: 引自 W.Oxtoby, etc, Principle of Modem Chemistry. 5th Ed. (2002)。

3）电子亲和能

基态气体原子得到一个电子形成气态负离子时所放出的能量称为元素的**第一电子亲和**

能，用符号 A 表示。电子亲和能也有第一、第二之分，如果不加以说明都是指第一电子亲和能。第一电子亲和能简称电子亲核能，可以用来衡量原子得到电子的难易程度。表4-7 列出了部分元素的第一电子亲和能数据。

表 4-7 主要元素的第一电子亲和能 A_1（单位：$kJ \cdot mol^{-1}$）

H −72.8							He +48.2
Li −59.6	Be +248.2	B −26.7	C −122	N +6.75	O −141.1	F −328	Ne +115.8
Na −52.9	Mg +38.6	Al −42.5	Si −133.6	P −72.1	S −200.4	Cl −349.0	Ar +96.5
K −48.4	Ca +28.9	Ga −28.9	Ge −120	As −80	Se −195.0	Br −324.7	Kr +96.5
Rb −46.9	Sr +28.9	In −29	Sn −120	Sb −103.2	Te −190.2	I −295.2	Xe +77.2
Cs −45.5	Ba >0	Tl −20	Pb −35.1	Bi −91.3	Po −180	At −270	

由表中数据可以看出：金属元素的电子亲和能数值较大，非金属元素的电子亲和能数值较小（更负一些）。电子亲和能越负，原子就越容易得到电子。反之，电子亲和能越大（正），则其获得电子的能力就越小。电子亲和能的大小主要取决于原子的有效核电荷、原子半径和电子层结构。

4）电负性

电离能和亲和能分别从两个不同的侧面反映了原子得失电子的能力。但由于原子组成分子的过程是原子之间得失电子综合能力的全面体现，如单纯用得电子或失电子的能力大小来考察，显然是片面的。为了全面衡量分子中各原子吸引电子的能力，鲍林在 1932 年首先提出了电负性的概念。他把氢的电负性指定为 2.2，经过相关计算，求出了其他元素的电负性。元素的电负性越大，表示原子在分子中对电子的吸引能力越强。通常采用的是鲍林的电负性数据，见表 4-8。

表 4-8 鲍林的元素电负性

H 2.18																	
Li 0.98	Be 1.57											B 2.04	C 2.55	N 3.04	O 3.44	F 3.98	
Na 0.93	Mg 1.31											Al 1.61	Si 1.90	P 2.19	S 2.58	Cl 3.16	
K 0.82	Ca 1.00	Sc 1.36	Ti 1.54	V 1.63	Cr 1.66	Mn 1.55	Fe 1.90	Co 1.88	Ni 1.91	Cu 1.90	Zn 1.65	Ga 1.81	Ge 2.01	As 2.18	Se 2.55	Br 2.96
Rb 0.82	Sr 0.95	Y 1.22	Zr 1.33	Nb 1.60	Mo 2.16	Tc 1.90	Ru 2.30	Rh 2.28	Pd 2.20	Ag 1.93	Cd 1.69	In 1.78	Sn 1.88	Sb 2.01	Te 2.10	I 2.66
Cs 0.79	Ba 0.98	Lu 1.27	Hf 1.30	Ta 1.50	W 2.36	Re 1.90	Os 2.20	Ir 2.20	Pt 2.28	Au 2.54	Hg 2.00	Tl 1.83	Pb 2.10	Bi 2.02	Po 2.00	At 2.20

注: 引自 M.Millian, Chemical and Physical Data(1992)。

根据元素的电负性大小，可以衡量元素的金属性和非金属性的强弱。一般来说，非金属元素的电负性大于金属元素。非金属元素的电负性大多在 2.0 以上，而金属元素的电负性多数在 2.0 以下。对于副族元素,它们的电负性没有明显的变化规律,其金属性和非金属性的变化规律也不明显。周期表中,除稀有气体外,右上角的氟的电负性最大,非金属性最强,而左下角的铯的电负性最小,金属性最强。

4.2 分子结构与化学键

物质是由分子组成的,分子又是保持物质化学性质的最小微粒。物质的化学性质取决于分子的性质,而分子的性质又与分子结构密切相关。因此,研究分子结构对于了解物质的性质及其变化规律具有十分重要的意义。本章将在原子结构的基础上,介绍原子的成键和分子的形成,重点讨论共价键、分子的构型和分子间作用力及氢键等。

4.2.1 化学键

分子(或晶体)之所以能稳定存在,是由于分子(或晶体)中相邻原子(或离子)之间存在着强烈的相互作用,这种存在于分子(或晶体)中相邻原子(或离子)间的强烈相互作用,称为**化学键**。化学键可分为离子键、共价键和金属键三种基本类型。下面分别介绍三种类型的化学键,以及有关键型变异现象。

4.2.2 离子键与离子化合物

(1)离子键的形成

当活泼的金属原子与活泼的非金属原子相互靠近时,活泼金属原子容易失去电子变成带正电荷的金属阳离子,而活泼非金属原子容易得到电子变成带负电的阴离子而达到稳定的稀有气体结构,正、负离子靠静电引力的作用而相互吸引形成化合物。这种由正、负离子之间依靠静电引力形成的化学键叫做**离子键**。例如:

Cl 原子的核外电子排布为 $1s^2 2s^2 2p^6 3s^2 3p^5$,得到 1 个电子后变为 Cl^-,其核外电子排布为 $1s^2 2s^2 2p^6 3s^2 3p^6$。从而达到了稀有气体原子的稳定结构。

K 原子的核外电子排布为 $1s^2 2s^2 2p^6 3s^2 3p^6 4s^1$,失去 1 个电子后变为 K^+,其核外电子排布为 $1s^2 2s^2 2p^6 3s^2 3p^6$,达到了稀有气体原子的稳定结构。

K^+ 和 Cl^- 在静电引力的作用下以离子键的形式结合形成 KCl。

$$K^+ + Cl^- \longrightarrow KCl$$

生成离子键的条件是金属原子和非金属原子的电负性相差较大,一般要大于 2.0 左右,这样才能形成阴阳离子。由离子键形成的化合物叫**离子化合物**。如大多数碱金属和碱土金属的卤化物都是典型的离子化合物。

(2)离子键的主要特征

① 离子键的本质是静电引力 金属阳离子与非金属阴离子之间可以通过静电引力作用结合在一起而形成金属键,所以离子键的本质是静电引力。离子的电荷越大,离子间的距离越小,则离子间的引力越强。

② 离子键没有方向性 由于阴、阳离子的电荷分布是球形对称的,因而只要条件许可,它可以在空间任何方向与带相反电荷的离子相互吸引,所以说离子键是没有方向性的。

③ 离子键没有饱和性 带有相反电荷的离子相互接近就可以产生静电引力，所以说离子键是没有饱和性的。值得注意的是，由于离子周围空间的限制，"离子键没有饱和性"并不是指一种离子的周围所排列的相反电荷的离子数目是无限度的。

（3）离子的结构特征

离子型化合物的性质与离子键的强弱有关，而离子键的强度是由离子所带的电荷数、离子的电子层构型和离子半径决定的。下面讨论这些因素对离子强度的影响。

① 离子的电荷 离子的电荷就是相应原子失去或者得到的电子数。对于阳离子来说，其电荷就是金属原子失去的电子数，而阴离子就是非金属原子得到的电子数。离子的电荷数越大，对带相反电荷的离子的吸引力越强，离子键的强度就越大，形成的离子型化合物的熔点也越高。例如，大多数碱土金属离子 M^{2+} 的盐类的熔点比碱金属离子 M^+ 的盐类高。

② 离子的电子层构型 简单阴离子的电子构型都是 8 电子型，如 F^-、Cl^-、S^{2-}；但阳离子的电子层构型比较复杂，分为以下几种。

2 电子层构型：最外层电子构型为 ns^2，如 Li^+、Be^{2+} 等。

8 电子层构型：最外层电子构型为 $ns^2 np^6$，如 Na^+、Mg^{2+} 等。

18 电子层构型：最外层电子构型为 $ns^2 np^6 nd^{10}$，如 Cu^+、Ag^+ 等。

（18＋2）电子层构型：次外层为 18 个电子、最外层为 2 个电子，电子构型为：$(n-1)s^2 (n-1)p^6 (n-1)d^{10} ns^2$，如 Pb^{2+}、Sn^{2+} 等。

9～17 电子层构型：最外层电子数为 9～17 电子，电子构型为 $ns^2 np^6 nd^{1\sim9}$，如 Cr^{3+}、Fe^{3+} 等。

离子的电子构型对离子键的强度有一定的影响，因此对离子化合物的性质也有一定的影响。一般情况下，当离子电荷和半径大致相同时，不同构型的正离子对同种负离子结合力的大小顺序为：

8 电子层构型的离子 < 9～17 电子层构型的离子 < 18 或（18＋2）电子层构型的离子。

如 Na^+、K^+ 为 8 电子层构型，Cu^+、Ag^+ 为 18 电子层构型，它们与 Cl^- 形成的化合物的性质有很大的差别，如 $NaCl$、KCl 易溶于水，而 $CuCl$ 和 $AgCl$ 则难溶于水。

③ 离子半径 离子半径是指离子在晶体中的接触半径。可以利用 X 射线衍射法测定阴离子和阳离子的核间距，并假定阴离子和阳离子的平衡核间距为阴离子和阳离子的半径之和，如果已知一个离子的半径，就可求出另一个离子的半径。

由于离子半径是决定离子间引力大小的重要因素，因此离子半径的大小对离子化合物的性能有显著影响。例如，离子半径越小，离子间引力越大，离子化合物的熔、沸点也就越高。

4.2.3 共价键与共价化合物

离子键理论能很好地说明离子化合物，如 NaCl 等的形成和性质。但这一理论不能解释由同种原子组成的单质分子如 N_2 等或由金属性、非金属性相差不大的元素原子所构成的分子。为了说明这类分子中的化学键，1916 年美国化学家路易斯（G. N. Lewis）建立了共价键理论。

该理论认为，分子中原子间可以通过共用电子对使每个原子都达到具有稳定的稀有气体的电子结构。原子间通过共用电子对形成共价键。但共价键理论对为什么会形成共用电子对以及共价键的本质不能做出解释，而且有些分子的中心原子的核外层电子数虽然小于

8或大于8也仍然稳定存在的事实，这一理论都不能做出回答，更不能说明分子的空间构型等问题。1927年海特勒（W. Heiler）和伦敦（F. London）用量子力学的成就来处理氢分子结构，阐明了共价键的本质。随后鲍林（L. Pauling）和斯莱脱（J. C. Slater）等发展了这一成果，建立了现代价键理论和杂化轨道理论。下面分别简单介绍这些理论。

（1）价键理论

1）共价键的形成和本质   1927年，海特勒和伦敦用量子力学的理论处理了氢分子的形成过程，得到 H_2 分子的能量 E 与核间距离 R 之间的关系曲线，如图4-10所示。两个氢原子各自带有自旋方向相反的1s电子，核间距离 R 与能量 E 变化如图中的 E_B 曲线所示。当它们相互靠近时，两个氢原子所含有的能量逐渐降低至最低点，此点形成的 H_2 分子最稳定；如果两个氢原子进一步靠近，能量迅速升高，则不能形成稳定的氢分子。这主要是由于1s电子不仅受到自身原子核的吸引，同时还受到另一个氢原子核的吸引，这时2个

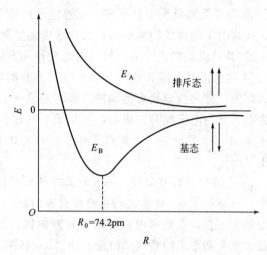

图4-10 H_2 分子能量 E 与核间距 R 的关系

1s轨道发生重叠，核间电子概率密度增加［见图4-11（a）］，核对电子的吸引力增强，系统能量降低，当到达距离 R_0 时，能量达到最低值，从而形成稳定的化学键。轨道重叠越多，能量越低，键就越牢固。继续靠近，由于核间斥力增加，系统能量升高，处于不稳定状态，这说明2个氢原子在平衡距离 R_0 处可以形成稳定的化学键。

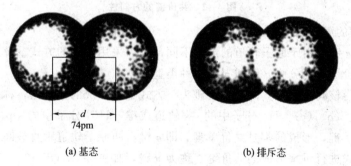

(a) 基态   (b) 排斥态

图4-11 H_2 分子形成示意

如果两个氢原子的电子自旋方向相同，当它们靠近时，两核间电子概率密度几乎为0，核间斥力增大，系统能量升高，处于不稳定状态，靠得越近能量越高，如图4-10的 E_A 曲线和图4-11（b）图所示，不能形成稳定的化学键。

2）价键理论要点

1930年，美国化学家鲍林等人把对 H_2 分子形成的研究加以发展从而建立了现代价键理论，包括以下三方面内容。

① 电子配对原则   两个含有自旋相反、未成对电子的原子相互靠近时，可以互相配

对形成稳定的共价单键，这对电子为两个原子所共有。如果成键两原子各有一个自旋反向的未成对电子，则可互相配对，形成稳定的共价单键。如果各有两个或三个自旋反向的未成对电子，则可以两两配对，形成共价双键或叁键。

② 能量最低原理　两个自旋方向相反的未成对电子之所以能配对是因为配对以后位能降低，从而使系统稳定。

③ 原子轨道最大重叠原理　成键电子的原子轨道重叠越多，两核间电子概率密度越大，成对电子对两核的吸引力最大，系统能量最低，键最牢固。

3）共价键的特点　共价键具有饱和性和方向性。

① 共价键具有饱和性　当分子以共价键的形式成键时，每个原子形成共价键的数目是固定的，即共价键具有**饱和性**。也就是说一个原子中有几个未成对电子就只能和几个自旋方向相反的电子配对。例如，氢原子中只有 1 个未成对电子，在形成 H_2 分子时只能形成 1 个 H—H 共价键。而氮原子有 3 个未成对电子，所以必须和 3 个氢原子成键而生成 NH_3 分子。

② 共价键具有方向性　除 s 轨道是球形对称外，p、d、f 轨道在空间都有一定的伸展方向，所以除了 s-s 轨道之间重叠没有方向，s-p、p-p 等都需要沿着一定的方向成键才能满足最大重叠，也就是说共价键具有**方向性**。如图 4-12 所示，图（a）表示 $s-p_x$ 轨道发生最大重叠而形成的稳定共价键；图（b）和图（c）表示原子轨道没有满足最大程度的有效重叠，不能形成共价键。这体现了共价键的方向性。

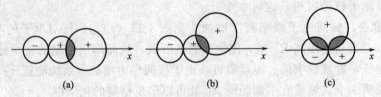

(a)　　　　　　(b)　　　　　　(c)

图 4-12　共价键的方向性

4）共价键的键型

① σ 键和 π 键　由于原子轨道的形状不同，可以采用不同的方式重叠成键。根据重叠方式不同，共价键可以分为 σ 键和 π 键两种类型。

原子轨道沿核间连线的方向以"头碰头"方式重叠形成的共价键，称为 σ **键**，例如图 4-13 中的（a）、（b）（c）。H_2 分子中的 s-s 轨道成键，HCl 分子中的 $s-p_x$ 轨道成键、Cl_2 分子中的 p_x-p_x 键，形成的都是共价单键，即 σ 键。两原子轨道垂直核间连线并相互平行以肩并肩的方式进行重叠形成的共价键，称为 π **键**，如图 4-13（d）。

例如组成 N_2 分子的 N 原子，p 轨道有 3 个未成对电子可以两两配对形成 3 个共价

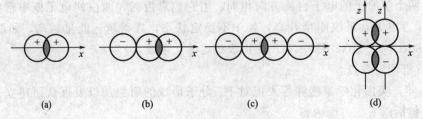

(a)　　　　　(b)　　　　　(c)　　　　　(d)

图 4-13　σ 键和 π 键示意

键，即叁键。由于三个 p 轨道的伸展方向是相互垂直的，其中一对 p 轨道以"头碰头"的方式形成 σ 键，其他两对 p 轨道由于受到伸展方向的限制，只能以"肩并肩"方式重叠形成 π 键，如图 4-14。

② 配位键　前面所讨论的共价键的共用电子对都是由成键的两个原子分别提供的，也可以由一个成键原子单独提供。这种由一个原子单独提供共用电子对而形成的共价键称为**配位共价键**，简称**配位键**。配位键用箭号"→"表示，箭头方向由提供电子对的原子指向接受电子对的原子，例如前面讲的配位化合物 $[Cu(NH_3)_4]^{2+}$，Cu^{2+} 的电子构型是 $1s^2 2s^2 2p^6 3s^2 3p^6 3d^9$，它的 4s 和 4p 是空轨道，可以接受 NH_3 的配位原子 N 上的孤对电子，而形成配位键。

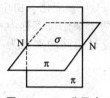

图 4-14　N_2 分子中的叁键示意

$$Cu^{2+} + 4NH_3 \longrightarrow \left[NH_3 \rightarrow \underset{\underset{NH_3}{\uparrow}}{\overset{\overset{NH_3}{\downarrow}}{Cu}} \leftarrow NH_3 \right]^{2+}$$

5）键参数

键参数是表征共价键性质的物理量，常见的共价键参数有键能、键长、键角等。

① 键能　在标准状态下，使 1mol 的气态分子 AB（g）解离成气态原子 A 和原子 B 所需要的能量，称为**键解离能**，用符号 E_b 表示，单位为 $kJ \cdot mol^{-1}$。

对于双原子分子来说，键能就是键解离能（D），此时 $E_b = D$。例如，

$$H_2(g) \longrightarrow 2H(g) \qquad E_b = D = 436kJ \cdot mol^{-1}$$

对于多原子分子来说，需要断裂其中的每一个键才能形成单个原子，因此解离能不等于键能。例如，NH_3 分子中有 3 个等价的 N—H 键，每个键的解离能不同。

$$NH_3(g) \longrightarrow NH_2(g) + H(g) \qquad D(NH_2—H) = 427kJ \cdot mol^{-1}$$
$$NH_2(g) \longrightarrow NH(g) + H(g) \qquad D(NH—H) = 375kJ \cdot mol^{-1}$$
$$NH(g) \longrightarrow N(g) + H(g) \qquad D(N—H) = 356kJ \cdot mol^{-1}$$

由此可以看出，NH_3 分子中 N—H 键的键能就是 3 个键解离能 $D(NH_2—H)$、$D(NH—H)$ 和 $D(N—H)$ 的平均值。

$$E_b(N—H) = \frac{1}{3} \times [D(NH_2—H) + D(NH—H) + D(N—H)]$$
$$= 386kJ \cdot mol^{-1}$$

② 键长　成键原子的核间平衡距离称为**键长**。一般来说，两个原子之间形成的键长越短，表示键越强，形成的分子也越稳定。

③ 键角　在多原子分子中，键与键之间的夹角称为**键角**。键角的数据可通过光谱和衍射实验测得。

键角和键长是表征分子几何构型的重要参数，如果已经知道了分子中的键长和键角，分子的几何构型也就确定了。

（2）杂化轨道理论

为了解释多原子分子的空间构型，即分子中各原子在空间的几何构型，1931 年鲍林提出了轨道杂化理论，进一步推动了价键理论的发展。

1）杂化轨道理论的基本要点

在形成分子的过程中，若干不同类型、能量相近的原子轨道重新组合成一组新轨道。这种轨道重新组合的过程称为**杂化**，所形成的新轨道叫做**杂化轨道**。

杂化前后原子轨道的总数不变，但杂化后原子轨道的伸展方向、形状发生了改变，使

杂化轨道更利于轨道间的重叠，即成键能力更强，因此原子轨道经杂化后生成的键更牢固，生成的分子更稳定。

2）杂化轨道的类型与分子的空间构型

① sp 杂化　由中心原子的 1 个 s 轨道和 1 个 p 轨道参与的杂化称为 **sp 杂化**，所形成的两个杂化轨道称为 **sp 杂化轨道**。每个 sp 杂化轨道含有 1/2 的 s 成分和 1/2 的 p 成分，杂化轨道间的夹角为 $180°$，如图 4-15 所示。

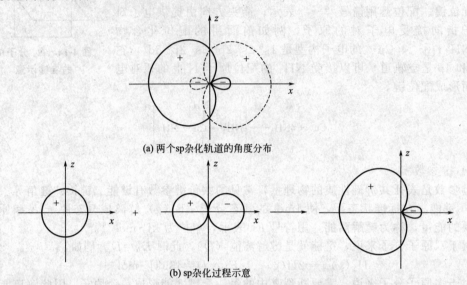

(a) 两个sp杂化轨道的角度分布

(b) sp杂化过程示意

图 4-15　sp 杂化轨道的角度分布和 sp 杂化过程示意

例如气态 $BeCl_2$ 分子的几何构型是直线形，Be 原子与 Cl 原子形成的 2 个 Be—Cl 键键长相等，键角 $180°$。

在形成 $BeCl_2$ 时，中心原子 Be 采用 sp 杂化。基态 Be 的外层电子构型为 $2s^2$，成键时 Be 的 2s 轨道上的 1 个电子激发到一个空的 2p 轨道上，与此同时，1 个 s 轨道与 1 个 p 轨道进行杂化，形成两个 sp 杂化轨道。

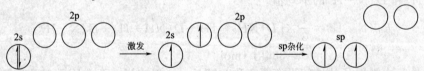

② sp^2 杂化　由中心原子的 1 个 s 轨道和 2 个 p 轨道参与的杂化称为 **sp^2 杂化**，所形成的 3 个杂化轨道称为 **sp^2 杂化轨道**。每个 sp^2 杂化轨道含有 1/3 的 s 成分和 2/3 的 p 成分，杂化轨道间的夹角为 $120°$，空间构型为平面三角形，如图 4-16 所示。

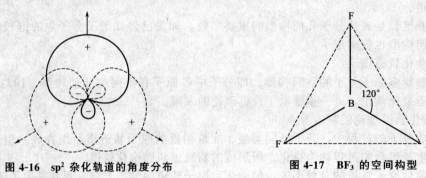

图 4-16　sp^2 杂化轨道的角度分布

图 4-17　BF_3 的空间构型

例如气态 BF_3 分子的几何构型为平面三角形（见图 4-17），B 原子位于三角形的几何中心，3 个 B—F 键完全相同，键角 120°。中心原子 B 的电子构型为 $2s^2 2p^1$，成键时 B 原子 2s 轨道上的 1 个电子激发到一个空的 2p 轨道上，与此同时，1 个 s 轨道与 2 个 p 轨道进行杂化，形成 3 个 sp^2 杂化轨道。

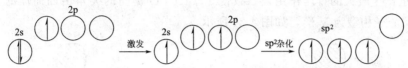

③ sp^3 杂化　由中心原子的 1 个 s 轨道和 3 个 p 轨道参与的杂化称为 **sp^3 杂化**，所形成的 4 个杂化轨道称为 **sp^3 杂化轨道**。每个 sp^3 杂化轨道含有 1/4 的 s 成分和 3/4 的 p 成分，杂化轨道间的夹角为 109.5°（或 109°28′），空间构型为正四面体，如图 4-18 所示。

例如甲烷 CH_4 空间构型为正四面体（见图 4-19），键角为 109.5°。在形成 CH_4 时，C 原子采取 sp^3 杂化，中心原子 C 的外层电子构型是 $2s^2 2p^2$，成键时 C 原子 2s 轨道上的 1 个电子激发到空着的 2p 轨道上，与此同时，1 个 s 轨道与 3 个 p 轨道进行杂化，形成 4 个 sp^3 杂化轨道。

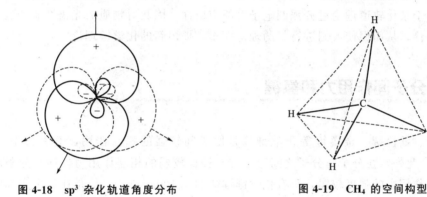

图 4-18　sp^3 杂化轨道角度分布　　　　图 4-19　CH_4 的空间构型

④ 不等性杂化　前面讨论的 sp、sp^2 和 sp^3 杂化轨道，每一个杂化轨道中所含 s 成分都相等，所含 p 成分也相等，称为**等性杂化轨道**。如果某几个杂化轨道中已含有孤对电子，一并参与成键，则各杂化轨道中的 s 成分不相等，所含 p 成分也不相等，这种杂化轨道称为**不等性杂化轨道**。

NH_3 和 H_2O 分子属于 sp^3 不等性杂化。

NH_3 键角为 107°18′，与 CH_4 分子键角 109°28′ 很接近，此时 N 原子是 sp^3 不等性杂化（见图 4-20）。N 原子的价电子构型为 $2s^2 2p^3$，s 轨道有 1 对孤对电子，因此，4 个 sp^3 杂化轨道中 3 个含有未成对电子，1 个轨道含有 1 对孤对电子。其中的 3 个含有未成对电子的杂化轨道分别与 3 个 H 原子的 1s 轨道重叠生成 3 个 σ 键。被孤对电子所占据的杂化轨道不参与成键，其所含 s 轨道成分比另 3 个杂化轨道多，更靠近 N 原子，对另外 3 组成键轨道产生较强的排斥作用，致使 3 个 N—H 键间的夹角由四面体的 109°28′ 变为 107°18′，分子构型为三角锥形。

H_2O 分子中的 O 原子也是 sp^3 不等性杂化。O 原子的价电子构型为 $2s^2 2p^4$，s 和 p 轨道各有 1 对孤对电子，因此 4 个 sp^3 杂化轨道中有 2 个未成对电子分别与 H 原子成键；剩下的 2 个孤电子对不参与成键，含有较高的 s 成分，离核较近，对另 2 个参与成键的 sp^3 杂化轨道产生较大的排斥作用，以致使 2 个 H—O 键间的夹角由四面体的 $109°28'$ 变为 $104°31'$，分子构型为 V 形，如图 4-21 所示。

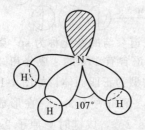

图 4-20 NH_3 分子空间构型示意

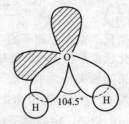

图 4-21 H_2O 分子空间构型示意

杂化轨道理论直观、简洁，成功地解释了分子中原子键合的情况，解释了分子的构型，但是由于杂化轨道理论过分强调电子对的定域性，因此对物质的光谱性质和磁性质等还是无法解释，从而促使人们进行新的理论探索，提出新的化学键理论。

4.3   分子间作用力和氢键

离子键、共价键、金属键等化学键都是原子间较强的相互作用，键能为 $100 \sim 800$ $kJ \cdot mol^{-1}$。此外，在分子与分子之间存在着一种比较弱的相互作用力，称为**分子间作用力**。分子间作用力的强度较弱，只有化学键键能的 $1/100 \sim 1/10$。但是在许多实际问题中却起着重要作用。例如，分子间作用力是决定物质的熔点、沸点、溶解度等物理性质的主要因素。由于分子间作用力最早是由荷兰物理学家范德华（Van der Waals）提出的，因此也称**范德华力**。

分子间作用力除了与分子的结构有关外，也与分子的极性有关，下面先讨论分子的极性问题。

4.3.1   分子的极性和偶极矩

（1）分子的极性

分子中有带正电荷的原子核和带负电荷的电子，由于原子核和电子所带电荷数值相等，电性相反，因此分子是电中性的。但在不同分子中，正电荷和负电荷的分布也会有所不同。设想分子中有一个"正电荷中心"和一个"负电荷中心"，如果分子的正、负电荷中心重合，则为**非极性分子**，见图 4-22（a）；如果正、负电荷中心不重合，则为**极性分子**，见图 4-22（b）。

双原子分子的极性与共价键的极性是一致的。例如 O_2、Cl_2、N_2 等的共价键没有极性，为非极性分子。HCl、HF 等分子的共价键有极性，分子为极性分子。

多原子分子的极性与共价键的极性和分子的空间构型有关。如果分子中的共价键是极

| (a) | (b) |

图 4-22　非极性分子与极性分子示意

性键，但分子的空间构型是完全对称的，则正电荷中心与负电荷中心重合，为非极性分子。例如，CH_4 中的 C—H 键是极性键，但是 4 个 H 位于正四面体的四个顶角上，是对称分子，整个分子的正、负电荷中心重合在一起，故 CH_4 为非极性分子。如果分子中的共价键为极性键，且分子的空间构型不对称，则正、负电荷中心不重合，为极性分子。例如，H_2O 中的 O—H 键是极性键，H_2O 分子的空间构型是 V 形，是非对称分子，导致正、负电荷中心无法重合，因此 H_2O 为极性分子。

（2）偶极矩

分子极性的强弱，通常用偶极矩来定量衡量：偶极矩（μ）定义为分子中正、负电荷重心间的距离（d）和正（负）电荷中心所带电量（q）的乘积：

$$\mu = q \times d \tag{4-9}$$

偶极矩（μ）是矢量，其方向是由正电荷重心指向负电荷重心，单位是 C·m，是由实验测出的。表 4-9 列出某些分子的偶极矩。

表 4-9　一些分子的偶极矩

分子式	$\mu/10^{-30} C \cdot m$	分子式	$\mu/10^{-30} C \cdot m$
H_2	0	SO_2	5.33
N_2	0	H_2O	6.17
CO_2	0	NH_3	4.90
CS_2	0	HCN	9.85
CH_4	0	HF	6.37
CO	0.40	HCl	3.57
$CHCl_3$	3.50	HBr	2.67
H_2S	3.67	HI	1.40

4.3.2　分子间力

（1）分子的极化

任何分子都有正、负电荷重心。当分子在外电场的作用下发生正、负电荷重心的相对位移时，分子发生变形，这个过程叫**分子的极化**。例如非极性分子 I_2，正、负电荷重心是重合的，但在外电场作用下，正、负电荷重心被拉开，发生变形并产生偶极，这就叫**诱导偶极**。值得注意的是，一旦外电场除去，偶极也随之消除。对于极性分子，由于正、负电荷中心不重合，其本身就产生了偶极，这种本身所具有的偶极叫**固有偶极**。

无论是极性分子还是非极性分子，在外加电场的作用下都会产生一定的变形，致使分子间存在相互作用，一般包括三部分：取向力、诱导力和色散力。

（2）分子间作用力

1）取向力

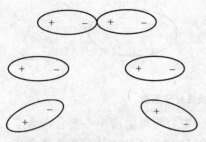

图 4-23　极性分子相互作用示意

当极性分子相互靠近时，它们的固有偶极由于同极相斥，异极相吸，使分子按异极相邻的方向取向而产生的分子间力，叫做**取向力**，如图 4-23 所示。

取向力的大小与分子的偶极矩有关，偶极矩越大，取向力越大。此外，温度越高，分子取向越困难，取向力越小。

2）诱导力

当极性分子和非极性分子靠近时，非极性分子在极性分子固有偶极的作用下，发生极化而产生变形，导致非极性分子的正、负电荷重心不相重合而产生**诱导偶极**（见图 4-24），随之相互吸引。这种固有偶极与诱导偶极间的作用力，叫做**诱导力**。

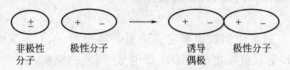

图 4-24　极性分子与非极性分子相互作用示意

分子的固有偶极越大，诱导力越大；分子越易变形，诱导力也越大。

极性分子之间，由于固有偶极的相互影响，也会产生诱导偶极，即极性分子之间也存在着诱导力。

3）色散力

非极性分子没有固有偶极，显然，不存在取向力和诱导力。但是，常温下 Br_2 是液体，I_2 是固体；在加压、降温时，Cl_2、N_2、O_2 等也可液化。这说明非极性分子间也存在着相互作用力。

从统计观点看，非极性分子没有极性，但组成分子的正、负微粒总是在不断地运动着，正、负电荷重心会发生瞬间的偏离，产生**瞬时偶极**。瞬时偶极能使邻近的分子异极相邻（见图 4-25）。这种瞬时偶极之间的作用力，叫做**色散力**。

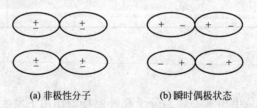

(a) 非极性分子　　　　　　(b) 瞬时偶极状态

图 4-25　非极性分子与非极性分子相互作用示意

尽管瞬时偶极存在的时间极短，但却不断出现，异极相邻的状态也时刻出现。因此，色散力始终存在着，而且普遍存在于各种类型的分子之间。

色散力的大小，取决于分子的变形性。在组成、结构相似的物质中，相对分子质量越大，分子的变形性也越大，色散力随之增大。

综上所述，极性分子与极性分子间存在取向力、诱导力和色散力；极性分子与非极性分子之间存在诱导力和色散力；而非极性分子间仅存在色散力。其中，色散力是主要的，取向力次之，诱导力最小，只有极性很强而变形性又很小的分子（如 H_2O），其取向力才是主要的（见表4-10）。

表4-10 分子间的吸引作用

分子	取向力/kJ·mol^{-1}	诱导力/kJ·mol^{-1}	色散力/kJ·mol^{-1}	总和/kJ·mol^{-1}
H_2	0	0	0.17	0.17
Ar	0	0	8.49	8.49
Xe	0	0	17.41	17.41
CO	0.003	0.008	8.74	8.75
HCl	3.30	1.10	16.82	21.22
HBr	1.09	0.71	28.45	30.25
HI	0.59	0.31	60.54	61.44
H_2O	36.36	1.92	9.00	47.2

（3）分子间力对物质物理性质的影响

① 对熔、沸点的影响　物质的熔化与汽化，需要吸收能量克服分子间力（指共价型物质）。分子间力越大，物质的熔、沸点越高。由于色散力是主要的分子间力，因此，组成、结构相似的物质，其熔、沸点随相对分子质量的增大而升高。例如，稀有气体从He到Xe、卤素分子从F_2到I_2，熔、沸点依次升高。

② 对互溶性的影响　人们从大量的实验事实总结出"相似相溶"的规律，即"结构相似的物质（溶质和溶剂），易于互相溶解"、"极性相似的物质（溶质和溶剂）易于相互溶解"，即极性分子易溶于极性溶剂中，非极性分子易溶于非极性溶剂中。这是由于溶解前后，分子间力变化较小的缘故。

4.3.3　氢键

在许多分子间还存在着与分子间力大小相当的另外一种力——氢键。当H原子与电负性较大、半径较小的原子X（通常为F、O、N等）形成X—H共价键时，密集于两核间的电子云强烈地偏向X原子而使氢带正电，H原子几乎变成了"裸露"的质子，而能与另一个电负性大，半径较小的并含有孤对电子的原子Y（如F、O、N等）产生强烈的吸引作用而形成一种极弱的键，这种键就是**氢键**。氢键常用X—H…Y表示，其中X—H是强极性共价键，H…Y代表氢键。X和Y可以是同种原子，也可以是不同种原子。氢键可以存在于两个分子中，也可以在同一个分子中。例如HF分子，由于F的电负性（3.98）远远大于H的电负性（2.18），H—F键中的共用电子对强烈偏向于F一侧，使H的原子核几乎裸露出来，而F原子上还有孤对电子，它可以与另一个HF分子中H的"裸露"氢核之间形成强烈的吸引而产生氢键F…H，如图4-26所示。

正是这种氢键的存在，使HF的沸点比同族其他元素的氢化物高得多，且HF的酸性比其他氢卤酸要小。

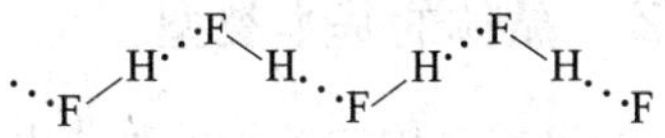

氢键的本质基本上属于静电吸引作用，其键

图4-26　HF分子间氢键

能一般要比共价键弱，比分子间力稍强，在10～42kJ·mo^{-1}范围内，但在某些蛋白质分子内，一些超级氢键的键能可达到100kJ·mol^{-1}，接近共价键的键能。

氢键的存在，会对物质的性质产生一定的影响。

① 对熔点和沸点的影响　分子间氢键的存在，使熔、沸点升高。因为物质在熔化或

汽化时，不仅要克服分子间力，还额外要破坏氢键。例如，H_2O、HF、NH_3 的熔、沸点与同族元素的氢化物相比，反常地升高。

② 对溶解度的影响　在极性溶剂中，若溶质分子和溶剂分子之间存在分子间氢键，则溶质的溶解度增大，所以氨极易溶解在水中，乙醇、乙酸等可以与水混溶。

4.4 晶体结构

固体的结构大致上可区分为晶体和非晶体（无定形固体）。日常生活中看到的大多数固体如玻璃、塑料、生物体等都是无定形固体。它们内部的微粒是完全无秩序分布的，而晶体的内部质点排列是有固定规律的，具有规则几何外形，自然界中的固体大部分是晶体，例如氯化钠、石英、方解石等。

4.4.1 晶体的特征

晶体是内部结构有规则排列的固体，其内部的周期性结构，使得晶体具有一些共同的特征。

① 构成晶体的内部质点有序和有规律性的排列，使得晶体具有整齐、规则的几何外形。

② 晶体内不同方向上微观粒子排列的周期长短不同，致使晶体的许多物理性质，如力学性质、光学性质、热和电的传导性质等在晶体的各个方向测定时，其数值都不相同，呈现出各向异性。

③ 晶体具有固定的熔点，而非晶体如玻璃等受热时逐渐软化，最后变为液体。

晶体的上述三个特征，是其内部结构的反映，组成晶体的质点（分子、原子、离子）以确定位置的点在空间作有规则的排列。若把晶体中规则排列的微粒抽象为几何学中的点，这些点的总和称为**空间点阵**。如果沿着三维空间的方向，把点阵中各相邻的点按照一定的规则连接起来，就可以得到描述晶体内部结构的具有一定几何形状的空间格子，称

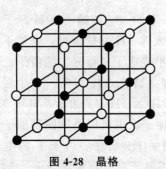

图 4-28　晶格

为**晶格**（见图 4-27）。

4.4.2 晶体的基本类型

根据组成晶体的粒子的种类及粒子之间作用力的不同，可将晶体分为金属晶体、离子晶体、分子晶体和原子晶体 4 种基本类型，自然界中还存在介于它们之间的过渡型晶体。

（1）金属晶体

金属晶体的晶格上占据的粒子是金属原子或金属正离子。金属晶体是靠金属正离子和自由电子之间的相互吸引作用结合成一个整体的，这种结合作用就是**金属键**。金属晶体中没有孤立存在的分子，金属单质的化合物通常用元素符号表示，如 Al、Cu 等。

为了说明金属键的本质，目前有两种主要的理论——自由电子理论和能带理论。这里只简要介绍金属键的自由电子理论。

自由电子理论认为，金属原子极易失去电子变成金属正离子，所以金属晶体内晶格结点上排列的微粒为金属原子和金属正离子。从金属原子脱离下来的电子为整个晶体内的金属原子、金属正离子所共有，并能在它们之间自由运动，故称为自由电子。金属离子亦有结合电子成为金属原子的趋势。这样，金属原子或金属离子"胶合"在一起形成了金属晶体自由电子，从而形成了金属键。但是金属键与一般的共价键不同，它没有方向性和饱和性。

自由电子理论可以很好地说明金属的一些通性。在金属晶体中运动的自由电子，几乎可以吸收所有波长的可见光，随即又发射出来，因而金属都具有金属光泽。在外电场的作用下，自由电子可以沿着外电场的方向流动而产生电流，因而金属具有良好的导电性。金属有良好的导热性能，这是因为当金属的某一部分受热时，该部分的原子或离子的运动得到加强，而自由电子的快速运动可以把与原子或离子碰撞交换的能量快速地传递给相邻的原子或离子，使热扩散到金属的其他部分，很快使金属整体温度均一化。

（2）离子晶体和离子极化

正、负离子通过离子键的相互作用而结合在一起的化合物是**离子型化合物**，其固态晶体称为**离子晶体**。离子晶体的晶格点上排列的粒子是正、负离子。如氯化钠就是典型的离子晶体，其晶格点上排列的是 Na^+ 和 Cl^-。

1）离子晶体的特征

在离子晶体中晶格点上交替排列着正离子和负离子，正、负离子之间靠静电引力（离子键）作用。由于这种静电作用较强，因此离子晶体具有较高的熔、沸点和较大的硬度。固态时离子晶体中的离子只能在平衡位置附近振动，不能自由移动，因此不能导电。但是当离子晶体处于熔融状态或溶解在水中时，由于离子能自由移动，因此具有良好的导电性。离子键的强极性，使大多数离子晶体易溶于极性溶剂，如水。

2）离子键没有饱和性和方向性

这是因为正、负离子在空间的各个方向上吸引异号离子的能力相同，只要空间条件允许，每一个离子都可以吸引尽可能多的带相反电荷的离子。但是，由于正、负离子都有一定的体积，因此限制了邻接异号离子的数目。

在离子晶体中，与每个离子邻接的异号离子数称为该离子的配位数。例如，Cs^+ 的半径比 Na^+ 的大，在 NaCl 晶体中 Na^+ 的配位数是6，在 CsCl 晶体中 Cs^+ 的配位数是8，可见配位数主要决定于正负、离子半径的相对大小。另外，NaCl 晶体中每个 Na^+ 不仅受到相邻的六个 Cl^- 的吸引，还受稍远一些的 Na^+ 的排斥以及更远一些的 Cl^- 的吸引等，这也说明离子键没有饱和性。

3）晶格能

在标准状态下，按照下列化学计量方程式，使晶体变为气态正离子和负离子时所吸收的能量称为**晶格能**，用符号 U 表示，单位为 $kJ \cdot mol^{-1}$。

$$M_a X_b (s) \longrightarrow a M^{b+} (g) + b X^{a-} (g)$$

离子键越强，则晶格能越大，离子晶体的熔点就越高，硬度也大。晶格能的大小，与离子电荷数、正负离子半径、离子晶体种类等因素有关。

4）离子的极化

前面介绍了分子的极化，离子也有极化。在离子化合物中，正、负离子在自身电场作用下，对相邻的离子产生诱导作用，使周围正、负离子电荷中心不重合，产生诱导偶极，致使物质在结构和性质上发生相应的变化。

离子和分子一样，也有变形性。对于孤立的简单离子来说，离子的电荷分布基本上是呈球形对称的，离子本身正、负电荷中心是重合的，不存在偶极。但是在离子晶体中，正离子和负离子作为带电离子，在它们周围都有相应的电场。所以电荷相反的离子相互接近时就有可能发生极化。而这种被异号离子极化而产生变形的作用，称为该离子的**极化作用**，发生离子电子云变形的性能，称为该离子的**极化率**（见图 4-28）。

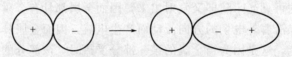

图 4-28　离子的极化和变形

离子中的电子被核吸引得越不牢，离子的极化率越大。极化率是离子变形的一个量度。离子半径越大，极化率越大。一般负离子的极化率比正离子的大。正离子带电荷较大，其极化率较小；负离子带电荷越多，则极化率越大。因此，在处理离子的相互极化时，一般考虑阴离子的极化率和阳离子的极化力。下面讨论影响离子极化力及极化率（变形性）的一些因素。

① 离子的极化力与离子的电荷、半径以及构型有关。离子所带电荷越高，产生的电场强度越大，极化力也越大，如 $Na^+ < Mg^{2+} < Al^{3+}$。

带相同电荷且电子层构型相似的阳离子，其半径越小，极化力越强，如 $Mg^{2+} > Ca^{2+} > Sr^{2+} > Ba^{2+}$。

对于电荷相同、半径相近的阳离子，其极化力的强弱与离子构型有如下关系：

（18＋2）电子构型，18 电子构型＞9～17 电子构型＞8 电子构型

例如，（Pb^{2+}、Sb^{3+}），（Ag^+、Hg^{2+}、Cu^+、Cd^{2+}）＞（Mn^{2+}、Fe^{3+}、Fe^{2+}）＞（Na^+、Ca^{2+}、Mg^{2+}）

② 离子的变形性与离子的半径、电荷及构型有关。对于外层电子数相同的离子，离子半径越大，外层电子受核的束缚就越小，离子越容易变形，如 $F^- < Cl^- < Br^- < I^-$。

5）离子极化对物质结构和性质的影响

① 离子极化对化学键键型的影响　正、负离子间如果不存在相互极化作用，将形成纯粹的离子键。但是由于正、负离子所带异性电荷的相互吸引作用而使正、负离子的电子云发生变形，使原子轨道产生不同程度的重叠而带有一定的共价键成分，即由原来的离子键向共价键过渡（见图 4-29）。离子间的相互极化作用越强，正、负离子的电子云的变形就越大，从而轨道的重叠也就越大，共价键的成分就越多。

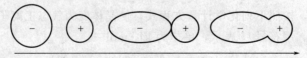

离子极化作用增强

图 4-29　离子极化示意

表 4-11 列出了离子极化对卤化银的键长等的影响情况。Ag^+ 属于 18 电子构型,其极化力和变形性都较大。卤素阴离子半径从 F^- 到 I^- 依次增大,其变形性也逐渐变大,离子间的极化作用逐渐增强。因此,变形性小的 F^- 与 Ag^+ 间以离子键结合。随着卤素离子半径不断增加,其变形性也不断增加,共价键成分逐渐增多,到 AgI 已经是共价键的键型了。

表 4-11 离子极化对卤化银的影响

卤化银	AgF	AgCl	AgBr	AgI
阴、阳离子半径之和/pm	248	298	311	335
实测半径之和/pm	268	277	289	281
键型	离子键	过渡型	过渡型	共价键
溶解度	易溶	1.77×10^{-10}	5.35×10^{-13}	8.52×10^{-17}

② 离子极化对物质溶解度的影响　由于极化作用使键型由离子键向共价键过渡,导致键的极性逐渐减弱,在水中的溶解度也随之降低(见表 4-11)。

(3) 原子晶体和分子晶体

① 原子晶体　原子晶体的晶格结点是中性原子,原子之间是靠共价键结合的,因此原子晶体也叫共价晶体。原子晶体中,所有原子都通过共价键连接在一起,原子晶体中不存在单个独立的小分子,整个晶体就是一个大分子,晶体多大,分子也就多大,因此也没有确定的相对分子质量。

例如金刚石是典型的原子晶体。金刚石晶体中,晶格结点是由碳原子组成的。碳原子以 sp^3 杂化轨道成键,每一个碳原子都与周围的 4 个碳原子形成 4 个共价键,无数个碳原子通过共价键连接成三维空间的骨架结构。

② 分子晶体　在分子晶体中,晶格结点上的质点是分子(极性分子和非极性分子),质点间靠分子间作用力或氢键结合在一起。例如干冰、溴、碘等的晶体都属于分子晶体。

在分子晶体中,存在着单个的小分子。分子间通过较弱的分子间力形成分子晶体,因此分子晶体的硬度、熔点和沸点普遍较低,而且容易挥发。例如冰的熔点为 0℃。

分子晶体在固态和熔化状态时通常不导电,只有极性很强的分子晶体的水溶液导电。如 HCl 的水溶液,由于 HCl 在水中解离出 H^+ 和 Cl^- 而导电。

(4) 过渡型晶体

自然界中,除了上述 4 种基本类型的晶体外,还有一些链状结构和层状(片状)结构的混合型晶体。在这些晶体中微粒间的作用力不止一种,链内和链间、层内和层间的作用力并不相同,所以叫做**混合键型晶体**,又叫**过渡型晶体**。

石墨就是典型的混合键型晶体。在石墨晶体中,同层的碳原子都是 sp^2 杂化,每一个碳原子的 3 个 sp^2 杂化轨道都与相邻的碳原子以共价键相连接,因此键角为 120°,形成的正六边形相互连接而成平面层状结构,如图 4-30 所示。每个碳原子还有一个垂直于平面的未杂化的 2p 轨道,含有一个 2p 电子,这种平行的 p 轨道可以"肩并肩"地相互重叠,形成遍及整个平面层的离域 p 键,也叫大 p 键。由于大 p 键的离域性,电子能在同一层上自由移动,使石墨具有金属光泽和良好的导电导热性,在工业上用作石墨电极和石墨冷却器。又由于石墨晶体的层和层之间距离较远,靠分子间力联系起来,因此它们之间结合较弱,所以层与层之间易于滑动,工业上常用作润滑剂。

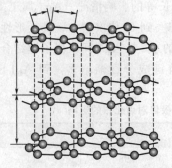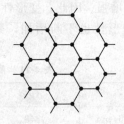

图 4-30　石墨的结构

石墨的应用领域十分广泛。因能导电、又有良好的化学稳定性，常作电解槽的阳极材料，又因其层间作用力弱，可用作飞机、轮船、火车等高速运转机械的润滑剂。石墨还是制造铅笔、油墨和人造金刚石不可缺少的原料。石墨在核工业中可用作原子反应堆中的中子减速剂和防护材料等。

1　原子发射光谱法（AES）

原子发射光谱法是利用试样中原子受外能激发后发射的特征光谱来检测元素的存在和含量的分析方法。一般简称为**发射光谱分析**。

发射光谱分析包括两个过程：光谱的获得过程和光谱的分析过程。为了获得光谱，一般必须经历下列步骤。

① 把被测物转变为气态并使其原子化（或离子化），再激发使其发射谱线，这一步骤称为蒸发、原子化及激发，是借助于激发光源来实现的。

② 把所有发射的具有各种波长的辐射分散为光谱，这一步骤称为分光，是借助于光谱仪的分光装置来实现的。

③ 对分光后得到的不同波长的辐射进行检测，这一步骤是借助于光谱仪的检测器来实现的。不同元素发射不同的谱线，根据光谱中是否存在某一元素的特征谱线可进行物质的定性分析；谱线的强弱与元素的含量有关，根据谱线的强度可进行物质的定量分析。

发射光谱分析早在 19 世纪 60 年代就已提出，在 20 世纪 30 年代得到迅速发展，是一种较古老的仪器分析方法，曾经在发现新元素、推进现代原子理论的建立、各种无机材料的分析等方面发挥了重要的作用。近几十年来，由于各种新光源、新元件、新技术的采用，给光谱分析注入了新的活力，使这一古老的方法经久不衰。

发射光谱分析具有灵敏度高、选择性好、精度高和分析速度快等优点。不足之处，一是一般只限于元素分析，主要用于分析金属和少量非金属，对典型的非金属元素，如卤素、氧、硫、氮、磷等，由于外层电子很难激发，不能用发射光谱分析法进行分析；二是对于高含量元素的定量分析误差较大；三是对于超微量元素的定量分析，灵敏度又嫌不够。

2　原子吸收光谱法（AAS）

原子吸收光谱法又称为原子吸收分光光度法，简称原子吸收法。它是利用从光源辐射出一束具有待测元素特征谱线的光，当其通过试样蒸气时，被蒸气中待测元素的基态原子所吸收,根据辐射特征谱线的光被减弱的程度(即被吸收的程度),可测定试样中待测元素的含量,此方法就是原子吸收光谱法。试样蒸气中待测元素的基态原子数目越多,则光被吸收得越多,待测元素的含量越大。例如,测定试液中铜离子的含量时,先将试液喷射成雾状进入燃烧火焰中,含铜盐的雾滴在火焰温度下挥发并离解成铜原子蒸气。用铜空心阴极灯作光源,它辐射出波长为324.7nm的铜的特征谱线的光,当通过一定厚度的铜原子蒸气时,部分光被蒸气中基态铜原子吸收而减弱;透过光通过单色器分光后,由检测器测得铜特征谱线光被减弱的程度,即可求得试样中铜的含量。

原子吸收现象早在19世纪就被发现,但长期以来,原子吸收现象仅局限于天体物理的研究和应用。作为一种分析方法,是1955年由澳大利亚人瓦尔什在其论文"原子吸收光谱在分析化学中的应用"一文中正式提出的。

近几十年来原子吸收光谱法得到了迅速发展。该分析方法已趋于成熟,被用于制定国家级标准。原子吸收光谱法具有灵敏度高,干扰少或易于消除,准确度高,应用范围广,操作简便、快速和易于实现自动化等优点。

虽然原子吸收光谱法具有众多优点,但也有局限性。如测定不同元素时,需要更换不同的元素灯,不利于多种元素的同时测定等。尽管如此,原子吸收光谱法仍是一种有效的测定手段,广泛应用于科研和生产的各个部门。

习题

一、选择题

1. 下列各组波函数中不合理的是（　　）。
   - A. $n=1$，$l=1$，$m=0$
   - B. $n=2$，$l=1$，$m=0$
   - C. $n=3$，$l=2$，$m=0$
   - D. $n=5$，$l=3$，$m=0$

2. 波函数的空间图形是（　　）。
   - A. 概率密度
   - B. 原子轨道
   - C. 电子云
   - D. 概率

3. 与多电子原子中电子的能量有关的量子数是（　　）。
   - A. n，m
   - B. l，m_s
   - C. l，m
   - D. n，l

4. 下列离子属于9～17电子构型的是（　　）。
   - A. Sc^{3+}
   - B. Br^-
   - C. Zn^{2+}
   - D. Fe^{3+}

5. 在HCl和He分子间存在的分子间作用力是（　　）。
   - A. 诱导力
   - B. 色散力
   - C. 氢键
   - D. 取向力

6. 下列化合物中,键的极性最弱的是（　　）。
   - A. $FeCl_3$
   - B. $AlCl_3$
   - C. $SiCl_4$
   - D. PCl_5

7. 下列分子属于极性分子的是（　　）。
   - A. PF_3和PF_5
   - B. SF_4和SF_6
   - C. PF_3和SF_4
   - D. PF_5和SF_6

8. 下列分子中偶极矩为零的是（　　）。
   - A. CO_2
   - B. CH_3Cl
   - C. NH_3
   - D. HCl

9. 下列过程需要克服的作用力为共价键的是（　　）。
   - A. NaCl溶于水
   - B. 液NH_3蒸发
   - C. 电解水
   - D. I_2的升华

10. 下列分子间可以形成氢键的是（　　　）。

A. CH_3CH_2OH B. $N(CH_3)_3$ C. CH_3COOCH_3 D. CH_3COCH_3

11. 下列分子采取 sp^3 不等性杂化，成键分子空间构型为三角锥形的是（　　　）。

A. SiH_4 B. PH_3 C. H_2S D. CH_4

12. 下列离子中，外层电子构型为 $3s^2 3p^6 3d^6$ 的是（　　　）。

A. Mn^{2+} B. K^+ C. Fe^{2+} D. Co^{2+}

13. 下列各物质化学键只存在 σ 键的是（　　　）。

A. PH_3 B. C_2H_4 C. CO_2 D. N_2O

二、填空题

1. 位于 Kr 前某元素，当该元素的原子失去了 3 个电子之后，在它的角量子数为 2 的轨道内电子为半充满的状态，该元素是_____，原子外层电子构型是_____，位于_____周期，_____族，属于_____区，+3 价离子的电子层构型属于_____电子构型。

2. CuCl 和 KCl 中，Cu^+ 为_____电子构型，K^+ 为_____电子构型。极化力大小为_____＜_____，_____中电子云有较大重叠，离子键成分_____，故在水中溶解度 CuCl _____ KCl（＞或＜）。

3. 填表

原子序数	20				
电子排布式		$1s^2 2s^2 2p^6$			
外层电子构型				$4d^5 5s^1$	$6s^2 6p^4$
周期	4				
族					
未成对电子数	5				
最高氧化数	+7				+5

4. 下列各物质：NH_4^+、CO_2、H_2S、C_2H_6，化学键中存在 π 键的是_____。

5. 下列 4 种物质：①$CsCl$、②C_6H_5Cl、③$[Cu(NH_3)_4]SO_4$、④SiO_2 中，含有离子键的是_____，含有共价键的是_____，含有配位键的是_____。

6. 填表

化合物	$HgCl_2$	H_2S	$CHCl_3$	NF_3	PCl_5
杂化类型					
空间构型					
是否极性分子					

7. NH_3 与 BF_3 的空间构型分别为_____和_____，因此偶极矩不为零的是_____。

8. 填表

物质	晶体结点上的粒子	粒子间作用力	晶体类型
CO_2			
SiO_2			
H_2O			
Ag			
MgO			

三、判断题

1. 将氢原子的一个电子从基态激发到 4s 或 4f 轨道所需要的能量相同。　　　（　　）

2. 波函数 ψ 的角度分布图中，负值部分表示电子在此区域内不出现。　　（　　）

3. 核外电子的能量只与主量子数有关。　　　　　　　　　　　　　　（　　）

4. 外层电子指参与化学反应的外层价电子。　　　　　　　　　　　　（　　）

5. 因为 Hg^{2+} 属于 9～17 电子构型，所以易形成离子型化合物。　　　（　　）

6. s 电子与 s 电子间配对形成的键一定是 σ 键，而 p 电子与 p 电子间配对形成的键一定是 π 键。　　　　　　　　　　　　　　　　　　　　　　　　　　　　　（　　）

7. 凡是以 sp^3 杂化轨道成键的分子，其空间构型必为正四面体。　　　（　　）

8. 非极性分子永远不会产生偶极。　　　　　　　　　　　　　　　　（　　）

9. 正、负离子相互极化，导致键的极性增强，可使离子键转变为共价键。　（　　）

第5章

金属元素与金属材料

凡由金属元素或以金属元素为主而形成的，并具有一般金属特性的材料通称为金属材料。金属材料是人类认识和开发利用较早的材料之一，公元前3000年出现的青铜器即被认为是最早的人工合成材料。金属材料作为材料的一大类，具有比其他材料优越的物理性能、化学性能、力学性能、工艺性能，例如金属材料的强度高于有机高分子材料，而塑性和韧性又比陶瓷材料好。因此，直到今天，金属材料仍然是人类社会发展中极为重要的物质基础之一。

5.1 金属元素概述

5.1.1 金属的分类

在目前已知的112种元素中，除了22种非金属外都是金属元素。金属的分类方法有多种，根据金属元素原子的电子层构型特征，这些元素在周期表中从左到右分别位于 s 区、d 区、ds 区、p 区以及 f 区（f 区元素未列出）。其中 s 区和 p 区为主族金属元素，d 区、ds 区为副族金属元素，习惯上也称之为过渡金属元素。

IA																	0
H	IIA											IIIA	IVA	VA	VIA	VIIA	He
Li	Be											B	C	N	O	F	Ne
Na	Mg	IIIB	IVB	VB	VIB	VIIB	VIIIB			IB	IIB	Al	Si	P	S	Cl	Ar
K	Ca	Sc	Ti	V	Cr	Mn	Fe	Co	Ni	Cu	Zn	Ga	Ge	As	Se	Br	Kr
Rb	Sr	Y	Zr	Nb	Mo	Tc	Ru	Rh	Rd	Ag	Cd	In	Sn	Sb	Te	I	Xe
Cs	Ba	Lu	Hf	Ta	W	Re	Os	Ir	Pt	Au	Hg	Ti	Pb	Bi	Po	At	Rn
Fr	Ra	Lr	Rf	Db	Sg	Bh	Hs	Mt	Ds	Rg				p区			
s区				d区						ds区							

工程上还通常将金属分为黑色金属和有色金属两大类。黑色金属包括铁、锰和铬，也包括这三种金属的合金，尤其是钢铁。除黑色金属以外的其他各种金属都称为有色金属。有色金属品种繁多，一般分为以下5类。

① 轻金属　密度小于 $4.5\mathrm{g \cdot cm^{-3}}$，包括铝、镁、钠、钾、钙、锶、钡。其特点是质轻，化学性质活泼，在自然界中多以氯化物、碳酸盐、硅酸盐等形式存在。

② 重金属 密度大于 $4.5g \cdot cm^{-3}$，包括铜、镍、铅、锌、锡、锑、钴、钨、汞、铋等。

③ 贵金属 包括金、银、铂、铱、锇、钌、铑、钯。这类金属的化学性质特别稳定，在地壳中含量稀少，开采和提取都比较困难，所以价格比一般金属高。

④ 稀有金属 在地壳中含量较少、分布较散、提取较难或发现应用较晚的金属元素，包括锂、铷、铯、铍、钨、钼、钒、铌、钛、铪、镓、铟、铊、锗等元素以及稀土元素。

⑤ 放射性金属 指金属元素的原子核能自发地放射出射线的金属，包括镭、铀、钍、钋等。

5.1.2 主族金属元素

主族金属元素包括ⅠA、ⅡA族的碱金属和碱土金属，ⅢA族的 Al、Ga、In、Tl，ⅣA族的 Ge、Sn、Pb，ⅤA族的 Sb、Bi 以及ⅥA族的 Po。其中 s 区的 Fr、Ra，p 区的 Po 为放射性元素。

碱金属和碱土金属元素原子价层原子构型分别为 ns^1 和 ns^2。因此这两族元素也称为 s 区元素。而 Al、Sn、Pb、Sb、Bi 等元素的最外层除被 ns^2 电子填充外，还有 $np^{1\sim3}$ 电子，因此这些金属元素也称为 p 区金属元素。s 区元素是最活泼的金属元素，它们的原子半径比同周期非金属元素原子半径大，核电荷数比同周期非金属元素小，这些金属原子中最外层电子离核较远，因此，在化学反应中容易给出最外层电子而表现出它们的化学活泼性和较强的还原性。

碱金属和碱土金属是化学活泼性很强或较强的金属元素。它们能直接或间接地与电负性较大的非金属元素形成相应的化合物。碱金属和碱土金属的重要化学反应分别列于表5-1 和表 5-2 中。

表 5-1 碱金属的化学反应

重要化学反应	反应现象
$4Li + O_2(过量) \longrightarrow 2Li_2O$	其他金属形成 Na_2O_2、K_2O_2、KO_2、RbO_2、CsO_2
$2M + S \longrightarrow M_2S$	反应很激烈，也有多硫化物产生
$2M + 2H_2O \longrightarrow 2MOH + H_2$	Li 反应缓慢，K 发生爆炸，与酸作用时都发生爆炸
$2M + H_2 \longrightarrow 2M^+ H^-$	高温下反应，LiH 最稳定
$2M + X_2 \longrightarrow 2M^+ X^-$	X＝卤素
$6Li + N_2 \longrightarrow 2Li_3^+ N^{3-}$	室温，其他碱金属无此反应
$3M + E \longrightarrow M_3E$	E＝P、As、Sb、Bi，加热反应
$M + Hg \longrightarrow 汞齐$	

表 5-2 碱土金属的化学反应

重要化学反应	反应现象
$2M + O_2 \longrightarrow 2MO$	加热能燃烧，钡能形成过氧化钡 BaO_2
$M + S \longrightarrow MS$	
$M + 2H_2O \longrightarrow M(OH)_2 + H_2$	Be，Mg 与冷水反应缓慢
$M + 2H^+ \longrightarrow M^{2+} + H_2$	Be 反应缓慢，其余反应较快
$M + H_2 \longrightarrow MH_2$	仅高温下反应，Mg 需高压
$M + X_2 \longrightarrow MX_2$	
$3M + N_2 \longrightarrow M_3N_2$	水解生成 NH_3 和 $M(OH)_2$
$Be + 2OH^- + 2H_2O \longrightarrow [Be(OH)_4]^{2-} + H_2$	余者无此类反应

碱金属有很高的反应活性，在空气中极易形成 M_2CO_3 的覆盖层，因此要将它们保存在无水的煤油中。锂的密度很小，能浮在煤油上，所以将其保存在液体石蜡中。碱土金属的活泼性不如碱金属，铍和镁表面形成致密的氧化物保护膜。

p 区金属较 s 区金属活泼性差，其中ⅢA族的 Al 较活泼，易与氧化合，但 Al 在空气中立即生成致密的具有高度热稳定性的氧化物薄膜，阻止了进一步的氧化。Sn 在空气中很稳定。

5.1.3 过渡金属元素

元素周期系中 d 和 ds 区元素（不包括镧以外的镧系和锕以外的锕系元素）统称为过渡金属元素，分别位于第四、五、六周期中部。由于同周期元素的性质相近，又将过渡金属元素分为 3 个系列：

第一过渡系　Sc　Ti　V　Cr　Mn　Fe　Co　Ni　Cu　Zn

第二过渡系　Y　Zr　Nb　Mo　Tc　Ru　Rh　Pd　Ag　Cd

第三过渡系　Lu　Hf　Ta　W　Re　Os　Ir　Pt　Au　Hg

过渡金属种类繁多，分别归属于黑色金属和各种有色金属之列，性质用途各异，在国民经济中占据重要地位。如铁、铜、锌在各种工业中应用广泛；金、银、铂大量用于制作首饰；铬、锰、镍、钒、钨是合金的重要元素；钛被称为"太空宠儿"、"生物金属"等。过渡金属的性能与它们的结构特征密不可分。

（1）过渡金属元素的电子层结构

过渡金属元素电子层构型的共同特征为：最外层 ns 只有 1～2 电子（Pd 除外，为 0 个电子），次外层 $(n-1)$d 随着核电荷数的增加依次分布 1～10 个电子，其外层电子构型为 $(n-1)$d$^{1\sim10}ns^{0\sim2}$。由于次外层的 d 电子可以参与成键，因此过渡金属具有金属的一般通性，但与主族金属又有所不同。它们的单质都是金属，其金属性比同周期 p 区元素的强，而较 s 区元素的弱。

（2）过渡金属的通性

与主族元素相比，过渡金属元素具有如下几方面的共同特性。

1）可变氧化值

过渡金属元素的 ns 电子可以参与成键，$(n-1)$d 电子也可以部分或全部地参与成键，因此它们具有多种氧化值。第一过渡系元素的常见氧化值列于表 5-3。

表 5-3　第一过渡金属元素的外电子层结构及氧化值

元素	Se	Ti	V	Cr	Mn	Fe	Co	Ni	Cu	Zn
外层电子结构	3d^{1}4s^2	3d^{2}4s^2	3d^{3}4s^2	3d^{5}4s^1	3d^{5}4s^2	3d^{6}4s^2	3d^{7}4s^2	3d^{8}4s^2	3d^{10}4s^1	3d^{10}4s^2
氧化值	（+2）	+2	+2	+2	<u>+2</u>	<u>+2</u>	+2	<u>+2</u>	+1	
	+3	+3	+3	+3	+3	+3	+3	（+3）	<u>+2</u>	<u>+2</u>
		+4	<u>+4</u>	+4	+4			+4		
			+5		<u>+5</u>					
				+6	+6	（+6）				
					+7					

注：表中带下划线的表示常见的氧化值，有括号的表示不稳定的氧化值。

过渡金属元素的多变氧化值，使过渡金属元素的氧化还原性质非常丰富。常见的氧化剂有 $KMnO_4$、MnO_2、$K_2Cr_2O_7$、$FeCl_3$ 等，常见的还原剂有 $TiCl_3$、$FeSO_4$ 等。

2）磁性

多数过渡金属的原子或离子有未成对的电子，所以具有顺磁性。未成对的 d 电子越多，磁矩 μ 也就越大（见表 5-4）。

表 5-4　未成对的 d 电子数与物质磁性的关系

离子	VO^{2+}	V^{3+}	Cr^{3+}	Mn^{2+}	Fe^{2+}	Co^{2+}	Ni^{2+}	Cu^{2+}
d 电子数	1	2	3	5	6	7	8	9
未成对 d 电子数	1	2	3	5	4	3	2	1
磁矩 μ/B. M.	1.73	2.83	3.87	5.92	4.90	3.87	2.83	1.73

在铁系元素（Fe、Co、Ni）和它们的合金中可以观察到铁磁性，铁磁性物质和顺磁性物质一样，其内部均含有未成对电子，都能被磁场所吸引，只是磁化程度上有差别。铁磁性物质与磁场间的相互作用要比顺磁性物质大几千到几百万倍，在外磁场移走后仍可保留很强的磁性，而顺磁性物质不再具有磁性。

3）离子的颜色

过渡金属元素的水合离子人多有颜色，是过渡金素的一个重要特征。水合离子呈现颜色的原因很复杂，目前一般是根据配合物的晶体场理论，认为过渡金属离子的 d 轨道在水分子配位场的影响下会产生能级分裂。在受到外界能量激发时，可吸收和分裂相同能量的可见光，产生 d-d 跃迁，故使其显色。不同的元素，其 d-d 跃迁所需的能量不同，吸收可见光的波长不同，故显示颜色不同。当 d 轨道全空或全满时不能发生跃迁，该离子在水溶液中无色。第一过渡系中常见离子颜色如表 5-5 所示。

表 5-5　第一过渡系中常见离子颜色

离子	Cr^{3+}	Mn^{2+}	Fe^{3+}	Fe^{2+}	Co^{2+}	Ni^{2+}	Cu^{2+}	Cu^+,Zn^{2+}
d 电子数	3	5	5	6	7	8	9	10
颜色	蓝紫	浅粉红	淡紫	淡绿	粉红	绿	蓝	无色

注：1. Mn^{2+} 和 Fe^{2+} 的稀溶液几乎是无色的。

　　2. 通常看到的是 Fe^{3+} 水解后呈现的黄色或黄褐色。

4）配合性

过渡金属元素的原子或离子具有未完全充满电子的 d 轨道以及最外层的 ns 和 np 空轨道，而且各轨道的能量也比较接近，具备了形成配合物的基本条件。同时，过渡金属离子的半径较主族元素小，核电荷数较高，因此过渡金属元素原子或离子不仅有接受电子对的空轨道，同时还具有较强的吸引配位体的能力，使其比主族元素更易形成配合物。

5.2　金属及合金材料

纯金属具有良好的导电性、导热性和延展性，但其强度和硬度较低，不能满足工程上对材料的要求，且价格较高，因此工程上使用的金属材料大多是合金。合金是由两种或两种以上的金属或与非金属经一定方法所合成的具有金属特性的物质。常用的合金有铁碳合金、铝合金、铜合金、锌合金、钛合金及特种合金等。

5.2.1 钢铁（铁碳合金）

钢铁是铁(Fe)与碳(C)、硅(Si)、锰(Mn)、磷(P)、硫(S)以及少量的其他元素所组成的合金。其中除铁外，C的含量对钢铁的机械性能起着主要作用，故统称为铁碳合金。它是工程技术中最重要、用量最大的金属材料。

严格地说，含碳量在 0.0218%～2.06% 之间的铁碳合金称为钢。通常将其与铁合称为钢铁，为了保证其韧性和塑性，含碳量一般不超过 1.7%。含碳量大于 2% 的铁碳合金是铸铁。根据成分不同，钢铁可分为碳素钢和合金钢。

(1) 碳素钢

碳素钢是指钢中除铁、碳外，还含有少量锰、硅、硫、磷等元素的铁碳合金。

按其含碳量不同，碳素钢可分为：①低碳钢，含碳量≤0.25%；②中碳钢，含碳量 0.25%～0.60%；③高碳钢，含碳量＞0.60%。随着含碳量的增加，钢的强度、硬度升高，但塑性、韧性和可焊度降低。

按碳素钢的质量不同，可以分为普通碳素钢（硫、磷含量分别不大于 0.050%、0.045%）、优质碳素钢（硫、磷含量均不大于 0.035%）、高级优质钢（硫、磷含量分别不大于 0.020%、0.030%）和特级优质钢（硫、磷含量分别不大于 0.015%、0.025%）。硫和磷是冶炼时由矿石或燃料带到钢中的杂质，是碳钢中的有害元素。硫是以 FeS 夹杂的形式存在于固态的钢中，引起钢在热加工时开裂，这种现象称为热脆；磷一般固溶于铁中，使钢的强度、硬度显著提高，但剧烈地降低钢的韧性，特别是低温韧性，这种现象称之为冷脆。

按用途可以把碳钢分为碳素结构钢、碳素工具钢和一般工程用铸造碳素钢三类，碳素结构钢又分为普通碳素结构钢和优质碳素结构钢两种。普通碳素结构钢主要用于各种工程构件，如桥梁、船舶、建筑构件等，也可用于不太重要的机器零件。此类钢使用量大，约占钢总产量的 70% 以上；优质碳素结构钢用于制造各种机器零件，如轴、齿轮、弹簧、连杆等；碳素工具钢是高碳钢，主要用于制造各种工具，如刃具、模具、量具等；一般工程用铸造碳素钢主要用于制造形状复杂且需一定强度、塑性和韧性的零件。

(2) 合金钢

合金钢又叫特种钢，是在冶炼碳素钢的基础上，加入一些合金元素，使钢的组织结构和性能发生变化，从而具有一些特殊性能，如高硬度、高耐磨性、高韧性、耐腐蚀性等。经常加入钢中的合金元素有锰 (Mn)、铬 (Cr)、硅 (Si)、钼 (Mo)、镍 (Ni)、钛 (Ti)、钒 (V)、钨 (W) 等。

合金元素可以与铁形成固溶体，也可以与铁形成化合物，还可以单独形成特殊的碳化物。合金元素的这些作用，使钢中各组分的成分、结构、现状、大小和分布发生了变化，因而使钢的许多性能发生了许多变化。例如锰在炼钢过程中是良好的脱氧剂和脱硫剂，可增加合金钢的强度和硬度，可稍微提高或不降低塑性和韧性；硅和锰一样，在钢的生产过程中用于保持钢材的强度；铬在结构钢和工具钢中，能显著提高强度、硬度和耐磨性，但同时降低塑性和韧性。铬还能提高钢的抗氧化性和耐腐蚀性，不锈钢一般铬含量至少为 10.5%；镍能提高钢的强度，又能保持良好的塑性和韧性。镍对酸碱有较高的耐腐蚀能力，在高温下有防锈和耐热能力；钼能使钢的晶粒细化，提高淬透性和热强性能，在高温时保持足够的强度和抗蠕变能力（长期在高温下受到应力，发生变形，称蠕变）。结构钢中加入钼，能提高机械性能。还可以抑制合金钢由于淬火而引起的脆性。

按合金元素的总含量可将合金钢分为低合金钢（合金元素总含量小于等于5％）、中合金钢（合金元素总含量在5％～10％之间）及高合金钢（合金元素总含量大于等于10％）。

按合金元素的种类分为铬钢、锰钢、铬锰钢、铬镍钢、铬镍钼钢、硅锰钼钒钢等。

按主要用途分结构钢、工具钢及特殊性能钢。

合金结构钢有良好的综合机械性能，既具有高强度，又具有足够的韧性。形状复杂、截面较大，机械性能要求较高的零件必须采用合金结构钢。

合金工具钢与碳素工具钢相比，具有耐磨性好、热硬性高、热处理变形小等优点，用于制造各种切削工具、冷热变形模具和量具。

特殊性能钢具有高熔点、高硬度、耐腐蚀性等特殊的物理和化学性能，用于高温、高压和腐蚀介质等环境下。在这些环境下，碳素钢因工艺性能达不到要求，几乎不能使用。特殊性能钢种类较多，常用的有不锈钢（加入12％以上的Cr）、耐热钢（加入V、Cr、Mo、W、Si等）、耐磨钢（主要是高锰钢，含锰11％～14％）、磁钢（硬磁钢多为高碳铬钢或铬钴钢，用作永久磁体；软磁钢又称为硅片钢，含碳量很低，含硅量在1％～4％，主要用于制造电机、变压器铁芯等）。

（3）铸铁

铸铁是含碳量在2％以上的铁碳合金。工业用铸铁一般含碳量为2.5％～3.5％。碳在铸铁中多以石墨形态存在，有时也以渗碳体形态存在。除碳外，铸铁中还含有1％～3％的硅以及锰、磷、硫等元素。合金铸铁还含有镍、铬、钼、铝、铜、硼、钒等元素。碳、硅是影响铸铁显微组织和性能的主要元素。生铁硬而脆，但耐压耐磨。

根据生铁中碳存在的形态不同，可分为白口铁、灰口铁和球墨铸铁。白口铁中碳以渗碳体（Fe_3C）形态分布，断口呈银白色，硬度高，脆性大，不能承受冲击载荷。白口铁不能进行机械加工，是炼钢的原料，故又称炼钢生铁，多用作可锻铸铁的坯件和制作耐磨损的零部件；碳以片状石墨形态分布的称灰口铁，断口呈银灰色，简称灰铁。由于片状石墨存在，故耐磨性好，铸造性能和切削加工性较好。用于制造机床床身、汽缸、箱体等结构件；球墨铸铁中碳全部或大部分以自由状态的球状石墨存在，断口成银灰色，简称球铁。比普通灰口铸铁有较高强度、较好韧性和塑性。其机械性能、加工性能接近于钢。在铸铁中加入特种合金元素可得特种铸铁，如加入Cr，耐磨性可大幅度提高，在特种条件下有十分重要的应用。

5.2.2 有色金属及合金

狭义的有色金属又称非铁金属，是铁、锰、铬以外的所有金属的统称。广义的有色金属还包括有色合金。有色合金是以一种有色金属为基体（通常大于50％），加入一种或几种其他元素而构成的合金。

有色合金的强度和硬度一般比纯金属高，电阻比纯金属大，具有良好的综合机械性能。常用的有色合金有铝合金、铜合金、镁合金、镍合金、锡合金、钽合金、钛合金、锌合金、钼合金、锆合金等。

（1）铝及铝合金

铝属于轻金属，是地壳里储量最丰富的金属元素，自 1866 年熔盐电解法问世后，铝的生产进入了工业化规模阶段，现在全世界铝的产量仅次于钢铁。其应用广泛和发展迅速是由铝及其合金优良的性能所决定的。

纯铝的密度小（$\rho = 2.7\text{g} \cdot \text{cm}^{-3}$，大约是铁的 1/3），抗腐蚀性能好，导电、导热性好，具有很高的塑性，易于加工，可制成各种型材、板材。但是，纯铝的强度很低，工程上广泛使用的是铝合金。

铝合金是纯铝加入一些合金元素如锰、铜、镁、锌等，就能使铝的组织结构和性能发生改变，铝合金比纯铝具有更优异的物理和机械性能，铝合金既保持了铝材质轻的性质，又提高了强度和硬度。铝合金因密度小，强度、塑性和硬度高，抗腐蚀、耐久性好，易于加工而广泛应用于航天军工、汽车、建筑、能源等领域。

铝合金按加工方法可以分为形变铝合金和铸造铝合金两大类，每一类都是按合金元素铜、锰、镁、锌、硅等建立合金系列。

1）变形铝合金

变形铝合金是通过冲压、弯曲、轧、挤压等工艺使其组织、形状发生变化的铝合金。变形铝合金塑性较高，能承受压力加工。可加工成各种形态、规格的铝合金材，主要是各种防锈铝合金。

其中铝-锰系变形铝合金具有良好的耐蚀性能、焊接性能，塑性好，主要用作飞机油箱和饮料罐等；铝-镁系变形铝合金（也称防锈铝）材质性能出色，强度高，耐腐蚀，持久耐用，易于涂色，用来制作高档门窗、中高档超薄型或尺寸较小的笔记本的外壳，其铝板属于较为成熟的铝板系列之一，在常规工业中应用也较为广泛；铝-硅系变形铝合金由于具有流动性好、铸造时收缩小、耐腐蚀、焊接性能好等一系列优点，主要用于制造低、中强度的形状复杂的铸件，如盖板、电机壳、托架等，也用作钎焊焊料。

2）铸造铝合金

铸造铝合金是可用金属铸造成形工艺直接获得零件的铝合金。该类合金的合金元素含量一般多于相应的变形铝合金的含量。

铝-硅系铸造铝合金具有良好的铸造性能和耐磨性能，热胀系数小，是铸造铝合金中品种最多、用量最大的合金，广泛用于结构件，如壳体、缸体、箱体和框架等，已成为内燃机活塞的专用合金。有时添加适量的铜和镁，能提高合金的力学性能和耐热性；铝-铜系铸造铝合金是应用最早的一类铸造合金，适当加入锰和钛能显著提高室温、高温强度和铸造性能。主要用于制作承受大的负荷和形状不复杂的砂型铸件；铝-镁系铸造铝合金是密度最小（$2.55\text{g} \cdot \text{cm}^{-3}$）、强度最高、耐蚀性能最好的铸造铝合金，室温下具有良好的综合力学性能和可切削性，可用于作承受高负荷以及与腐蚀介质相接触的铸件，如制作水上飞机、船舶零件、氨用泵体等，也可作装饰材料；铝-锌系铸造铝合金，强度中等、焊接性能良好、耐蚀性能差，为改善性能常加入硅、镁元素。常用于制作模型、型板及设备支架等。

在新型铝合金材料中铝基复合材料在金属基复合材料乃至整个复合材料中都占有重要地位。铝基复合材料的基体主要是铝及其合金铝，增强物可以是连续的纤维，也可以是短纤维，也可以是从球形到不规则形状的颗粒。按照增强体的不同，铝基复合材料可分为纤维增强铝基复合材料和颗粒增强铝基复合材料。纤维增强铝基复合材料具有比强度、比模量高，尺寸稳定性好等一系列优异性能，但价格昂贵，目前主要用于航天领域，作为航天飞机、人造卫星、空间站等的结构材料；颗粒增强铝基复合材料可用来制造卫星及航天用结构材料、飞机零部件、金属镜光学系统、汽车零部件；此外还可以用来制造微波电路插件、惯性导航系统的精密零件、涡轮增压推进器、电子封装器件等。

（2）铜及铜合金

铜属于重金属，其密度为 $8.89 \sim 8.95 \mathrm{g} \cdot \mathrm{cm}^{-3}$，比铁高（$7.8 \mathrm{g} \cdot \mathrm{cm}^{-3}$），电导率和热导率仅次于 Ag 而居第二位。铜的强度较低，但具有优良的塑性和耐蚀性。铜是一种红色金属，同时也是一种"绿色金属"。说它是"绿色金属"，主要是因为它熔点较低，容易再熔化、再冶炼，因而回收利用相当地便宜。

铜合金以纯铜为基体加入一种或几种其他元素所构成的合金。铜及铜合金的主要特点是导电和导热性好，在大气、海水和许多介质中抗腐蚀性能优异，并具有较高的强度、耐磨性和良好的塑性，适用于各种塑性加工和铸造方法生产各种产品，是电力、通信、计算机、化工、仪表、造船和机械制造等工业部门不可缺少的重金属材料。

铜合金也分为变形铜合金和铸造铜合金。

1）变形铜合金

变形铜合金分为紫铜、黄铜、青铜和白铜。

紫铜的品种有纯铜、无氧铜、磷脱氧铜和银铜，它们具有高的电导率、热导率，良好的耐蚀性能和优秀的塑性变形性，可以使用压力加工的方法生产出各种形式的半成品，用于导电、导热和耐蚀各领域。

由铜和锌所组成的合金称为普通黄铜，在此基础上再加入其他合金元素（如铅、锡、锰、镍、铁、硅等），称为复杂黄铜。黄铜具有美丽的颜色、较高的力学性能、耐蚀、耐磨、易切削、低成本、良好的工艺性能等优势，是应用最广泛的铜合金。

青铜原指铜锡合金，后除黄铜、白铜以外的铜合金均称青铜，并常在青铜名字前冠以第一主要添加元素的名，包括有二元青铜和多元青铜，这种合金具有许多优越的性能。一般具有高强度、高耐蚀性能，是工程界和高科技中不可缺少的关键材料。重要的青铜有锡青铜、铝青铜、铍青铜、硅青铜、锰青铜、铬青铜、锆青钢、镉青铜、钛青铜和铁青铜等。

白铜是以镍为主要添加元素的铜合金。具有优良的塑性和耐蚀性能，特别是耐海水、耐海洋大气腐蚀，是重要的海洋工程用材料。加入锌的白铜具有美丽的银白色和优良的耐大气腐蚀性能，被广泛地用来冲制电子元器件的壳体，也被用来制作精美的工艺品。加锰的白铜用于制作各种电器仪表。

2）铸造铜合金

铸造铜合金分为铸造锡青铜、铸造铝青铜和铸造黄铜。

铸造锡青铜有二元和多元合金，它们在蒸汽、海水和碱溶液中具有优良的耐蚀性。同时还具有足够的强度和耐磨性能、良好的充满模腔性能。自古以来，Cu-Sn-Zn-Pb 系青铜就被人类用于铸造各种兵器、餐具、工艺品，特别是巨型铜雕像。工业和海洋工程中各类阀门、泵体、轴、齿轮等也广泛使用这类合金。

铸造铝青铜液态下流动性好，不易产生疏松，铸件致密，力学性能优良，耐蚀性优于锡青铜，铝青铜具有高强、耐磨、耐蚀的突出优点，是重型机械的滑板、衬套、蜗轮、蜗杆、阀杆等关键部件的首选材料。

铸造黄铜由于其铸造性良好，铸件成本低，所以被广泛用来制造机械工程中的耐磨、耐蚀部件以及各种管件、重型机械的轴套、衬套、船舶的螺旋桨等。

（3）钛及钛合金

钛属于稀有金属，就地壳中的丰度而言，在金属中仅次于 Al、Fe、Mg，位居第四。

钛具有银白色光泽，具有密度小（$4.505g \cdot cm^{-3}$，20℃）、熔点高（1668℃）、强度大、耐蚀性好的特点。钛的密度只相当于钢的 57%，但比强度却位于金属之首，是不锈钢的 3 倍，是铝合金的 1.3 倍。但钛的导热性差，无磁性。钛作为结构材料所具有的良好的机械性能，是通过严格控制其中适当的杂质含量和添加合金元素而达到的。

钛是同素异构体，在低于 882℃ 时呈密排六方晶格结构，称为 α 相；在 882℃ 以上呈体心立方晶格结构，称为 β 相。以钛为基体，添加适当的合金元素，使其相变温度及组分含量逐渐改变而得到不同组织的钛合金。钛合金分为以下三类：α 钛合金、β 钛合金、α＋β 钛合金。中国分别以 TA、TB、TC 表示。

1）α 钛合金

α 钛合金是指含有 α 稳定元素（优先溶解于 α 相并升高 β 转变温度的合金元素，铝是最通用的 α 稳定元素，间隙元素如氧和氮等也是有效的 α 稳定元素），在室温稳定状态基本为 α 相的钛合金。纯钛是典型的 α 钛合金。α 钛合金的强度低于其他两类钛合金，但高温强度、抗氧化能力强度、热强度较好，在高温（500～600℃）时的强度为三类合金的最高者。因此主要应用于化工、石化和加工行业，主要考虑的是合金的耐腐蚀性能和可加工变形能力。当加入少量 β 稳定元素（一般不超过 10%）时，可得到近 α 钛合金，可用于制作 500℃ 以下工作的零件，如飞机压气机叶片、导弹的燃料罐、超音速飞机的涡轮机匣及飞船上的高压低温容器等。

2）β 钛合金

β 钛合金是指含有足够多的 β 稳定元素（优先溶解于 β 相并降低 β 转变温度的合金元素，又可分同晶型和共析型两种。前者有钼、铌、钒等；后者有铁、铬、锰等），在适当冷却速度下能使其室温组织绝大部分为 β 相的钛合金。β 钛合金的室温强度可达到 α＋β 钛合金的水平，且具有更高的工艺性能，但耐热性差及抗氧化性能低，因此目前应用较少。主要用于 350℃ 以下工作的结构件和紧固件，如飞机压气机叶片、轴、弹簧、轮盘等。

3）α＋β 钛合金

α＋β 钛合金是指在室温稳定状态由 α 相及 β 相组成的钛合金。β 相含量（质量分数）一般为 10%～50%。它是双相合金，具有良好的综合性能，组织稳定性好，它既有较高的室温强度，又有较高的高温强度而且塑性也比较好，因此应用最广泛。

钛合金按用途又可分为耐热合金、高强合金、耐蚀合金（钛-钼、钛-钯合金等）、低温合金以及特殊功能合金（钛-铁储氢材料和钛-镍记忆合金）等。

5.2.3 新型金属材料

超高温合金、超低温合金、超塑合金、形状记忆合金、储氢合金、非晶态合金、磁记录材料等一大批随科学技术发展而出现并发展的新型金属材料，与传统金属材料相比，具有优异的性能和特定的功能，是发展信息、航天、生物、能源以及海洋开发等高技术的重要物质基础。下面仅介绍形状记忆合金和储氢合金。

（1）形状记忆合金

形状记忆材料是指具有一定初始形状的材料经形变并固定成另一种形状后，通过热、光、电等物理刺激或化学刺激的处理，又可恢复成初始形状的材料，包括合金、复合材料及有机高分子材料。1932年，瑞典人奥兰德在金镉合金中首次观察到"记忆"效应，即合金的形状被改变之后，一旦加热到一定的跃变温度，它又可以魔术般地变回到原来的形状，人们把具有这种特殊功能的合金称为形状记忆合金。形状记忆合金由于具有特殊的形状记忆功能，而被广泛地用于卫星、航空、生物工程、医药、能源和自动化等方面，被誉为"神奇的功能材料"。

1）形状记忆效应机理

在形状记忆效应被发现后，晶体学界首先对产生这种效应的机理进行了深入的研究。研究结果表明，形状记忆效应的产生是因为晶体的相变。合金在高温时以奥氏体相存在，当降温时，奥氏体相转变为马氏体相。马氏体相可以在外力的作用下改变形状，得到变形马氏体相，而变形马氏体相在温度升高时恢复至奥氏体相，同时形状也恢复到受外力前的状态，这一过程如图5-1所示。

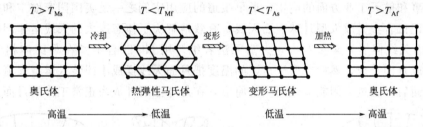

图5-1 形状记忆合金工作机理

当形状记忆合金从高温母相奥氏体相冷却至马氏体相变温度 T_M（转变开始与结束时的温度分别记为 T_{Ms} 和 T_{Mf}），转变成热弹性马氏体，它通常比母体还要软。在这种状态下，受到外力作用时，成为变形马氏体。将变形马氏体加热至逆转温度 T_A（转变开始与结束时的温度分别记为 T_{As} 和 T_{Af}），晶体恢复到原来单一取向的奥氏体母相。相变温度是形状记忆合金的特性参数，它随合金的组成而变化。

2）形状记忆合金分类

至今为止发现的形状记忆合金体系有 Au-Cd、Ag-Cd、Cu-Zn、Cu-Zn-Al、Cu-Zn-Sn、Cu-Zn-Si、Cu-Sn、Cu-Zn-Ga、In-Ti、Au-Cu-Zn、Ni-Al、Fe-Pt、Ti-Ni、Ti-Ni-Pd、Ti-Nb、U-Nb 和 Fe-Mn-Si 等十几种，分为钛-镍系、铜系、铁系合金三大类。不同材料有不同的记忆特点，其工作模式主要分为三类，如图5-2所示。

① 单程记忆效应 形状记忆合金在较低的温度下变形，加热后可恢复变形前的形状，这种只在加热过程中存在的形状记忆现象称为单程记忆效应，如图5-2（a）所示。

② 双程记忆效应 某些合金加热时恢复高温相形状，冷却时又能恢复低温相形状，称为双程记忆效应，如图5-2（b）所示。

③ 全程记忆效应 加热时恢复高温相形状，冷却时变为形状相同而取向相反的低温

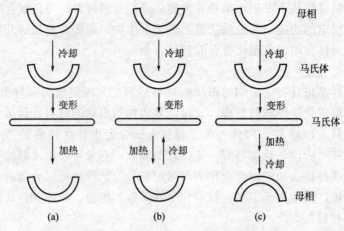

图 5-2　形状记忆合金三种工作模式

相形状，称为全程记忆效应，如图 5-2（c）所示。

3）形状记忆合金的应用

具有形状记忆效应的合金已经发现很多，但是目前已经进入实用阶段的主要有 Ti-Ni 合金和 Cu-Zn-Al 合金，前者价格较贵，但是性能优良，并与人体有生物相容性；后者具有价廉物美的特点，普遍受到人们的青睐。

在军事和航天工业方面的应用，最早报道的应用实例之一是美国国家航空和宇航航行局用形状记忆合金做成大型月球表面天线，有效地解决了体态庞大的天线运输问题（见图 5-3）。月面天线伸展开来很宽大，火箭无法容纳，用 Ni-Ti 合金丝在马氏体相变温度以上，先做成月面天线，然后在低于 T_M 的温度把月面天线揉成小团装入运载火箭，当发射至月球表面后，通过太阳能加热而恢复原形，在月球上展开成为正常工作的月面天线。

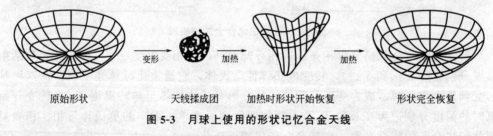

　　原始形状　　　　　天线揉成团　　加热时形状开始恢复　　　形状完全恢复

图 5-3　月球上使用的形状记忆合金天线

在工程方面的应用，目前使用量最大的是用作紧固件、连接件。以制作管接口为例，在使用温度下加工的管接口内径比管子外径略小，安装时在低温下将其机械扩张，套接完毕后由于管接口在使用温度下因形状记忆效应回复到原形而实现与管子的紧密配合。目前已经在 F-14 战斗机油压系统、沿海或海底输送管的接口固接上取得了成功的应用。

制造形状记忆式热发动机。1973 年，美国试制成第一台 Ti-Ni 热机，利用形状记忆合金在高温、低温时发生相变，产生形状的改变，并伴随极大的应力，实现机械能与热能之间的相互转换。形状记忆式热发动机的原理如图 5-4 所示，在 T_{Ms} 以下以质量 m_1 使得 Ti-Ni 合金线圈收缩之后，加大质量至 m_2，再把线圈加热到 T_{Af} 以上，使合金发生相转变而伸长到原来的长度，返走距离为 (l_0-l)，所以完成上述一个循环所做的功为 $(m_2-m_1)(l_0-l)$。

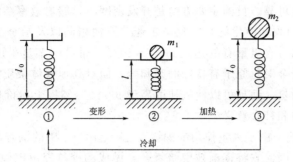

图 5-4　形状记忆式热发动机的原理

在医疗方面的应用，Ti-Ni 合金的生物相容性很好，利用其形状记忆效应和超弹性的医学实例相当多，如血栓过滤器、脊柱矫形棒、牙齿矫形丝、脑动脉瘤夹、接骨板、髓内针、人工关节、避孕器、心脏修补元件、人造肾脏用微型泵等。还可以广泛地应用于各种自动调节和控制装置。形状记忆薄膜和细丝可能成为未来超微型机械手和机器人的理想材料。特别是它的质轻、高强度和耐蚀性使它备受各个领域的青睐。作为一类新兴的功能材料，记忆合金的很多新用途正不断被开发。

（2）储氢合金

氢是 21 世纪要开发的新能源之一。氢能源的优点是发热值高、没有污染和资源丰富。但氢气的储存和运输却是个难题。某些金属或合金具有很强的捕捉氢的能力，在一定的温度和压力条件下，这些金属或合金能够大量"吸收"氢气，反应生成金属氢化物，同时放出热量。其后，将这些金属氢化物加热，它们又会分解，将储存在其中的氢释放出来。这些会"吸收"氢气的金属或合金，称为储氢合金。采用储氢合金来储氢，不仅具有储氢量大、能耗低、工作压力低、使用方便的特点，而且可免去庞大的钢制容器，从而使存储和运输方便而且安全。

1）储氢原理

金属或合金储氢的原理，材料中一个金属原子能与两个、三个甚至更多的氢原子结合，生成稳定的金属氢化物，同时放出热量。加热后氢化物又会发生分解，将吸收的氢释放出来，同时吸收热量。金属与氢的反应是一个可逆过程。正向反应是吸氢、放热；逆向反应是释氢、吸热；改变温度与压力条件可使反应按正向、逆向反复进行，实现材料的吸、释氢能力。

目前研究开发的储氢合金，主要有钛系储氢合金、锆系储氢合金、铁系储氢合金及稀土系储氢合金。相对来说，稀土合金是最好的储氢合金。混合稀土合金是在 $LaNi_5$ 的基础上发展起来的一类储氢合金，$MINi_5$ 用富镧混合稀土 MI 取代 La，富镧混合稀土价格为纯镧的 1/5 左右，性能与 $LaNi_5$ 相当。Mm 为富铈混合稀土，$MmNi_5$ 与 $MINi_5$ 相比，活化滞后效应较差，如果用 Co、Mn、Al 等元素取代 $MmNi_5$ 中的镍，制成的 $MmNi_{3.55}Mn_{0.6}Al_{0.3}Co_{0.75}$ 即可改善其性能。

2）储氢材料的应用

① 储氢容器　用储氢材料作储氢容器具有质量轻、体积小的优点。相当于储氢钢瓶质量 1/3 的储氢合金，其体积不到钢瓶体积的 1/10，但储氢量却是相同温度和压力条件下气态氢的 1000 倍。而且用储氢合金储氢，无需高压及储存液氢的极低温设备和绝热措

施，节省能量，安全可靠。目前主要方向是开发密度小，储氢效率高的合金。

② 氢气分离、回收和净化材料　化学工业、石油精制以及冶金工业生产中，通常有大量的含氢尾气排出，含氢量有的达到 $50\% \sim 60\%$，而目前多是采用排空或者白白地燃烧处理。利用储氢合金对氢原子有特殊的亲和力，而对其他气体杂质择优排斥的特性，不但可以回收废气中的氢，而且可以使氢纯度高于 99.9999% 以上，价格便宜、安全，具有十分重要的经济效益和社会意义。

③ 镍氢充电电池　由于大量使用的镍镉电池（Ni-Cd）中的镉有毒，使废电池处理复杂，环境受到污染，因此它将逐渐被用储氢合金做成的镍氢充电电池（Ni-MH）所替代。用金属氢化物电极可代替 Ni-Cd 电池中的负极，以 $Ni(OH)_2$ 电极为正极，KOH 水溶液为电解质组成 Ni/MH 电池。充电时，氢化物电极作为阴极储氢，电解 KOH 水溶液的过程中，生成的氢原子在阴极材料表面吸附，继而扩散入电极材料进行氢化反应，生成金属氢化物 MH_x；放电时，金属氢化物 MH_x 作为阳极释放出所吸收的氢原子并氧化为水。可见，充放电过程只是氢原子从一个电极转移到另一个电极的反复过程。

Ni/MH 电池现已经广泛地用于移动通讯、笔记本、计算机等各种小型便携式的电子设备。目前，更大容量的镍氢电池已经开始用于汽油/电动混合动力汽车上。与 Ni-Cd 电池相比，Ni/MH 电池具有如下优点：比能量为 Ni-Cd 电池的 $1.5 \sim 2$ 倍；无重金属 Cd 对人体的危害；良好的耐过充、放电性能；无记忆效应；主要特性与 Ni-Cd 电池相近，可以互换使用。

④ 功能材料　化学能、热能和机械能可以通过氢化反应相互转换，这种奇特性质可用于热泵、储热、空调、制冷、水泵、气体压缩机等方面。

总之，储氢材料是一种很有前途的新材料，也是一项特殊功能技术，在 21 世纪将会在氢能体系中发挥巨大的作用。目前，储氢合金在应用时存在一些不足：储氢能力低；对气体杂质的高度敏感性；初始活化困难；氢化物在空气中自燃；反复吸释氢时氢化物产生歧化。

5.3　金属材料的电化学加工

以电化学工程为基础可以对金属材料进行电化学加工，常见的应用有电镀、电铸、电抛光、电解加工、金属的电解精炼、含金属离子废水的回收利用以及阳极氧化等。下面仅对电镀、电铸、电抛光、电化学加工和阳极氧化等简单加以介绍。

5.3.1　电镀

电镀就是利用电解原理在某些金属或塑料、陶瓷表面镀上一层金属膜，增强其抗腐蚀性、提高耐磨性、导电性、增进美观性。电镀时，镀层金属材料做阳极，待镀的工件做阴极，用含镀层金属阳离子的溶液做电镀液，以保持镀层金属阳离子的浓度不变。通电后，阳极逐渐溶解成金属正离子，溶液中有相等数目的金属离子在阴极上获得电子随即在被镀制品的表面上析出，形成金属镀层。对于非导体制品的表面，需经过适当的处理（用石墨、导电漆、化学镀处理，或经气相涂层处理），使其形成导电层后，才能进行电镀。

按镀层的成分可分为单金属镀层、合金镀层和复合镀层三类。单金属电镀至今已有170多年历史。常用的有电镀 Zn、Ni、Cr、Cu、Sn、Fe、Co、Cd、Pb、Au、Ag 等 10余种,其中镀锌占电镀总量的 60% 以上;在阴极上同时沉积出两种或两种以上的元素所形成的镀层为合金镀层。合金镀层的抗腐蚀性、硬度、耐磨性、耐高温性能、弹性、焊接性、外观等均优于单金属镀层。应用广泛的合金镀有铜锡合金镀、铅锡合金镀等;复合镀是将固体微粒加入镀液中与金属或合金共沉积,形成一种金属基的表面复合材料的过程,以满足特殊的应用要求。如用 Ni(Co、Cr、Co-Ni 合金等)做复合的基体,添加可改善耐磨的细微颗粒材料,如 Al_2O_3、ZrO_2、SiC、B_4C、Cr_2O_3、WC、Si_3N_4 等,可得到耐磨性能优良的复合镀层;将石墨(MoS_2、BN、聚四氟乙烯等)固体润滑颗粒分散在 Ni(Cu、Sn 等)中形成的复合镀层摩擦系数较低,被称为自润滑复合镀层或减磨复合镀层。

按用途分类,可分为:防护性镀层,如 Zn、Ni、Cd、Sn 和 Cd-Sn 等镀层,作为耐大气及各种腐蚀环境的防腐蚀镀层;防护、装饰镀层,如 Cu-Ni-Cr、Ni-Fe-Cr 复合镀层等,既有装饰性,又有防护性;装饰性镀层,如电镀 Au、Ag 以及 Cu 的仿金镀层、黑铬、黑镍镀层等;修复性镀层,如电镀 Ni、Cr、Fe 层进行修复一些造价颇高的易磨损件或加工超差件;功能性镀层,如 Ag、Au 等导电镀层;Ni-Fe、Fe-Co、Ni-Co 等导磁镀层;Cr、Pt-Ru 等高温抗氧化镀层;Ag、Cr 等反光镀层;黑铬、黑镍等防反光镀层;硬铬、Ni、SiC 等耐磨镀层;Pb、Cu、Sn、Ag 等焊接性镀层;防渗碳镀 Cu 等。

5.3.2　电铸

电铸是利用金属的电解沉积原理来精确复制某些复杂或特殊形状工件的特种加工方法。电铸的基本原理是把预先按所需形状制成的原模作为阴极,用电铸材料作为阳极,一同放入与阳极材料相同的金属盐溶液中,通以直流电。在电解作用下,原模表面逐渐沉积出金属电铸层,达到所需的厚度后从溶液中取出,将电铸层与原模分离,便获得与原模形状相对应的金属复制件。分离方法常有化学溶解、加热熔化、机械剥离等。

电铸的金属通常有 Ni、Cu、Fe 等,但以镍的电铸应用最广。原模的材料有石膏、蜡、塑料、低熔点合金、不锈钢和铝等。原模一般采用浇注、切削或雕刻等方法制作,对于精密细小的网孔或复杂图案,可采用照相制版技术。非金属材料的原模需经导电化处理,方法有涂敷导电粉、化学镀膜和真空镀膜等;对于金属材料的原模,先在表面上形成氧化膜或涂以石墨粉,以便于剥离电铸层。

对于机械加工困难或费用太高的部件,以及当制品形状复杂并且尺寸精度要求很高、需精密地重现微细表面模纹时,用电铸方法比较适宜。所以电铸常用于复制模具、工艺品和加工高精度空心零件、薄壁零件及导管。如果阴极表面粗糙度小,电铸还可制作镜面。

5.3.3　电解抛光

电解抛光是金属表面精加工方法之一。电抛光时,将欲抛光工件(如钢铁工件)作阳极,选择在溶液中不溶解且电阻小的材料(如铅、铜、石墨、不锈钢等)作阴极,含有磷酸、硫酸和铬酐(CrO_3)的溶液为电解液。在电解时,阳极铁因氧化而发生溶解。

$$Fe \Longleftrightarrow Fe^{2+} + 2e^-$$

生成的 Fe^{2+} 与溶液中的 $Cr_2O_7^{2-}$ 发生氧化还原反应。

$$6Fe^{2+} + Cr_2O_7^{2-} + 14H^+ \Longleftrightarrow 6Fe^{3+} + 2Cr^{3+} + 7H_2O$$

Fe^{3+} 进一步与溶液中的 HPO_4^{2-}、SO_4^{2-} 形成 $Fe_2(HPO_4)_3$ 和 $Fe_2(SO_4)_3$ 等盐。由于阳极附近盐的浓度不断增加，在被加工的金属表面形成一种黏度较大的液膜。因金属凹凸不平的表面上液膜厚度分布不均匀，突起部分电阻小、液膜薄、电流密度大、溶解快，于是金属粗糙表面逐渐变得平整光亮。

电解抛光的特点是：①抛光的表面不会产生变质层，无附加应力，并可去除或减小原有的应力层；②对难以用机械抛光的硬质材料、软质材料以及薄壁、形状复杂、细小的零件和制品都能加工；③抛光时间短，而且可以多件同时抛光，生产效率高；④电解抛光所能达到的表面粗糙度与原始表面粗糙度有关，一般可提高两级。但由于电解液的通用性差、使用寿命短和强腐蚀性等缺点，电解抛光的应用范围受到限制。电解抛光主要用于表面粗糙度小的金属制品和零件，如反射镜、不锈钢餐具、装饰品、注射针、弹簧、叶片和不锈钢管等，还可用于某些模具（如胶木模和玻璃模等）和金相磨片的抛光。

5.3.4 电解加工

电解加工原理与电抛光相同，也是利用阳极溶解将工件加工成型。区别在于，电抛光时阳极与阴极距离较大，电解液在槽中是不流动的。电解加工时，工件仍为阳极，而用模件（工具）作阴极，两极间保持很小的间隙（0.1～1mm），使高速流动的电解液从中通过，输送电解液和及时带走电解产物。随着阳极的溶解，阴极缓慢向阳极工件推进，阴极和阳极各部位之间的距离差别逐渐缩小，直到间隙相等，此时工件表面形状和阴极模件表面形状基本吻合。有关电解加工的装置如图 5-5 所示。

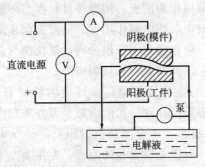

图 5-5　电解加工示意

电解加工的应用范围很广，几乎可以加工所有的导电材料，并且不受材料的强度、硬度、韧性等机械、物理性能的限制。电解加工常用于加工硬质合金、高温合金、淬火钢、不锈钢等难加工及复杂形状的工件，加工表面的光洁度较好，工具阴极几乎没有消耗。但这种方法的加工精度和加工稳定性不高。模件阴极必须根据工件需要设计成专门形状。

5.3.5 阳极氧化

有些金属在空气中能自然生成一层氧化物保护膜，起到一定的防腐作用，如铝。但自然形成的氧化铝膜厚度仅为 $0.02 \sim 1\mu m$，保护能力不强。阳极氧化的目的是使金属表面形成氧化膜，以达到防腐的要求。

以铝或铝合金工件作电解池的阳极，铅版做阴极，稀硫酸作电解液，控制一定的电压和电流，阳极铝工件表面可生成一层氧化铝膜（厚度可达 $5 \sim 30\mu m$）。阳极氧化所得氧化膜能与金属牢固结合，且厚度均匀，可大大地提高铝及铝合金的耐腐蚀性能和耐磨性，并可提高表面的电阻和热绝缘性。由于氧化铝膜中有许多小孔，可以吸附各种染料，以增强工件表面的美观。其他如镁、铜、锌、镍、铬、铁、钢等，在一定的条件下电解，都能因阳极氧化而生成氧化膜。

3D打印材料——金属材料

　　3D打印是根据所设计的3D模型，通过3D打印设备逐层增加材料来制造三维产品的技术。这种逐层堆积成形技术又称作增材制造。3D打印综合了数字建模技术、机电控制技术、信息技术、材料科学与化学等诸多领域的前沿技术，是快速成型技术的一种，被誉为"第三次工业革命"的核心技术。而作为其核心的材料决定了成型工艺、设备结构和成型件的性能。根据化学组成，3D打印材料可分为金属材料、聚合物、陶瓷材料和复合材料。

　　近年来，3D打印技术逐渐应用于实际产品的制造中，其中，金属材料的3D打印技术发展尤其迅速。在国防领域，欧美发达国家非常重视3D打印技术的发展，不惜投入巨资加以研究，而3D打印金属零部件一直是研究和应用的重点。3D打印所使用的金属粉末一般要求纯度高、球形度好、粒径分布窄、氧含量低。目前，应用于3D打印的金属粉末材料主要有钛合金、钴铬合金、不锈钢和铝合金材料等，此外还有用于打印首饰用的金、银等贵金属粉末材料。

　　钛是一种重要的结构金属，钛合金因具有强度高、耐蚀性好、耐热性高等特点而被广泛用于制作飞机发动机压气机部件，以及火箭、导弹和飞机的各种结构件。此外，钛金属粉末耗材在3D打印汽车、航空航天和国防工业上都将有很广阔的应用前景。钴铬合金是一种以钴和铬为主要成分的高温合金，用其制作的零部件强度高、耐高温。目前已成为航空工业应用的主要3D打印材料。采用3D打印技术制造的钛合金和钴铬合金零部件，强度非常高，尺寸精确，能制作的最小尺寸可达1mm，而且其零部件机械性能优于锻造工艺。

　　镁铝合金因其质轻、强度高的优越性能，在制造业的轻量化需求中得到了大量应用。在3D打印技术中，它也毫不例外地成为各大制造商所中意的备选材料。日本佳能公司利用3D打印技术制造出了顶级单反相机壳体上的镁铝合金特殊曲面顶盖。

　　不锈钢粉末是3D打印经常使用的一类性价比较高的金属材料。3D打印的不锈钢制品具有较高的强度，而且适合打印尺寸较大的物品，也常被用作珠宝、功能构件和小型雕刻品等的3D打印。

　　金属良好的力学强度和导电性使得研究人士对金属物品的打印极为感兴趣。然而，以金属为原材料的3D打印技术通常都非常昂贵，尤其是作为生产原料使用的金属耗材，例如，1kg用于3D打印的钛金属粉末的价格为200～400美元。通过研制3D打印金属耗材低廉的新型制备方法，来降低3D打印的整体成本，是其市场化应用的关键因素。

新材料在线网

　　材料工业是国民经济的基础产业，新材料是材料工业发展的先导，是重要的战略性新兴产业。今天，科技革命迅猛发展，新材料产品日新月异，产业升级、材料换代步伐加快。新材料技术与纳米技术、生物技术、信息技术相互融合,结构功能一体化、功能材料智能化趋势明显,材料的低碳、绿色、可再生循环等环境友好特性备受关注。新材料进入一个蓬勃发展阶段,新材料在线作为我国新材料行业第一门户和自媒体平台,以期望助力我国新材料产业的发展和新材料的推广应用。

新材料在线网 http://www. xincailiao. com/

中国 3D 打印网 http://www. 3ddayin. net

习题

一、填空题

1. 过渡金属元素的主要通性有 _____ 、 _____ 、 _____ 、 _____ 等。

2. 锡、铝、铜、铬、锰、镍等金属中,( ) 属于黑色金属。

3. 碳素钢和合金钢在基本组成上的不同是 _____ 。

4. 按含碳量的不同,碳素钢可分为 _____ 、 _____ 、 _____ 。

5. 按主要用途不同,合金钢可分为 _____ 、 _____ 、 _____ 。

6. 碳在铸铁中主要以 _____ 和 _____ 两种形式存在。

7. 铝合金、铜合金按加工方法均可以分为 _____ 和 _____ 两大类。

8. 按组织不同,钛合金可分为 _____ 、 _____ 、 _____ 。

二、问答题

1. 过渡金属元素的原子结构有什么共同特点?为什么过渡金属元素常有可变的氧化值?

2. 说明形状记忆合金的记忆效应机理。

3. 说明储氢合金的储氢原理。

4. 电解抛光和电解加工的原理是什么?有何不同?

第6章

化学与无机非金属材料

无机非金属材料是以某些元素的氧化物、碳化物、氮化物、卤素化合物、硼化物以及硅酸盐、铝酸盐、磷酸盐、硼酸盐等物质组成的材料，是除有机高分子材料和金属材料以外的所有材料的统称。无机非金属材料是既悠久又崭新的材料，原始人用天然岩石制作工具和武器，是人类应用材料的开始。之后材料的发展和应用经历了由粗陶到瓷器，再到砖瓦、玻璃、水泥、耐火材料及磨料等，形成了传统的无机非金属材料体系。随着新技术的出现，在传统无机非金属材料基础上研制出具有一定功能的新材料（如光功能材料、电功能材料、磁功能材料、机械功能材料、热功能材料、生物功能材料及化学功能材料等），称之为新型（或功能）无机非金属材料。为了弥补单一材料性能的不足，将两种或两种以上材料通过适当的方法加以组合，取长补短，构成无机非金属材料基复合材料体系，在国民经济的各个行业以及一些新技术领域得到飞速发展和广泛应用。

6.1　传统无机非金属材料

传统无机非金属材料大多具有耐压强度高、硬度大、耐高温、抗腐蚀的特点。此外，水泥在胶凝性能上，玻璃在光学性能上，陶瓷在耐蚀、介电性能上，耐火材料在防热隔热性能上都有其优异的特性，为金属材料和高分子材料所不及。这些材料大多以二氧化硅为主要成分，常把无机非金属材料也称之为"硅酸盐材料"，所以首先简介硅酸盐的结构与组成。

6.1.1　硅酸盐

所谓硅酸盐指的是硅、氧与其他化学元素（主要是铝、铁、钙、镁、钾、钠等）结合而成的化合物的总称。在硅酸盐中每个 Si^{4+} 与 4 个 O^{2-} 结合成 $[SiO_4]$ 四面体，作为硅酸盐的基本结构单元。这些四面体可以相互孤立地存在，也可以连接在一起，剩余的负电荷由金属离子的正电荷平衡。由于 $[SiO_4]$ 四面体连接数量和空间排列方式的变化，导致硅酸盐结构多样化，形成了图 6-1 （a）所示的双硅酸根的硅酸盐，（b）所示的链式阴离子硅酸盐，（c）所示的网状结构硅酸盐。

硅酸盐的化学组成比较复杂，这是因为在硅酸盐中，正、负离子都可以被其他离子全部或部分地取代。硅酸盐的化学组成有两种写法，一种是把构成这些硅酸盐的氧化物写出来，先是一价碱金属氧化物，其次是二价、三价的金属氧化物，最后是 SiO_2。如正长石

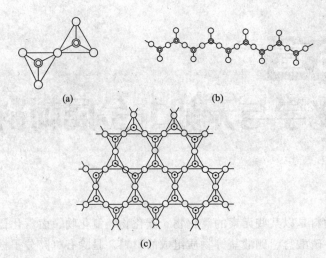

图 6-1 各种结构的硅酸盐（金属离子在骨架外，图中未标明）

的化学式可写成 $K_2O \cdot Al_2O_3 \cdot 6SiO_2$；另一种如无机铬盐的写法，先是一价、二价的金属离子，其次是 Al^{3+} 和 Si^{4+}，最后是 O^{2-}，按一定的离子数比例写出其化学式，如正长石可写成 $K_2Al_2Si_6O_{16}$ 或 $KAlSi_3O_8$。

自然界中存在大量天然的硅酸盐，如岩石、砂子、黏土、土壤等，还有许多矿物如云母、滑石、石棉、高岭石等。分布极广，种类繁多，约占矿物种类的 1/4，构成地壳总质量的 80%。表 6-1 是几种重要的天然硅酸盐的化学式。

表 6-1 部分天然硅酸盐的化学式

名称	化学式	名称	化学式
正长石	$K_2O \cdot Al_2O_3 \cdot 6SiO_2$	蒙脱石	$Al_2O_3 \cdot 4SiO_2 \cdot nH_2O$
钠长石	$Na_2O \cdot Al_2O_3 \cdot 6SiO_2$	滑石	$3MgO \cdot 4SiO_2 \cdot H_2O$
白云母	$K_2O \cdot 3Al_2O_3 \cdot 6SiO_2 \cdot 2H_2O$	石棉	$CaO \cdot 3MgO \cdot 4SiO_2$
高岭土	$Al_2O_3 \cdot 2SiO_2 \cdot 2H_2O$		

6.1.2 陶瓷

通俗地讲，用陶土烧制的器皿叫陶器，用瓷土烧制的器皿叫瓷器，介于陶器和瓷器之间的制品叫炻器。陶瓷则是陶器、炻器和瓷器的总称。确切地讲，陶瓷是由天然或人工合成的粉状原料成形后在高温作用下硬化而形成的制品，是多晶、多相（晶相、玻璃相和气相）的聚集体。陶瓷的制备工艺比较复杂，但基本的工艺包括：原材料的制备、坯料的成形、坯料的干燥和制品的烧成或烧结 4 大步骤，通常还把表面加工作为最后一道工序。陶瓷具有耐高温氧化、耐酸碱腐蚀、高强度（抗压）、高硬度、电绝缘和化学稳定性好等优良性能，且可通过控制其组成获得特殊性能和功能。陶瓷材料的种类很多，按照习惯，一般分为传统陶瓷和特种陶瓷两大类。

（1）传统陶瓷

传统陶瓷又称为普通陶瓷，主要指硅酸盐陶瓷材料，因其中占主导地位的化学组成 SiO_2 是以黏土矿物原料引入的，所以也将传统陶瓷称为黏土陶瓷。这类材料按其性能特点和用途，可分为日用陶瓷、建筑陶瓷、电器陶瓷、化工陶瓷、多孔陶瓷等。

日用陶瓷主要为瓷器，一般要求具有良好的白度、光泽度、热稳定性和机械强度。日用陶瓷主要有长石质瓷、绢云母质瓷、骨灰质瓷和滑石质瓷四种类型。长石质瓷是目前国内外普遍使用的日用瓷，也用作一般制品；绢云母质瓷是我国的传统日用瓷；骨灰质瓷是较少用的高级日用瓷；日用滑石质瓷是近年来我国开发的一类新型日用瓷。

普通工业陶瓷主要为炻器和精陶。按用途包括建筑瓷、卫生瓷、电瓷、化学瓷和化工瓷等。建筑卫生瓷一般尺寸较大，要求强度和热稳定性好，常用于铺设地面、砌筑和装饰墙壁、铺设输水管道以及制作卫生间的各种装置、器具等；电工瓷要求机械强度高，介电性能和热稳定性好，主要用于制作机械支撑以及连接用的绝缘材料；化学化工瓷主要要求耐各种化学介质侵蚀的能力强，常用作化学、化工、制药、食品等工业和实验室的实验器皿、耐蚀容器、管道、设备等。

（2）特种陶瓷

特种陶瓷是具有高强、耐温、耐腐蚀性或具有各种敏感性的陶瓷材料，由于其在制作工艺、化学组成、显微结构及其特性等方面已经突破了传统陶瓷的概念和范畴，一般具有某些特殊性能，以适应各种需要，故称为特种陶瓷，又称为先进陶瓷、新型陶瓷、精细陶瓷等。根据其主要成分，分为氧化物陶瓷、氮化物陶瓷、碳化物陶瓷、金属陶瓷等；特种陶瓷具有特殊的力学、光、声、电、磁、热等性能。尽管特种陶瓷种类繁多，习惯上把特种陶瓷分为结构陶瓷和功能陶瓷两大类。

① 结构陶瓷　具有机械功能、热学性能和部分化学功能的陶瓷，由单一或复合的氧化物或非氧化物组成，如单由 Al_2O_3、ZrO_2、SiC、Si_3N_4，或相互复合，或与碳纤维结合而成。用于制造陶瓷发动机和耐磨、耐高温的特殊构件。其中氧化铝陶瓷（人造刚玉）是一种极有前途的高温结构材料。它的熔点很高，可作高级耐火材料，如坩埚、高温炉管等。利用氧化铝硬度大的优点，可以制造在实验室中使用的刚玉磨球机，用来研磨比它硬度小的材料。用高纯度的原料，使用先进工艺，还可以使氧化铝陶瓷变得透明，可制作高压钠灯的灯管。

② 功能陶瓷　具有电、光、磁、化学和生物体特性，而且具有相互转换功能的陶瓷。常见功能陶瓷的特性及应用见表6-2。

表6-2　常见功能陶瓷的组成、特性及应用

种类	性能特征	主要组成	用途
电子陶瓷	绝缘性	Al_2O_3、Mg_2SiO_4	集成电路基板
	热电性	$PbTiO_3$、$BaTiO_3$	热敏电阻
	压电性	$PbTiO_3$、$LiNbO_3$	振荡器
	强介电性	$BaTiO_3$	电容器
光学陶瓷	荧光、发光性	Al_2O_3CrNd 玻璃	激光
	红外透过性	$CaAs$、$CdTe$	红外线窗口
	高透明度	SiO_2	光导纤维
	电发色效应	WO_3	显示器
磁性陶瓷	软磁性	$ZnFe_2O$、$\gamma\text{-}Fe_2O_3$	磁带、各种高频磁芯
	硬磁性	$SrO \cdot 6Fe_2O_3$	电声器件、仪表及控制器件的磁芯
半导体陶瓷	光电效应	CdS、Ca_2S_x	太阳能电池
	阻抗温度变化效应	VO_2、NiO	温度传感器
	热电子放射效应	LaB_6、BaO	热阴极

种类	性能特征	主要组成	用途
化学响应陶瓷	化学反应性	多种金属氧化物（Al_2O_3、ZrO_2、ZnO_2、TiO_2）	催化剂 气体、液体过滤 传感器
生物陶瓷	生物活性	羟基磷灰石 Al_2O_3 陶瓷	组织/器官移植 牙科材料
	生物物理响应	PZT	超声成像

　　特种陶瓷往往不仅具备单一的功能，有些材料既可以作为结构材料，又可以作为功能材料，所以很难确切地加以划分和区别。

　　虽然特种陶瓷与传统陶瓷都是经过高温热处理而合成的无机非金属材料，但是其在所用粉体、成型方法和烧结及加工要求方面却有着很大的不同。传统陶瓷多数采用天然矿物原料，或者经过处理的天然原料。而特种陶瓷则多采用合成的化学原料，有时甚至是经特殊工艺合成的原料。传统陶瓷的制备工艺比较稳定，对材料显微结构的要求并不十分严格，而特种陶瓷则必须在物体的制备、成型、烧结方面采取许多特殊的措施，有时甚至需要采用当代先进技术所能达到的极限工艺条件进行制备，并且对材料的显微结构的控制非常重视。传统陶瓷主要应用于制造日用器皿、卫生洁具等生活用品，而特种陶瓷则主要用于工业技术，特别是信息科学、能源技术、宇航技术、生物工程、超导技术、海洋技术等高新技术方面。因此无论从材料本身的性能，还是从材料所采用的制备技术来看，特种陶瓷已经成为陶瓷料学、材料科学与工程方面非常活跃的前沿研究领域。目前，特种陶瓷在材料和制备技术两方面的研究都取得了很大的进展和成就，已发展为纳米陶瓷。

6.1.3　水泥

　　凡细磨成粉末状，加入适量水后，可成为塑性浆体，既能在空气中硬化，又能在水中硬化，并能将砂、石、钢筋等材料牢固地胶结在一起的水硬性胶凝材料，通称为水泥。在无机非金属材料中，水泥占有突出的地位，它是基本建设的主要原材料之一，广泛地应用于工业、农业、国防、交通、城市建设、水利以及海洋开发等工程。同时，水泥制品在代替钢材、木材等方面，也显示出在资源利用和技术经济上的优越性。

　　水泥的种类很多，如按照主要的水硬性矿物组成，可分为硅酸盐水泥（国外通称的波特兰水泥）、铝酸盐水泥、硫铝酸盐水泥、氟铝酸盐水泥及铁铝酸盐水泥等。其中，硅酸盐水泥是应用最广泛和研究最深入的一种。而按其用途和性能分，水泥又分为通用水泥（用于一般的建筑工程，主要是硅酸盐类的 5 种水泥）、专用水泥（适应于专门用途的水泥，如大坝水泥、油井水泥、砌筑水泥等）和特性水泥（具有比较突出的某种性能的水泥，如膨胀水泥、低热水泥、彩色水泥、白水泥等）三大类。在每一种品种的水泥中，又根据其胶结强度的大小，而分为若干强度等级，以水泥标号表示，如 32.5、32.5R、42.5、42.5R 等，数字越大，硬化后强度越高。低标号水泥常用于普通房屋建筑，高标号水泥主要用于大型桥梁、公路等工程建设。

　　硅酸盐类水泥的生产工艺在水泥生产中具有代表性，是以石灰石和黏土为主要原料，经破碎、配料、磨细制成生料，然后在水泥窑中煅烧成熟料，再将熟料加适量石膏（有时还掺加混合材料或外加剂）磨细而成。其中的熟料成分主要有硅酸三钙（$3CaO \cdot SiO_2$）、硅酸二钙（$2CaO \cdot SiO_2$）和铝酸三钙（$3CaO \cdot Al_2O_3$）、铁铝酸四钙（$4CaO \cdot Al_2O_3 \cdot Fe_2O_3$）等矿物成分。不同工艺阶段所发生的变化各不相同，主要化学反应如下。

$$CaCO_3 \xrightarrow{750\sim1000^\circ C} CaO + CO_2 \uparrow$$

$$2CaCO_3 + SiO_2 \xrightarrow{1000\sim1300^\circ C} 2CaO \cdot SiO_2 \text{（简写成 } C_2S\text{）}$$

$$3CaCO_3 + Al_2O_3 \xrightarrow{1000\sim1300^\circ C} 3CaO \cdot Al_2O_3 \text{（简写成 } C_3A\text{）}$$

$$4CaCO_3 + Al_2O_3 + Fe_2O_3 \xrightarrow{1000\sim1300^\circ C} 4CaO \cdot Al_2O_3 \cdot Fe_2O_3 \text{（简写成 } C_4AF\text{）}$$

$$CaO \cdot SiO_2 + 2CaO \xrightarrow{1300\sim1400^\circ C} 3CaO \cdot SiO_2 \text{（简写成 } C_3S\text{）}$$

水泥有很高的强度，主要是水泥熟料中四种主要成分遇水后水化、凝结、硬化的结果。各种熟料矿物遇水首先发生水解或水化作用。

$$3CaO \cdot SiO_2 + nH_2O \longrightarrow 2CaO \cdot SiO_2 \cdot (n-1)H_2O + Ca(OH)_2$$

$$2CaO \cdot SiO_2 + mH_2O \longrightarrow 2CaO \cdot SiO_2 \cdot mH_2O$$

$$3CaO \cdot Al_2O_3 + 6H_2O \longrightarrow 3CaO \cdot Al_2O_3 \cdot 6H_2O \text{（不稳定）}$$

$$3CaO \cdot Al_2O_3 + 3CaSO_4 \cdot 2H_2O + 26H_2O \longrightarrow 3CaO \cdot Al_2O_3 \cdot 3CaSO_4 \cdot 32H_2O$$
$$\text{（钙矾石，三硫型水化铝酸钙）}$$

$$3CaO \cdot Al_2O_3 \cdot 3CaSO_4 \cdot 32H_2O + 2(3CaO \cdot Al_2O_3) + 4H_2O \longrightarrow 3(3CaO \cdot Al_2O_3 \cdot CaSO_4 \cdot 12H_2O)$$
$$\text{（单硫型水化铝酸钙）（石膏含量少时）}$$

$$4CaO \cdot Al_2O_3 \cdot Fe_2O_3 + 7H_2O \longrightarrow 3CaO \cdot Al_2O_3 \cdot 6H_2O + CaO \cdot Al_2O_3 \cdot Fe_2O_3 \cdot H_2O$$

硅酸盐水泥与水反应生成新的化合物，并放出一定热量。生成的主要水化产物有：氢氧化钙、水化硅酸钙、水化铝酸钙、水化铁酸钙、钙矾石等，其中水化硅酸钙的含量最大，约占 70%，是水泥石具有高强度的主要因素。

水泥的凝结、硬化是很复杂的物理化学过程，大致可分为三个阶段。

第一阶段，大约在水泥拌水起到初凝时为止，C_3S 与水迅速反应生成 $Ca(OH)_2$ 饱和溶液，并从中析出 $Ca(OH)_2$ 晶体。同时，石膏也很快进入溶液和 C_3A 反应生成细小的钙矾石晶体。在这一阶段，由于水化产物尺寸小，数量又少，不足以在颗粒间架桥相连，网状结构未能形成，水泥浆呈塑性状态。

第二阶段，大约从初凝起到 24h 为止，水泥水化开始加速，生成较多的 $Ca(OH)_2$ 和钙矾石晶体。同时水泥颗粒上长出纤维状的水化硅酸钙。由于钙矾石晶体的长大以及水化硅酸钙的大量形成，产生强（结晶的）、弱（凝集的）不等的接触点，将各颗粒初步连接成网，而使水泥浆凝结。随着接触点数目的增加，网状结构不断加强，强度相应增加，原先剩留在颗粒空间中的非结合水，就逐渐被分割成各种尺寸的水滴，填充在相应大小的孔隙之中。

第三阶段，是指 24h 以后，直到水化结束的阶段。水化产物的数量不断增加，结构更趋致密，强度相应提高。

为调整水泥的凝结时间，在水泥生产的最后阶段需要加入适量的石膏，一般使用二水石膏。水泥从加水到开始失去塑性时间为初凝时间，这个时间不能太短，否则在施工未浇铸成型前，水泥就硬结了。水泥中加入石膏，主要起缓凝作用。石膏的加入使水化最快的铝酸三钙，生成难溶的水化硫酸钙，迅速包围在熟料颗粒四周，阻滞水分的进入，水化速度减缓，使水泥的凝结时间满足工程施工的要求。但石膏量不能超过 35%，因为过多的石膏中残余的 SO_4^{2-} 能在水泥硬化后与水化铝酸钙反应，生成水化硫铝酸钙，使体积膨胀，破坏水泥制品，所以从安定性考虑要控制石膏的加入量。

6.1.4 玻璃

广义上说，凡熔融体通过一定方式冷却，因黏度逐渐增大并硬化而具有固体性质和结构特征的非晶态物质，都称为玻璃。玻璃在常温下是一种透明的固体，在熔融时形成连续网络结构，其分子结构不像晶体那样在空间具有长程有序的排列，而近似于液体那样具有短程有序。玻璃没有特有的固定组成，无固定的熔点，且具有各向同性、介稳性、熔融状态到固体状态转化的渐变性和可逆性。非结晶性是玻璃区别于陶瓷、水泥材料最显著的结构特征。

玻璃生产的主要原料分为玻璃形成体、玻璃调整物和玻璃中间体，其余为辅助原料。主要原料指引入玻璃形成网络的氧化物、中间体氧化物和网络外氧化物；辅助原料包括澄清剂、助熔剂、乳浊剂、着色剂、脱色剂、氧化剂和还原剂等。主要原料具体包括：①富含 SiO_2 的各种矿物（硅砂、岩砂等）；②用于引入 Al_2O_3 的长石、黏土等矿物；③用于引入 Na_2O/K_2O 组分的纯碱、芒硝、钾碱等；④用于引入 B_2O_3 组分的硼酸、硼砂及硼矿物；⑤用于引入 CaO、MgO 的其他矿物等。普通玻璃的生产通常是以石英砂、纯碱、长石及石灰石为主要原料，在高温下发生复杂的物理、化学变化，在高温炉内熔融反应后形成无机氧化物的熔融混合物，如氧化硅、氧化铝、氧化钾/氧化钠、氧化硼等。

玻璃有多种分类方法，通常按主要成分分为氧化物玻璃和非氧化物玻璃。非氧化物玻璃品种和数量很少，主要有硫系玻璃和卤化物玻璃。硫系玻璃的阴离子多为硫、硒、碲等，可截止短波长光线而通过黄、红光，以及近、远红外线，其电阻低，具有开关与记忆特性。卤化物玻璃的折射率低，色散低，多用作光学玻璃。

氧化物玻璃又分为硅酸盐玻璃、硼酸盐玻璃、磷酸盐玻璃等。硅酸盐玻璃指基本成分为 SiO_2 的普通玻璃，其品种多，应用最为广泛。通常按玻璃中 SiO_2 以及碱金属、碱土金属氧化物的不同含量，又分为以下几种。

① 石英玻璃 SiO_2 含量大于 99.5%，热胀系数低，耐高温，化学稳定性好，透紫外线和红外线，熔制温度高、黏度大，成型较难。多用于半导体、电光源、光导通信、激光等技术和光学仪器中。

② 高硅氧玻璃 也称 vycor 玻璃，主要成分 SiO_2 含量为 95%～98%，含少量 B_2O_3 和 Na_2O，其性质与石英玻璃相似。

③ 钠钙玻璃 以 SiO_2 含量为主，还含有 15% 的 Na_2O 和 16% 的 CaO，其成本低廉，易成型，适宜大规模生产，其产量占实用玻璃的 90%。可生产玻璃瓶罐、平板玻璃、器皿、灯泡等。

④ 铅硅酸盐玻璃 主要成分有 SiO_2 和 PbO，具有独特的高折射率和高体积电阻，与金属有良好的浸润性，可用于制造灯泡、真空管芯柱、晶质玻璃器皿、火石光学玻璃等。含有大量 PbO 的铅玻璃能阻挡 X 射线和 γ 射线。

⑤ 铝硅酸盐玻璃 以 SiO_2 和 Al_2O_3 为主要成分，软化变形温度高，用于制作放电灯泡、高温玻璃温度计、化学燃烧管和玻璃纤维等。

⑥ 硼硅酸盐玻璃　以 SiO_2 和 B_2O_3 为主要成分，具有良好的耐热性和化学稳定性，用于制造烹饪器具、实验室仪器、金属焊封玻璃等。

硼酸盐玻璃以 B_2O_3 为主要成分，熔融温度低，可抵抗钠蒸气腐蚀。含稀土元素的硼酸盐玻璃折射率高、色散低，是一种新型光学玻璃。

磷酸盐玻璃以 P_2O_5 为主要成分，折射率低、色散低，用于光学仪器中。

按玻璃用途分类，可分为建筑玻璃、日用玻璃、仪器玻璃、光学玻璃、有色光学玻璃、电真空玻璃。其中有色玻璃是在普通玻璃制造过程中加入一些金属氧化物，如 Cu_2O——红色；CuO——蓝绿色；CdO——浅黄色；Co_2O_3——蓝色；Ni_2O_3——墨绿色；MnO_2——蓝紫色；胶体 Au——红色；胶体 Ag——黄色。

按玻璃性能特点分类，分为钢化玻璃、多孔玻璃（即泡沫玻璃，孔径约 40nm，用于海水淡化、病毒过滤等方面）、导电玻璃（主要用于液晶显示器、太阳能电池等）、微晶玻璃（又叫结晶玻璃或玻璃陶瓷，是在普通玻璃中加入金、银、铜等晶核制成，代替不锈钢和宝石，作雷达罩和导弹头等）、乳浊玻璃（用于照明器件和装饰物品等）和中空玻璃（用作门窗玻璃）等。玻璃的性能与组成有关，如耐热玻璃中含有较多的氧化硼，防射线玻璃中有相当数量氧化铅，无碱玻璃中只含有少量甚至没有碱金属氧化物。

按功能特点分类，主要包括力学性能玻璃、热学性能玻璃、电学性能玻璃、光学性能玻璃、化学稳定性玻璃等。总之，玻璃的种类非常多，应用也非常广泛。

6.2　新型无机非金属材料

新型无机非金属材料也称功能材料，所谓功能材料指的是在力、声、热、电、磁、光等外场作用下，其性能会发生改变的材料。新型无机非金属材料因具有耐高温、耐腐蚀、高强度、高硬度、多功能等多种优越性能，其中一些已在各工业部门及近几十年迅速发展起来的空间技术、电子技术、激光技术、光电子技术、红外技术、能源开发和环境科学等新技术领域中得到广泛应用，成为国民经济的支柱产业之一，也是材料科学与工程领域中最活跃的部分。众多的功能材料按其功能或主要使用性能来分类，可大致分为七类，即光功能材料、电功能材料、磁功能材料、机械功能材料、生物功能材料、化学功能材料、热功能材料。

（1）光功能材料

光功能材料以光功能玻璃占的比重最大，其中包括光导玻璃纤维、激光玻璃、光致变色玻璃、光的选择透过和反射玻璃、非线性光学玻璃及闪烁玻璃等。

在陶瓷方面，具有电光效应的 PLZT（掺镧锆钛酸铅）透明烧结陶瓷可用于光存储器、光阀等器件；红宝石单晶体作为激光介质，可用于固体激光器；NaI（Tl）、CeF_3、YAP、GSO、PbF_2 等晶体材料用作物质结构探测用的闪烁材料。

（2）电功能材料

电功能材料则以陶瓷占的比重最大。包括集成电路用的绝缘陶瓷，电容器用的介电陶瓷，超声及换能设备用的压电陶瓷、热释电陶瓷、铁电陶瓷等，用作传感器、变阻器及光敏元件的半导体陶瓷，用于电池及氧传感器的快离子导体，用于超导磁体及发电机的超导性陶瓷。电子陶瓷材料已形成较大规模的产业，新材料在不断涌现，成为无机非金属材料领域非常重要的一大类材料。

电功能玻璃包括快离子导体玻璃、电子导体玻璃、离子与电子混合导体玻璃（如电致变色玻璃）、延迟线玻璃和等离子体显示屏基板玻璃等。

导电水泥也属于电功能无机非金属材料。

（3）磁功能材料

磁功能材料包括存储器及磁芯用的软磁性陶瓷、电视显像管用的硬磁性陶瓷、法拉第旋转玻璃（磁光玻璃）、计算机磁盘玻璃及治疗癌症用的微晶玻璃等。

将玻璃放入磁场中，光通过玻璃时，光的偏振面会发生正向或反向旋转，这种玻璃叫法拉第旋转玻璃，一般含有铊、铅、碲等，可用来做偏光或检偏光元件、光开关、光隔离器等。

（4）机械功能材料

高硬度、高强度、高韧性材料等均属于机械功能材料。作为结构材料，强度是其首要的性能，因此结构陶瓷可归属于机械功能材料类。如发电机用的 $SiC-SiC$、$SiC-Si_3N_4$、$SiC-Al_2O_3$，耐磨器件用的 $TiC-Ni$、$WC-Co$、SiC、$SiC-Al_2O_3$，轴承、密封件和定位销用的赛龙，耐磨损用的金刚石薄膜及各种高硬度、高强度、高韧性复合材料等。

玻璃在使用过程中，容易造成划伤。为避免划伤，就要增加玻璃的硬度，含氧化钇、氧化镧的铝硅酸盐玻璃，其维氏硬度显著高于钠钙硅玻璃。在氧化物玻璃中引入氮原子的玻璃，其维氏硬度更高。此外，钢化玻璃力学性能也比普通玻璃优良；微晶玻璃则是一种高强度、高韧性的材料，有的可以进行切削等机械加工。这些玻璃材料都可归属于机械功能材料类。

（5）热功能材料

热功能材料应包括各种耐高温的耐火材料，热交换器用抗热冲击性 SiC、$SiC-Al_2O_3$、Si_3O_4、ZrO_2 复合材料，各种发热、传热、蓄热、隔热及热反射材料。此外，经骤冷骤热而不破坏的低膨胀耐热玻璃、具有很高热稳定性的低膨胀微晶玻璃，也属于热功能材料类。

（6）生物功能材料

生物功能材料主要是指能够满足和达到生理和生物功能要求的材料，包括羟基磷灰石、氧化铝、炭、磷酸钙、ZrO_2、磷酸盐玻璃、氟磷酸盐玻璃及微晶玻璃等。

（7）化学功能材料

化学功能材料包括可进行气体或液体分离、放射性废弃物固化处理、作为催化剂和酶载体的多孔陶瓷与玻璃，具有憎水（油）防污染及杀菌功能的陶瓷与玻璃，高温抗氧化陶瓷与玻璃涂层，防腐蚀及耐腐蚀的陶瓷、玻璃、水泥及耐火材料等。

6.3 无机非金属基复合材料

复合材料，是由两种或两种以上不同性质的材料，通过物理或化学的方法，在宏观或微观上组成具有新性能的材料。在复合材料中，通常有一种材料为连续相，称为基体；另一种材料为分散相，称为增强材料。增强材料分散分布在整个连续的基体材料中，各相之间存在着相界面。根据复合材料的基体化学组成，可将其分为金属基、无机非金属基和有机高分子基复合材料三大类。通过复合，各种材料在性能上互相取长补短，产生协同效应，使复合材料的综合性能优于原组成材料而满足各种不同的要求。

无机非金属基复合材料以无机非金属类物质为基体，包括单质（如 C、Si 等）、氧化物及复合氧化物（如 Al_2O_3、ZrO_2、BeO、Cr_2O_3、$BaTiO_3$ 等）、非氧化物（如 SiC、Si_3N_4、B_4C、ZrB_2、$MoSi_2$ 等）、无机盐类（如硅酸盐、硼酸盐、磷酸盐、铋酸盐等），也包括上述各基体的复合物（如 C-SiC、ZrB_2-Si-C 等），还包括由上述基体复合而成的材料（如陶瓷、玻璃、耐火材料、水泥、搪瓷等）。这些基体可以与颗粒、晶片、晶须、纤维或功能性增强材料复合。常用的是纤维增强复合材料和颗粒增强复合材料。

6.3.1 纤维增强无机非金属基复合材料

传统的无机非金属材料如陶瓷、玻璃、水泥等作为结构材料的最大缺点是使用时容易产生难以预见的脆性断裂。而采用纤维增强增韧是改善脆性的有效方法之一，从而获得陶瓷纤维复合材料、玻璃纤维复合材料。

（1）陶瓷基复合材料

陶瓷基复合材料是以陶瓷为基体与各种纤维复合的一类复合材料。陶瓷基体可为氮化硅、碳化硅等高温结构陶瓷。

氮化硅基陶瓷材料是一种重要的高温结构材料，其应用受到限制的主要原因是容易发生脆性断裂。在氮化硅基陶瓷中引入连续纤维可使其强度和韧性大大提高，断裂行为类似于金属材料。因此，纤维增强增韧氮化硅基陶瓷复合材料是材料领域的重要发展方向之一。然而，目前所用纤维主要是碳纤维（C_f）和碳化硅纤维（SiC_f），其在高温下的氧化特性及在材料内部诱发出的微裂纹两大问题使材料的使用可靠性和寿命大大降低。因此，如何提高氮化硅基陶瓷复合材料的抗高温氧化性和寿命是当前的主要问题。将特定组成（如 N-O-Al-Si-B 体系组分）的陶瓷、玻璃类材料进行热处理，使之析出纤维状或柱状微晶体并形成交联网状结构，获得的原位生长纤维增强增韧的陶瓷基复合材料有可能在确保材料高强度、高韧性的前提下，显著提高材料的高温抗氧化性，同时也使制备工艺大大简化，这方面的研究也在进行之中。

在碳化硅陶瓷基体中复合连续纤维后，可使其强度和韧性大大提高，而质量又比金属材料轻很多，因而引起广泛关注。美国、法国、德国和日本等技术发达国家竞相投入巨资，重点研究碳纤维增韧碳化硅（C_f/SiC）和碳化硅纤维增韧碳化硅（SiC_f/SiC）两类材料的多维整体复合技术，并已取得许多重要成果，有的已经达到实用化水平。例如，超高速列车上的纤维增强碳化硅复合材料制动件；陶瓷基复合材料导弹头锥、火箭喷管、航天飞机结构件。预计连续纤维增韧的碳化硅基陶瓷复合材料可望在推重比为 15～20 的涡轮发动机及发动机叶片、高速轴承、活塞、航天飞行器的防热体等方面获得实际应用，是今后材料研究与开发的热点。

（2）玻璃纤维复合材料

玻璃纤维制品可分为短纤维和长纤维制品。短纤维具有质量轻、易于操作加工、不燃、隔热、吸声等特点，可作为隔热、吸声材料。长纤维具有高抗拉强度，优良的耐热性、耐久性，可作为增强材料。例如，用混凝土和砂浆等的硬化物作为土木建筑材料具有很多优点，是用量最大的材料，但其抗拉强度低、韧性差、吸收应变能较小，经受不了很大的外力，是典型的脆性材料。如要改进脆性，使抗拉强度和韧性达到结构材料所需的指标，就要考虑新的复合材料及方法。玻璃纤维增强水泥（GRC）是其中的一种。GRC 与以往的水泥制品相比，抗冲击性能较强，由于质量较轻，可广泛用作墙板、模板、窗框、管道、隔音壁、排气管道等。

6.3.2 颗粒增强无机非金属基复合材料

（1）金属-陶瓷复合材料

将高温陶瓷和金属（过渡金属元素或其合金）制成粉末后，经混合、成型、烧结及加工制备了金属-陶瓷复合材料，结合了金属的优异的韧性、耐冲击、抗热震性和陶瓷的高温强度高、高温抗氧化、抗腐蚀性好的优点，从而使复合材料的高温强度、抗冲击、抗热震性能得到改善。目前，Al_2O_3-Cr 系金属陶瓷用途极广，如用作熔融铜的流量调节阀、热电偶保护管、喷气式发动机的喷嘴、炉膛、合金铸造的芯子等。Al_2O_3-Fe 系制品具有较高的硬度及耐磨性，用作泵密封环。此外，还有 ZrO_2-Ti 系、TiC-Ni-Co-Cr 系等陶瓷基金属-陶瓷复合材料。

（2）碳-陶瓷复合材料

碳素材料具有热稳定性高、耐腐蚀和抗热冲击等优异性能，已得到广泛应用。但制造过程中必须用黏结剂，材料往往是多孔的，强度也小，因此一直进行研究高密度高、强度碳素材料的制备方法，如将陶瓷与碳复合的方法。这类材料主要是将碳和制砖原料以沥青或黏土为黏结剂的成形物，用于炼铁用耐火砖和出钢槽材料等不需要很高强度的构件。如镁碳砖、镁钙碳质耐火材料及铝碳质材料等。高强度碳-陶瓷复合材料还在开发之中。最近报道用焦炭和 B_4C 或 SiC 混合粉末通过热压方法而制得高强度碳-陶瓷复合材料。

知识链接

石墨烯/碳纳米管复合材料

碳纳米管（CNTs）和石墨烯（graphene）分别在 1991 年和 2004 年被人们所发现，而且从它们被发现的那天起就一直备受瞩目。碳纳米管是一种具有特殊结构的一维量子材料，是由六圆环组成的石墨片层结构卷曲而形成的同心圆筒，按照石墨烯片的层数可分为单壁碳纳米管（SWCNTs）和多壁碳纳米管（MWCNTs）。CNTs 的径向尺寸可达到纳米级，轴向尺寸为微米级，管的两端一般都封口，因此它有很大的强度，同时巨大的长径比有望使其制作成韧性极好的碳纤维。石墨烯是一种由碳原子以 sp^2 杂化轨道组成的六角形呈蜂巢晶格的平面薄膜，只有一个碳原子厚度的二维碳材料。零维富勒烯、一维碳纳米管、二维石墨烯共同组成了骨干的碳纳米材料家族，并且它们之间可以在形式上转化。

石墨烯和碳纳米管在电学和力学等方面有着相似的性质，但由于结构不同，它们也有很多不同之处。碳纳米管和石墨烯分别是优良的一维和二维碳材料，它们体现出了一维的和二维的各向异性，如导电性、力学性能和导热性等。为了结合两者的优点，人们将石墨烯和碳纳米管共同用于复合材料。石墨烯和碳纳米管复合材料形成三维网状结构，通过它们之间的协同效应,使其表现出比任意一种单一材料更加优异的性能,例如更好的各向同性导热性、各向同性导电性、三维空间微孔网络等特性。

基于以上性质,使得石墨烯/碳纳米管复合材料在超级电容器、太阳能电池、显示器、生物检测、燃料电池等方面有着良好的应用前景。CNTs丰富的纳米孔隙结构和巨大的比表面积使得其具有优良的吸附性能,不仅能处理铅、镉和铬等重金属及氟离子等非金属无机化学毒物,还能有效地去除水中的有机化学毒物,如苯胺、酚类和三卤甲烷等。此外,掺杂一些改性剂的石墨烯/碳纳米管复合材料也受到人们的广泛关注,例如在石墨烯/碳纳米管复合电极上添加CdTe量子点制作光电开关、掺杂金属颗粒制作场致发射装置。由此可见,石墨烯/碳纳米管复合材料越来越多地被人们所关注和应用。

网络导航

材料世界网

材料世界网报道中国台湾及全球材料与科技相关研发成果及新闻,其内容主要由中国台湾工业技术研究院材料与化工研究所的庞大研究群主笔。从RFID到PCB、从轻金属到纳米技术、从IC到显示技术,材料世界网与工业材料杂志始终掌握着国内外产业技术的最新发展脉动,提供国内外最新的材料新知,也有深入浅出的技术性资料,与实时的市场资料。

"材料主题馆"单元,提供不同主题的技术与市场信息,包括光电(LED,太阳光电等)、显示器(TFT组件、OLED、EPD、偏光膜、背光模块等)、半导体/构装技术、能源技术(燃料电池、再生能源等)、纳米/微机电技术、智慧生活应用、绿色环保/回收再利用技术、新金属材料技术等8大主题。此外"材料最前线"单元也随时提供国内外实时与动态的最新技术与市场信息,尤其是日本最先进的技术研发成果;"每日焦点"单元广泛含及各领域的材料应用、前瞻技术与市场发展蓝图;"材料News"单元委请各领域专家撰写相关技术的最新突破点。另外,材料世界网还设有"厂商数据库"、"电子报"、"工业材料"与"技术橱窗"等专区,提供更多元的服务。

材料世界网 http://www.materialsnet.com.tw

习题

1. 与水泥、玻璃、陶瓷等属于同类材料的是 (   )。

    A. 光导纤维   B. 有机玻璃   C. 人造纤维   D. 砖瓦

2. 下列物质中,属于新型无机非金属材料的是 (   )。

    A. 钢化玻璃   B. 碳化硅陶瓷   C. 波特兰水泥   D. 硼酸盐玻璃

3. 硅酸盐水泥熟料的主要矿物组成是什么?在水泥水化硬化过程中所起的作用是什么?

4. 制造硅酸盐水泥时为什么必须掺入适量的石膏?

5. 新型无机非金属材料按功能分为哪几大类?各举一例。

6. 无机非金属材料基复合材料按增强材料如何分类?并举例。

第7章
高分子化合物与高分子材料

高分子材料也称为聚合物材料，是以高分子化合物（树脂）为基体，再配有其他添加剂（助剂）所构成的材料。人们使用天然有机高分子材料的历史很早，如木材、皮革、橡胶、棉、麻、丝等都属于这一类。自20世纪20年代以来，发展了人工合成的许多种高分子材料。合成高分子材料具有天然高分子材料所没有的或较为优越的性能——质轻、耐腐蚀、绝缘性好、易于成型加工，但强度、耐磨性及使用寿命差。因此，高强度、耐高温、耐老化的高分子材料是当前高分子材料的重要研究课题。

高分子材料有各种不同的分类方法，例如按来源分为天然高分子材料和合成高分子材料。合成高分子材料主要是指塑料、合成橡胶和合成纤维三大合成材料，此外还包括胶黏剂、涂料以及各种功能性高分子材料；按大分子主链结构可分为碳链高分子材料、杂链高分子材料和元素有机高分子材料等；最常用的是根据高分子材料的性能和用途进行分类，可分为通用高分子材料、功能高分子材料以及聚合物基复合材料等不同的类型。

7.1 高分子化合物概述

有机高分子化合物是由小分子化合物通过聚合反应而制得的，一般相对分子质量高于10000，因此也常称为聚合物或高聚物，用于聚合的小分子则称为"单体"。

7.1.1 高分子化合物的合成

由低分子单体合成聚合物的反应称为聚合反应。可以从不同角度对聚合反应进行分类。

根据聚合物和单体元素组成和结构的变化，可将聚合反应分成加聚反应和缩聚反应两大类。单体加成而聚合起来的反应称为加聚反应。加聚反应产物的元素组成与单体相同，分子量是单体分子量的整数倍。例如氯乙烯经加聚反应生成聚氯乙烯：

$$n\text{CH}_2{=}\text{CH} \longrightarrow {\left[\text{CH}_2{-}\text{CH}\right]}_n$$
$$\qquad\quad | \qquad\qquad\qquad |$$
$$\qquad\quad \text{Cl} \qquad\qquad\qquad \text{Cl}$$

若在聚合反应过程中，除形成聚合物外，同时还有低分子副产物形成，则此种聚合反应称为缩聚反应。由于有低分子副产物析出，所以缩聚物的元素组成与相应的单体不同，缩聚物分子量亦非单体分子量的整数倍。缩聚反应一般是官能团之间的反应，大部分缩聚物是杂链聚合物。例如己二胺与己二酸之间的缩聚反应可表示为：

$$n\,H_2N \!\!\leftarrow\!\! CH_2 \!\!\rightarrow\!\!_6 NH_2 + n\,HOOC \!\!\leftarrow\!\! CH_2 \!\!\rightarrow\!\!_6 COOH \longrightarrow$$
$$H \!\!\leftarrow\!\! NH \!\!\leftarrow\!\! CH_2 \!\!\rightarrow\!\!_6 NH\!-\!CO \!\!\leftarrow\!\! CH_2 \!\!\rightarrow\!\!_6 CO \!\!\rightarrow\!\!_n OH + (2n-1)H_2O$$

按照反应机理分类，可将聚合反应分成连锁聚合反应和逐步聚合反应两大类。

多数烯类单体的加聚反应属于连锁聚合反应，以该方法生产的聚合产物约占聚合物总产量的 60% 以上，连锁聚合反应的特征是整个反应过程由链引发、链增长、链终止等几步基元反应组成，各基元反应的速率和活化能差别较大。此类反应中，聚合物大分子的形成几乎是瞬时的，体系中始终由单体和聚合物大分子两部分组成，转化率随时间而增大，单体则相应减少。

绝大多数缩聚反应和合成聚氨酯的反应都属于逐步聚合反应。其特征是低分子转变成高分子是缓慢逐步进行的，每步反应的速率和活化能大致相同。反应早期，大部分单体很快聚合成二聚体、三聚体、四聚体等低聚物，短期内转化率很高，随着反应时间的延长，聚合物分子量缓慢增加。

7.1.2 高分子化合物的结构

高分子化合物的分子相对较大，而且一般呈链状结构，因此称其为高分子链或大分子链。高分子化合物的结构包括大分子链本身的结构和大分子链之间的排列（凝聚态结构）两方面。

(1) 大分子链骨架的几何形状

大分子链骨架的几何形状可分为线型、支链型、体型（也称网状）等几种类型（见图 7-1）。

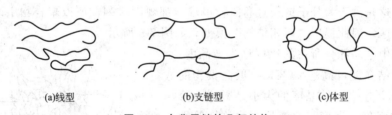

    (a)线型   (b)支链型   (c)体型

图 7-1 大分子链的几何结构

① 线型大分子　分子在拉伸时呈长链线状，自由状态时呈卷曲状。线型高分子化合物是通过分子间力聚集起来的，分子链间的作用力较弱，加热或溶解可克服分子间力，使大分子分开，所以线型聚合物通常可以溶解和熔融，例如聚乙烯。

② 支链型大分子　支链型大分子亦称支化大分子，是指线型分子链上带有一些长短不同的支链。支链型聚合物也是以分子间力聚集起来的，性质与线型聚合物基本相同，可以溶解和熔融。但支链的存在使得大分子不易紧密排列，分子间力较弱，因此，支链高分子的溶解度较大，结晶度和密度较低。星形大分子、梳形大分子及枝形大分子都可视为支链型大分子的特殊类型。

③ 体型大分子　大分子链之间通过化学键相互交联连接起来，就形成三维结构的网状大分子。这里的"分子"已不同于一般分子的涵义。这种交联聚合物的特点是不溶不熔。热固性聚合物通常是体型结构。

长链大分子之所以在自然条件下采取卷曲的状态，是因为大分子链具有一定的柔顺性。以碳链高分子为例：由于C—C单键是σ键，电子沿键轴方向呈圆柱状对称分布，因此碳原子可以绕C—C键自由旋转。在不破坏σ键的前提下，C—C原子相对旋转，称"内旋转"。如图7-2所示。

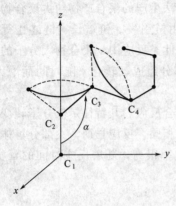

图7-2　大分子链的内旋转

如果原子C_1和C_2连接起来，则C_2—C_3键可以绕C_1—C_2键旋转，旋转时键角α保持不变。而C_3—C_4键即第三个键相对于第一个键即C_1—C_2键，其旋转的任意性变大，两个键相隔越远，其空间位置的关系越小，因此，在分子内旋转的作用下，大分子链具有很大的柔曲性。同理，分子的末端距（高分子链两端的距离）也是不定的，每一瞬间都不相同。由于高聚物分子的内旋转可产生无数构象，所以高分子链是非常柔软的。高分子链的这种特性称为高分子链的柔顺性。柔顺性是高分子链的重要物理特性，也是它们与低分子物质性质不同的原因之一。

（2）高聚物的凝聚态结构

高聚物的凝聚态结构是指在分子间力作用下，大分子链相互聚集在一起所形成的组织结构。高聚物凝聚态结构分为晶态结构和非晶态（无定形）结构两种类型。结构比较规则、简单的以及分子间作用力强的大分子易于形成晶态结构，如聚乙烯、聚四氟乙烯、纤维素等；而一些结构比较复杂和不规则的大分子，则往往形成无定形即非晶态结构，如聚苯乙烯、聚甲基苯烯酸甲酯（有机玻璃）、酚醛树脂等。高聚物中晶态结构和非晶态结构往往共存。这是由于大分子链长且卷曲，很难全都规则排列，所以聚合物中既有结晶区，也有非结晶区，因此提出"两相结构"模型，如图7-3所示。

聚合物中结晶部分所占的比例称为结晶度。如聚乙烯的结晶度可高达95%，一般高聚物的结晶度为50%左右。结晶度的大小是影响高分子材料机械强度、密度、溶解性、耐热性等性能的重要因素。

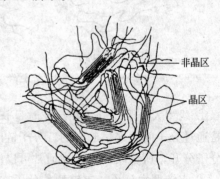

图7-3　高聚物两相结构示意

高聚物能否结晶以及结晶度的大小，也与外界条件有密切关系。例如，同一种尼龙6，在不同条件下所制备的样品，其形态结构截然不同。将尼龙6的甘油溶液加热至260℃，倾入25℃的甘油中则形成非晶态的球状结构。如将上述溶液以1~2℃·min⁻¹的速度慢慢冷却，则形成微丝结构。冷却速度为40℃·min⁻¹时，会形成细小的层片结构，这是规整的晶体结构。

7.1.3　高分子化合物的性能

（1）高分子化合物的物理状态

由于晶态与非晶态通常两相共存，高聚物一般没有确定的熔点，只有一个熔融温度范围。非晶态线型高聚物随着温度的升高会逐步软化，从固态变为液态。这个过程要经过玻璃态、高弹态和黏流态 3 种不同的物理状态。这 3 种聚集状态可以相互转化，它们的关系可以用形变和温度曲线（或热-机械曲线）来描述（见图 7-4）。图 7-4 中 T_g 表示玻璃态与高弹态之间的转变温度，称为玻璃化温度；T_f 表示高弹态与黏流态之间的转变温度，称为黏流化温度。

① 玻璃态　在 $T_b \sim T_g$ 区间温度较低，分子的动能较小，不但整个大分子链不能运动，就是链段也不能自由运动，只有侧基、链节、键长、键角等的局部运动。分子的形态和相对位置被固定下来，这时聚合物硬而不脆，称为玻璃态。常温下的塑料就处于玻璃态，T_g 是其使用的上限温度，T_b（脆化温度）是其使用的下限温度，当温度低于 T_b 时，在外力作用下高分子链会发生断裂，材料显脆性，失去使用价值。

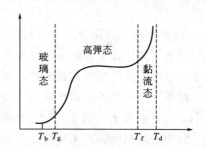

图 7-4　非晶态线型高聚物的温度（形变曲线）

T_b—脆化温度；T_g—玻璃化温度；
T_f—黏流化温度；T_d—分解温度

② 高弹态　在 $T_g \sim T_f$ 区间温度升高，分子的动能加大，单键的内旋转可以发生，但整个分子链还是不能移动。这时高聚物在外力的作用下可产生形变，外力消失，又恢复原状，表现出很高的弹性。高聚物的这种状态称为高弹态。常温下橡胶就处于高弹态，T_g 是其使用的下限温度，T_g 越低，橡胶的耐寒性越好。

③ 黏流态　在 $T_f \sim T_d$ 区间温度再升高，分子的动能较大，足以克服分子间的作用力，使整个分子链自由运动，成为可以流动的黏稠液体，这时的状态称为黏流态。室温下或略高于室温时呈黏流态的聚合物，常用于制作胶黏剂和涂料。这也是一般塑料成型加工的温度。温度高于 T_d（分解温度）时，大分子发生热分解。

（2）高分子化合物的特性

① 弹性和塑性　非晶态结构的高聚物在一定温度下受热会变软，在模具里压制成特定的形状，再冷却至室温其形状依然保持不变，这就是聚合物的可塑性。非晶态线型（包括直链和支链型）结构的高聚物弹性和塑性较好，而体型结构的高聚物因交联度增大，弹性和塑性较差。

② 力学性能　高聚物的力学性能，如硬度、抗压、抗拉、抗弯曲、抗冲击等，主要取决于分子链之间作用力的大小，而分子间力的大小与聚合度、结晶度、取代基的性质等因素有关。一般来说，聚合度和结晶度越大，分子排列就越致密，分子间作用力也越大，力学性能也就越强。例如纤维的强度通常比塑料和橡胶都要大，这是因为制造纤维的高聚物结晶度较高。

在聚合物链中引入一些极性基团，如羟基、氰基等，也会使分子间力增大；若分子链中带有氢键，则分子间的作用力将更为显著，力学性能就更好。例如聚氯乙烯分子中因为含有极性基团（—Cl），其拉伸强度比一般的聚乙烯要高；芳纶 1414 纤维（聚对苯二甲酰对苯二胺），分子链的极性强，且有氢键存在，其强度是钢丝的 5 倍，有"人造钢丝"之称。

③ 电绝缘性　不含极性基团的饱和聚合物，由于分子内部没有自由电子和离子，因

而不具备导电能力，常用作绝缘材料。例如聚乙烯、聚苯乙烯等聚合物均为优良的电绝缘体。

如果聚合物中含有极性基团，例如聚氯乙烯、聚酰胺等，在交流电场作用下，极性基团或极性链节的取向会随电场方向变化呈周期性移动，因而具有一定的导电性。

因此，高聚物的电绝缘性与其分子的极性大小有关，分子的极性越小，电绝缘性越好。

④ 溶解性　高聚物的溶解与低分子化合物的溶解有相同之处，一般情况下，也符合相似相溶，即极性聚合物易溶于极性溶剂，非极性聚合物易溶于非极性溶剂。例如，极性的聚甲基丙烯酸甲酯（有机玻璃）可溶于氯仿，弱极性的聚苯乙烯可溶于苯或甲苯等。

此外，高聚物的溶解性还与自身的结构有关，因此高聚物的溶解过程要比低分子化合物的溶解复杂得多。通常，这种溶解过程都比较慢，要经过"溶胀"和"溶解"两个阶段。首先是溶剂渗入高聚物分子链间，使高分子链之间的距离增加，高聚物体积增大被溶胀。随后，高分子链被大量的溶剂分子隔开而完全进入溶剂之中，完成溶解过程。

通常线型高聚物的溶解性比体型有机聚合物的溶解性要大，因为对于体型高聚物来说，由于分子链间有化学键相连，只有程度不等的溶胀而不能溶解。

⑤ 老化与防老化　所谓老化是指高聚物长期受酸、碱、氧、水、热、光等影响，其性能逐渐变坏的现象。例如塑料用久了会变脆甚至开裂；橡胶老化了会变黏或变硬；衣服穿久了纤维老化也会泛黄。究其原因，由于分子链的交联反应可使线型结构转变为体型结构，从而使高聚物发硬变脆，失去弹性；而分子链的裂解反应，会使大分子链发生降解，聚合度下降、分子量减小，从而使高聚物变软、发黏，失去原有的机械强度。

导致高聚物老化的诸多因素中，以氧、热、光为主要因素。受热和光照都会大大加速高聚物的氧化，严重影响了材料的使用寿命。为了减缓高聚物的老化，可以在高聚物的制备过程中添加各种抗氧化剂、热稳定剂、光稳定剂等。例如，在分子链中加入烷基酚类或芳香胺类作为抗氧化剂；引入较多的芳环和杂环结构，或引入 Si、P、Al 等无机元素，作为热稳定剂；添加氧化锌、钛白粉、炭黑等作为光稳定剂。

7.2　通用高分子材料

通用高分子材料指能够大规模工业化生产，已普遍应用于建筑、交通运输、农业、电气电子工业等国民经济主要领域和人们日常生活的高分子材料，包括塑料、橡胶、纤维、胶黏剂（又称黏合剂）、涂料等。

7.2.1　塑料

（1）塑料的分类

塑料是以聚合物为主要成分，在一定条件（温度、压力等）下可塑成一定形状并且在通常条件下能保持其形状不变的材料。目前已大批量生产的有 20 余种，少量生产和使用的则有数百种。塑料有各种不同的分类方法，具体如图 7-5 所示。

单组分塑料是由聚合物构成或仅含少量辅助物料（染料、润滑剂等）；多组分塑料则

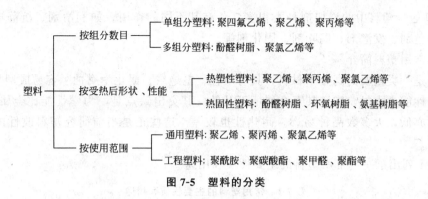

图7-5 塑料的分类

除聚合物之外，还含有大量辅助剂（如增塑剂、稳定剂、改性剂、填料等）。热塑性塑料具有受热软化，冷却后硬化的特性，这种软化和变硬是可逆的，可反复进行，这对塑料制品的再生很有意义，热塑性塑料占塑料总产量的70%以上；热固性塑料是由单体直接形成网状聚合物或通过交联线型预聚体而形成，一旦形成交联聚合物，再加热后也不软化。因此，对热固性塑料而言，聚合过程（最后的固化阶段）和成型过程是同时进行的。所得制品是不溶不熔的。通用塑料是指产量大、价格较低、力学性能能满足一般要求、主要用作非结构材料使用的塑料；工程塑料一般是指可作为结构材料使用，能经受较宽的温度变化范围和较苛刻的环境条件，具有优异的力学性能、耐热性能、耐磨性能和良好的尺寸稳定性等。

（2）塑料的组分及作用

大多数塑料品种是一个多组分体系，除高分子聚合物基本组分外，还含有多种添加剂，塑料的主要成分及作用简介如下。

① 合成树脂　合成树脂是塑料中最基本的组分，其在塑料中的含量占40%～70%，最高可达100%。合成树脂使塑料具有塑性。它还起着黏结剂的作用，将其他成分黏结在一起使之成型。合成树脂的种类和含量决定了塑料的基本性质，故塑料常以树脂的名称来命名。如聚乙烯塑料、聚苯乙烯塑料、聚四氟乙烯塑料、酚醛塑料等。

② 填料　填料是塑料中另一重要的组分，它可以提高塑料的强度和耐热性能，并降低成本。填料的品种、数量、质量等也对塑料的性能有很大的影响，加入量通常为20%～50%。主要的填料种类有硅藻土、石墨、滑石粉、石灰石、高岭土、玻璃纤维等。

③ 增塑剂　增塑剂可增加塑料的可塑性和柔软性，降低脆性，使塑料易于加工成型。增塑剂一般是沸点较高、不易挥发、与树脂具有良好相溶性的低分子油状物，它们分布在大分子链中，降低了大分子链间的作用力，增加了高聚物的柔韧性和熔融流动性。最常用的增塑剂是碳原子数为6～11的脂肪酸与邻苯二甲酸类合成的酯类化合物，如邻苯二甲酸二辛酯（DOP）、邻苯二甲酸二丁酯（DBP）等。80%左右的增塑剂是用于聚氯乙烯塑料，增塑剂的加入可生产软质聚氯乙烯塑料，若不加或少加增塑剂（用量<10%），则得硬质聚氯乙烯塑料。

④ 稳定剂　为了防止塑料在光、热、氧等作用下过早老化，延长制品的使用寿命，要在塑料中加入稳定剂，稳定剂又称防老剂，包括抗氧剂、热稳定剂、紫外线吸收剂、变价金属离子抑制剂、光屏蔽剂等。用量一般为塑料的0.3%～0.5%。

⑤ 其他　塑料中的添加剂种类很多，各有其不同的作用。如润滑剂、抗静电剂、阻燃剂、着色剂、发泡剂、偶联剂、固化剂等。

（3）常用塑料简介

塑料是一类重要的高分子材料，具有质轻、电绝缘、耐化学腐蚀、容易成型加工等特点。某些性能是木材、陶瓷甚至金属所不及的。其突出缺点是，力学性能比金属材料差，表面硬度亦低，大多数品种易燃，耐热性也较差。这些正是当前研究塑料改性的方向和重点。

表 7-1 列出了一些常用塑料的主要性质和用途。

表 7-1　常用塑料的主要性质和用途

类别	名称（缩写）	结构式	主要性质和用途
热塑性塑料	聚乙烯（PE）	$\text{--}[\text{CH}_2\text{--CH}_2]_n\text{--}$	质轻、柔韧、无毒、有很高的化学稳定性。低密度聚乙烯一半以上用于薄膜制品，其次是管材、电线包裹层等；高密度聚乙烯有较好的机械强度，可制成建筑供水管道、板材、绝缘材料和日用品
	聚丙烯（PP）	$\text{--}[\text{CH--CH}_2]_n\text{--}$ 侧链 CH_3	无毒、无味、密度小，强度、刚度、硬度、耐热性均优于低压聚乙烯，可在 100℃ 左右使用。具有良好的介电性能和高频绝缘性，且不受湿度影响，但低温时变脆，不耐磨、易老化。适于制作一般机械零件、耐腐蚀零件和绝缘零件、管道，可用于食具
	聚氯乙烯（PVC）	$\text{--}[\text{CH}_2\text{--CH}]_n\text{--}$ 侧链 Cl	力学性能好，耐化学腐蚀，不易燃烧，价格便宜，有毒性，易热分解和老化，80℃ 以上会分解释放出有毒的氯化氢。硬聚氯乙烯用于制造塑料门窗、护墙板和屋面板、建筑排水管、电工护套管、容器等；软聚氯乙烯用于制造薄膜、电线电缆包皮、人造革及日用品等
	聚苯乙烯（PS）	$\text{--}[\text{CH}_2\text{--CH}]_n\text{--}$ 侧链苯环	透明、价廉、刚性大、电绝缘性好，印刷性能好，缺点是脆性大、耐热性低。用于日用装潢，照明指示，电绝缘材料和隔热保温材料，仪表外壳、灯罩、玩具；聚苯乙烯泡沫塑料是重要的绝热和包装材料
热固性塑料	酚醛塑料（PF）	苯酚—亚甲基结构式	俗称电木粉。机械强度高，坚韧耐磨，尺寸稳定，耐腐蚀，电绝缘性能优异。适于制作电器、仪表的绝缘机构件、家俱零件、日用品、工艺品等
	脲醛树脂（UF）	$\text{--}[\text{NH--C(=O)--NH--CH}_2]_n\text{--}$	俗称"电玉"，无毒、无臭、着色力强、坚硬、电绝缘性良好。可制成各种色彩鲜艳的塑料制品、装饰品及电器设备
工程塑料	聚碳酸酯（PC）	双酚A碳酸酯结构式	无色透明，刚而硬，具有良好的尺寸稳定性、耐热性及绝缘性，耐冲击性能好，缺点是制品易产生应力开裂。三大应用领域是玻璃装配业、汽车工业和电子、电器工业，其次还有工业机械零件、光盘、包装、医疗及保健、薄膜、休闲和防护器材等
	聚四氟乙烯（PTFE）	$\text{--}[\text{CF}_2\text{--CF}_2]_n\text{--}$	俗称塑料王。有优异的抗腐蚀性能、耐寒耐热性能和电绝缘性能。特别适合用作化工行业高温、腐蚀环境中设备的零部件及电器绝缘材料和宇航、原子能、医疗器械等行业的特种材料

7.2.2 橡胶

橡胶是弹性有机高分子化合物。在很宽的温度（-50~150℃）范围内具有优异的弹性，所以又称为高弹体。橡胶除具有独特的高弹性外，还具有良好的疲劳强度、电绝缘性、耐化学腐蚀性以及耐磨性等，使得橡胶成为重要的工业材料，在国民经济各行业具有广泛的应用。

（1）橡胶的分类

橡胶按其来源可分为天然橡胶和合成橡胶两大类。天然橡胶是从自然界含胶植物中制取的一种高弹性物质，占橡胶产量的15%左右；合成橡胶是用人工合成的方法制得的高分子弹性材料。

合成橡胶品种很多，按其性能和用途可分为通用合成橡胶和特种合成橡胶。凡性能与天然橡胶相同或相近、广泛用于制造轮胎及其他工业橡胶制品，称为通用合成橡胶，如丁苯橡胶、顺丁橡胶、氯丁橡胶、丁基橡胶等。其中丁苯橡胶占合成橡胶产量的60%，顺丁橡胶约占15%；凡具有耐寒、耐热、耐油、耐臭氧等特殊性能的橡胶制品，称为特种合成橡胶，如丁腈橡胶、硅橡胶、氟橡胶、聚氨酯橡胶等。主要用于要求某种特性的特殊场合。

（2）橡胶制品的组成

橡胶制品的主要成分是生胶、再生胶以及其他配合剂；有些制品还需用纤维或金属材料作为骨架材料。

1）生胶

未经硫化配炼的天然橡胶和合成橡胶都称为生橡胶。生橡胶决定橡胶制品的主要性能。天然生橡胶是橡胶树体内生物合成的聚异戊二烯；常用的合成橡胶有丁苯胶、顺丁胶、丁基胶。还有少量特殊胶料使用氯丁胶、丁腈胶。

2）配合剂

橡胶虽具有高弹性等一系列优越性能，但也存在许多缺点，如机械强度低、耐老化性差等。为了制得符合使用性能要求的橡胶制品，改善橡胶加工工艺性能以及降低成本等，必须加入其他配合剂，主要有以下几种。

① 硫化剂 在一定条件下能使橡胶发生交联的物质统称为硫化剂。由于天然橡胶最早是采用硫黄交联，所以将橡胶的交联过程称为"硫化"。随着合成橡胶的大量出现，硫化剂的品种也不断增加。目前使用的硫化剂有硫黄、碲、硒、含硫化合物、过氧化物、醌类化合物、胺类化合物、树脂和金属化合物等。

② 硫化促进剂 凡能加快硫化速度、缩短硫化时间的物质都称为硫化促进剂，简称促进剂。使用促进剂可减少硫化剂用量，或降低硫化温度，并可提高硫化胶的物理力学性能。常用的有硫醇基苯并噻唑，商品名为促进剂M、二硫化二苯并噻唑（促进剂DM）、二硫化四甲基秋兰姆（促进剂TMTD）等。

③ 防老剂 橡胶在长期储存或使用过程中，受氧、臭氧、光、热、高能辐射及应力作用，逐渐发黏、变硬、弹性降低等现象称为老化。凡能防止和延缓橡胶老化的化学物质称为防老剂。可分为抗氧化剂、抗臭氧剂、有害金属离子作用抑制剂、抗疲劳老化剂、抗紫外线辐射防治剂等。如石蜡、胺类防老剂等。

④ 补强剂和填充剂 凡能提高橡胶力学性能的物质称补强剂，又称为活性填充剂。凡在胶料中主要起增加容积作用的物质称为填充剂或增容剂。橡胶工业常用的补强剂有炭黑、白炭黑和其他矿物填料；常用的填充剂有碳酸钙、陶土、碳酸镁等。

3）纤维和金属材料

橡胶的弹性大，强度低，因此，很多橡胶制品必须用纤维材料或金属材料作骨架材料，以增加制品的机械强度，减小变形。

（3）常用橡胶简介

① 天然橡胶 由橡胶树采集胶乳制成，是异戊二烯的聚合物。其分子结构式为

$$\begin{array}{c} CH_2 \\ | \\ {+CH_2—C=CH—CH_2} \end{array}_n$$

天然橡胶具有很好的耐磨性，很高的弹性、拉伸强度及伸长率。缺点是耐油性差（为非极性橡胶，易溶于汽油和苯等非极性有机溶剂），耐臭氧老化性和耐热氧老化性差（含有不饱和双键）。天然橡胶是用途最广泛的一种通用橡胶，大量用于制造各类轮胎，各种工业橡胶制品，如胶管、胶带和工业用橡胶杂品等。此外，天然橡胶还广泛用于日常生活用品，如胶鞋、雨衣等，以及医疗卫生制品。

② 丁苯橡胶 丁苯橡胶是由丁二烯和苯乙烯共聚制得，其产量约占合成橡胶总产量的60%，产量和消耗量在合成橡胶中占第一位。与天然橡胶相比，具有更好耐磨、耐热及耐老化性，但机械强度则较弱，可与天然胶掺和使用。缺点与天然橡胶一样，不耐油和有机溶剂，广泛用于轮胎业、鞋业、布业及输送带行业等。丁苯橡胶分子结构式为

$$[(CH_2—CH=CH—CH_2)_x(CH_2—CH)_y]_n$$

③ 丁腈橡胶 丁腈橡胶是由丁二烯和丙烯腈共聚而成的聚合物，其分子结构式为

$$[(CH_2—CH=CH—CH_2)_x(CH_2—CH)_y]_n$$
$$CN$$

丁腈橡胶以其优异的耐油性而著称，缘于分子中引入强极性的—CN。此外丁腈橡胶还具有良好的耐磨性、耐老化性和气密性，但耐臭氧性、电绝缘性和耐寒性都比较差。丁腈橡胶的用途，主要应用于耐油制品，例如各种密封制品；还用来制造耐老化的电线、电缆。

④ 顺丁橡胶 顺丁橡胶是丁二烯聚合制得的，是仅次于丁苯橡胶的第二大合成橡胶。顺丁橡胶具有特别优异的耐寒性、耐磨性和弹性，还具有较好的耐老化性能。顺丁橡胶绝大部分用于生产轮胎，少部分用于制造耐寒制品、缓冲材料以及胶带、胶鞋等。顺丁橡胶的缺点是抗撕裂性能较差，抗湿滑性能不好。其分子结构式为

$$\left[\begin{array}{c} CH_3 \quad\quad H \\ C=C \quad CH_2 \quad CH_2 \\ CH_2 \quad CH_2 \quad C=C \\ \quad\quad CH_3 \quad H \end{array} \right]_n$$

⑤ 氯丁橡胶 氯丁橡胶是以2-氯丁二烯为单体聚合而成的。因分子中含有氯原子而具有极性。氯丁橡胶耐热、耐光、耐老化、耐油性能均优于天然橡胶、丁苯橡胶、顺丁橡

胶。具有较强的耐燃性和优异的抗延燃性。氯丁橡胶的缺点是电绝缘性能、耐寒性能较差。氯丁橡胶用途广泛，如用来制作运输皮带和传动带，电线、电缆的包皮材料，制造耐油胶管、垫圈以及耐化学腐蚀的设备衬里。其分子结构式为

$$\left[CH_2-C=CH-CH_2\right]_n$$
$$\qquad\quad | $$
$$\qquad\quad Cl$$

⑥ 乙丙橡胶　乙丙橡胶有二元和三元之分，二元乙丙橡胶是由乙烯及丙烯为基础单体共聚而成的。其分子结构式为

$$\left[CH_2-CH_2-CH-CH_2\right]_n$$
$$\qquad\qquad\qquad | $$
$$\qquad\qquad\quad CH_3$$

三元乙丙橡胶是由乙烯、丙烯及少量的双环戊二烯（或亚乙基降冰片烯、1,4-己二烯）共聚而成的，性能优于二元乙丙橡胶。由于乙丙橡胶分子中没有双键和极性基团，因此具有优异的耐热性、耐老化性，电绝缘性能和耐臭氧性能突出，其耐老化性能是通用橡胶中最好的一种。乙丙橡胶的用途十分广泛，主要用于汽车零件、电气制品、建筑材料、橡胶工业制品及家庭用品。如可以作为轮胎胎侧、胶条和内胎，还可以作电线、电缆包皮及高压、超高压绝缘材料等。

⑦ 硅橡胶　硅橡胶属于有机硅橡胶，主链由硅原子、氧原子交替形成，侧链为含碳基团，是链型结构的聚硅氧烷，用量最大是侧链为乙烯的甲基乙烯基聚硅氧烷橡胶。其分子结构式为

$$\qquad CH_3 \qquad\quad CH=CH_2$$
$$\qquad\ | \qquad\qquad\qquad | $$
$$\left(Si-O\right)_m\left(Si-O\right)_n$$
$$\qquad\ | \qquad\qquad\qquad | $$
$$\qquad CH_3 \qquad\qquad\ CH_3$$

硅橡胶主链中含有硅氧结构，分子链柔性大，分子间作用力小。因而性能优异，其最大特点是耐热性、耐寒性好，可在很宽的温度范围（$-100\sim300℃$）内使用。还具有高度的电绝缘性和良好的耐臭氧性能，并且无味、无毒。因此可用于制造耐高温、低温橡胶制品，如各种垫圈、密封件、高温电线、电缆绝缘层、食品工业耐高温制品及人造心脏、人造血管等人造器官和医疗卫生材料。硅橡胶的主要缺点是拉伸强度和撕裂强度低，耐酸碱腐蚀性差，加工性能不好，因而限制了它的应用。

7.2.3　纤维

纤维是指长度比其直径大很多倍，并具有一定柔韧性的纤细物质。供纺织应用的纤维，长度与直径之比一般大于1000：1。典型的纺织纤维的直径为几微米至几十微米，而长度超过25mm。

纤维可分为两大类：一类是天然纤维，如棉花、羊毛、蚕丝和麻等；另一类是化学纤维，即用天然或合成高分子化合物经化学加工而制得的纤维。化学纤维可按高聚物的来源、化学结构等进行分类，其主要类型如图7-6所示。

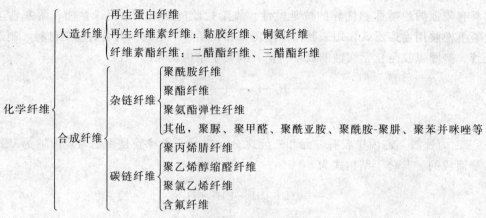

图 7-6 纤维的分类

人造纤维是以天然高聚物为原料，经过化学处理和机械加工而制得的纤维。人造纤维一般具有与天然纤维相似的性能，有良好的吸湿性、透气性和染色性，手感柔软，富有光泽，是一类重要的纺织材料。人造纤维按化学组成不同，可分为再生纤维素纤维、纤维素酯纤维和再生蛋白质纤维三类。再生纤维素纤维是以含纤维素的农林产物，如木材、棉短绒等为原料制得，纤维的化学组成与原料相同，但物理结构发生变化；纤维素酯纤维也以纤维素为原料，经酯化后纺丝制得的纤维，纤维的化学组成与原料不同；再生蛋白质纤维的原料则是玉米、大豆、花生以及牛乳酪素等蛋白质。

合成纤维的化学组成和天然纤维完全不同，是由合成高分子化合物加工制成的纤维。根据大分子主链的化学组成，又分为杂链纤维和碳链纤维两类。合成纤维具有优良的物理、力学性能和化学性能，如强度高、密度小、弹性高、耐磨性好、吸水性低、保暖性好、耐酸碱性好、不会发霉或虫蛀等。某些特种合成纤维还具有耐高温、耐辐射、高弹力、高模量等特殊性能。合成纤维品种繁多，但从性能、应用范围和技术成熟程度方面看，重点发展的是聚酯纤维（涤纶）、聚酰胺纤维（锦纶）和聚丙烯腈纤维（腈纶）三大类纤维，产量占合成纤维总产量的 90% 以上。

（1）聚酰胺纤维

聚酰胺纤维俗称尼龙，是指分子主链含有酰氨键（ $-\overset{O}{\overset{\|}{C}}-NH-$ ）的一类合成纤维。锦纶是聚酰胺纤维的商品名称，又称耐纶。聚酰胺品种很多，我国主要生产聚酰胺 6、聚酰胺 66 和聚酰胺 1010 等。聚酰胺纤维是世界上最早投入工业化生产的合成纤维，是合成纤维中的主要品种。

聚酰胺纤维一般分为两大类，一类是由二元胺和二元酸缩聚而得，通式为：

$$\text{—}[HN(CH_2)_x NHCO(CH_2)_y CO]_n\text{—}$$

根据二元胺和二元酸的碳原子数目，可得到不同品种的命名。例如，聚酰胺 66 纤维是己二胺和己二酸缩聚而得；聚酰胺 610 纤维是由己二胺和癸二酸缩聚而得。另一类是 ω-氨基酸缩聚或由内酰胺开环聚合而得，通式为：

$$\text{—}[NH(CH_2)_x CO]_n\text{—}$$

根据其单元结构所含碳原子的数目，可得到不同品种的命名。例如聚酰胺 6，说明它是由含 6 个碳原子的己内酰胺开环聚合而得的。

聚酰胺纤维是合成纤维中性能优良、用途广泛的品种之一。其性能特点具有以下几点：

① 耐磨性好，优于其他纤维，比棉花高 10 倍，比羊毛高 20 倍；

② 强度高、耐冲击性好，它是强度最高的合成纤维之一；

③ 弹性、耐疲劳性好，可经受数万次双曲挠，比棉花高 7～8 倍；

④ 密度小，除聚丙烯和聚乙烯纤维外，它是其他纤维中最轻的，相对密度为1.04～1.14。

此外，耐腐蚀、不发霉，染色性较好。

聚酰胺纤维的缺点是弹性模量小，使用过程中易变形，耐热性及耐光性较差。

聚酰胺纤维可以纯纺和混纺作各种衣料及针织品，特别适用于制造单丝、复丝弹力丝袜，耐磨又耐穿。工业上主要用作轮胎帘子线、渔网、运输带、绳索以及降落伞、宇宙飞行服等军用物品。

（2）聚酯纤维

聚酯纤维俗称"的确良"，由有机二元酸和二元醇缩聚而成的聚酯经纺丝所得的合成纤维，其大分子主链中含有酯基（ $-\overset{\text{O}}{\underset{\|}{\text{C}}}-\text{O}-$ ），故称聚酯纤维，商品名为涤纶。是当前合成纤维的第一大品种。

聚酯纤维的品种很多，但工业化大量生产的主要品种是聚对苯二甲酸乙二醇酯纤维，是由对苯二甲酸或对苯二甲酸二甲酯与乙二醇缩聚制得的。

聚酯纤维具有一系列优异性能，具体如下。

① 弹性好　聚酯纤维弹性接近羊毛，耐皱性超过其他纤维，弹性模量比聚酰胺纤维高。

② 强度大　湿态下强度不变。其冲击强度比聚酰胺纤维高 4 倍，比黏胶纤维高 20 倍。

③ 吸水性小　聚酯纤维的回潮率仅为 0.4%～0.5%，因而电绝缘性好，织物易洗易干。

④ 耐热性好　聚酯纤维熔点为 255～260℃，比聚酰胺耐热性好。

此外，耐磨性仅次于聚酰胺纤维，耐光性仅次于聚丙烯腈纤维；还具有较好的耐腐蚀性。

由于聚酯纤维弹性好、织物有易洗易干、保形性好、免熨等特点，是理想的纺织材料。可纯纺或与其他纤维混纺制作各种服装及针织品。在工业上，可作为电绝缘材料、运输带、绳索、渔网、轮胎帘子线、人造血管等。

（3）聚丙烯腈纤维

聚丙烯腈纤维是由聚丙烯腈或丙烯腈含量大于 85%（质量分数）的丙烯腈共聚物制成的合成纤维。常用的第二单体为非离子型单体，如丙烯酸甲酯、甲基丙烯酸甲酯等，第三单体为离子型单体，如丙烯磺酸钠和 2-亚甲基-1,4-丁二酸等。商品名称为"腈纶"。

聚丙烯腈纤维无论外观或手感都很像羊毛，因此有"合成羊毛"之称，而且某些性能指标已超过羊毛。纤维强度比羊毛高 1～2.5 倍；保暖性及弹性均较好。聚丙烯腈纤维的耐光性与耐候性能，除含氟纤维外，是天然纤维和化学纤维中最好的。纤维在室外曝晒一年，强度仅降低 20%；而聚酰胺纤维、黏胶纤维等则强度完全损失。

聚丙烯腈纤维广泛地用来代替羊毛、或与羊毛混纺，制成毛织物、棉织物等。还适用于制作军用帆布、窗帘、帐篷等。

塑料、橡胶和纤维三大材料之间并没有严格的界限，有的高分子化合物既可以作纤维，也可以作塑料，如尼龙和涤纶既是常见的纤维，又是工程塑料的主要品种；聚氯乙烯是使用量最大的塑料之一，又可以纺成纤维，即氯纶，加入适当的增塑剂可以制成橡胶制品。

7.3　功能高分子材料

功能高分子材料系指带有特殊功能基团的高分子材料，按照 21 世纪科技发展的形势和高分子科学所面临的任务来概括，功能高分子可定义为：对物质、能量和信息具有传递、转换和储存功能的特殊高分子材料。

功能高分子材料是 20 世纪 60 年代发展起来的新兴领域，是高分子材料渗透到电子、生物、能源等领域后开发涌现出的新材料。近年来，功能高分子材料的年增长率一般都在 10% 以上。按照材料的功能或用途所属的学科领域，可以将功能高分子材料分为化学、物理和生命功能高分子材料 3 大类。物理功能高分子材料包括导电高分子、高分子半导体、光导电高分子、压电及热电高分子、磁性高分子、光功能高分子、液晶高分子和信息高分子材料等；化学功能高分子材料包括反应性高分子、吸附分离功能高分子、高分子分离膜、高分子催化剂、高分子试剂等；生物功能和医用高分子材料包括生物高分子、模拟器、高分子药物、人工骨材料及人工脏器等。下面简单介绍几种功能高分子材料。

7.3.1　聚合物光导纤维

电可在由导电材料制成的线路中传输，同样光也可在线路中传输，这种线路是由光导纤维制成的，光导纤维就是传导光波的线路。

光导纤维是一种由透明的导光材料制成的细丝状传导光功率的传输线，亦简称为光纤。光纤是由两种不同折射率的材料拉制而成的。内层为纤芯，作用是传输光信号；外层为包层，作用是使光信号封闭在纤芯中传输，光纤结构如图 7-7 所示。包层的折射率 n_2 必须小于纤芯的折射 n_1，两者具有良好的光学接触形成光滑界面，这样进入光纤端面的光线将在纤芯与包层界面上经多次全反射而传播到另一端。犹如电子在导线中传输一样，这就是光导纤维传输光波的基本原理。

光导纤维按芯材不同，可分为石英光纤、多组分玻璃光纤和聚合物光纤（POF），其中石英光纤是当今通信使用量最大的一种光纤，这是由于它具有低色散、高带宽、低损耗、耐高温等一系列优点。多组分玻璃光纤通常含有多个氧化物组分的玻璃，如

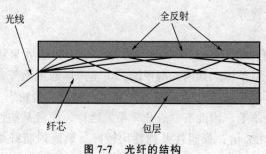

图 7-7　光纤的结构

钠钙硅酸盐玻璃、钠硼硅酸盐玻璃、磷酸盐玻璃、硼硅酸盐玻璃等，玻璃光纤在医疗方面例如胃镜已得到应用。但是这两种光纤不仅价格高，而且易断线，加工性能不好，故在一些通用领域进展不大。而聚合物光纤具有成本低、轻便等优点，其缺点是损耗大、耐热性不高。目前在短距离通信、传感器以及显示方面已实用化，且发展较快。

对聚合物光纤材料的要求主要是透明性好，一般透过率要在90%以上，要有足够大的折射率，芯材要有高的纯度；包层一般厚度在1μm以上，且耐候性、耐热性好。目前常用的聚合物光纤芯材主要有聚苯乙烯（PS）、有机玻璃（PMMA）、聚碳酸酯（PC）等。PS芯聚合物光纤的优点是芯材吸湿系数低，可在潮湿环境中使用；PMMA芯聚合物光纤的透光性优异，比一般光学玻璃还好，且可采用共聚改性等方法来提高其耐热性，目前被广泛应用；PC芯聚合物是综合性能优异的POF材料，但其透明性不如PMMA。此外还有氟塑料Teflon AF、聚4-甲基-1-戊烯（TPX）等聚合物光纤材料。

7.3.2　超强吸水高分子

超强吸水高分子也称高吸水树脂，是一种吸水能力高、保水能力强的功能高分子材料，它能吸收自身质量几十倍乃至上千倍的水分并膨润成凝胶，即使受到外加压力也不能把水分离出来。迄今为止，研制成功的超强吸水高分子最高吸水倍数可达5000倍。因此，超强吸水高分子在石油、化工、轻工、建筑、医药卫生和农业等部门有着广泛的用途。

（1）超强吸水高分子结构特征及吸水机理

超强吸水高分子一般是具有轻度交联的三维网络结构，其主链大多是由饱和的碳-碳键组成，侧链含有大量亲水基团，如羧基、羟基、磺酸基等，其结构特征在于含有大量亲水基团的侧链、不溶于水的骨架主链及网络。因而超强吸水高分子能吸水，但不溶于水，也不溶于常规的有机溶剂。

当亲水性基团与水分子接触时，会相互作用形成各种水合状态。水分子与亲水性基团中的金属离子形成配位水合，与电负性很强的氧原子形成氢键等。高分子网状结构中的疏水基团因疏水作用而易于斥向网格内侧，形成局部不溶性的微粒状结构，使进入网格的水分子由于极性作用而局部冻结，失去活动性，形成"伪冰"结构。亲水性基团和疏水性基团的这些作用，显然都为高吸水性树脂的吸水性能做了贡献。

此外，高吸水性树脂中的网状结构对吸水性有很大的影响。研究发现，未经交联的树脂基本上没有吸水功能。而少量交联后，吸水率则会成百上千倍地增加。但随着交联密度的增加，吸水率反而下降。网格太小，水分子不易渗入；网格太大，则不具备保水性。适当增大网状结构，有利于吸水能力的提高。

（2）超强吸水高分子的分类及制备

根据原料来源、亲水基团的引入方法、交联方法、产品形状等的不同，超强吸水高分子可有多种分类方法，其中以原料来源这一分类方法最为常用。按这种方法分类，高吸水性树脂主要可分为淀粉类、纤维素类和合成聚合物类三大类。

1）淀粉类

淀粉是亲水性的天然多羟基高分子化合物，其接枝共聚物是世界上最早开发的一种高吸水性树脂。其制备方法是淀粉和取代烯烃在引发剂存在下进行接枝共聚，如用淀粉和丙烯腈在引发剂存在下进行接枝共聚，聚合产物在强碱条件下加压水解，接枝的丙烯腈变成丙烯酰胺或丙烯酸盐，干燥后即得产品。这种接枝的吸水树脂优点是原料来源丰富，产品吸水倍率较高，通常都在千倍以上。缺点是吸水后凝胶强度低，长期保水性差，在使用中易受细菌等微生物分解而失去吸水、保水作用。

2）纤维素类

纤维素改性高吸水性树脂有两种形式。一种是纤维素与一氯乙酸反应引入羧甲基后用交联剂交联而成的产物；另一种是由纤维素与亲水性单体接枝的共聚产物。虽然纤维素类吸水性树脂的吸水能力比淀粉类要低，但是在一些特殊的性能方面，纤维素类吸水性树脂是不能代替的，例如制作高吸水性织物等。

3）合成聚合物类　合成高吸水性树脂目前主要有四种类型。

① 聚丙烯酸盐类　这类树脂的代表性产品是丙烯酸甲酯与乙酸乙烯酯共聚后的皂化产物。它有三大特点：一是高吸水状态下仍有很高的强度；二是对光和热有较高的稳定性；三是具有优良的保水性。与淀粉类树脂相比，具有更高的耐热性、耐腐蚀性和保水性。

② 聚丙烯腈系树脂　这类树脂是由聚丙烯腈纤维皂化其表面层，再用甲醛交联制得。腈纶废丝水解后用 $Al(OH)_3$ 交联的产物也属于此类，后者的吸水能力可达自身质量的700 倍，而且成本低廉。

③ 聚乙烯醇系树脂　这类高吸水性树脂由聚乙烯醇与环状酸酐反应而成，不需外加交联剂，即可成为不溶于水的产物。这类树脂由日本可乐丽公司首先开发成功，吸水倍率为 150～400 倍。虽吸水能力较低，但初期吸水速度较快，耐热性和保水性都较好，故是一类适用面较广的高吸水性树脂。

④ 聚环氧乙烷系树脂　聚环氧乙烷交联制得的高吸水性树脂虽然吸水能力不高，但它是非电解质，耐热性强，盐水几乎不降低其吸水能力。

（3）超强吸水高分子材料的应用

高分子吸水性树脂具有高吸水性、高保水性、高增稠性三大功能。高吸水性树脂主要有如下几方面的应用。

① 卫生医疗方面　一次性卫生用品是高分子吸水性树脂主要的、也是成熟的应用领域，占高分子吸水性树脂总用量的 70%～80%，主要是用于婴幼儿护理卫生用品、妇女护理卫生用品和成人失禁卫生用品。在医疗方面可用作外用软膏基质，有提高药效、清洗方便的特点；用于缓释药物的制造；制成的冰枕、冰袋有降低体温、防止体温局部过热的作用。

② 农林方面　用于农业与园艺方面的高吸水性树脂又称为保水剂和土壤改良剂。土壤中混入 0.1%～0.5% 高吸水性树脂后，即使干旱缺水时也能保持其有效湿度稳定。用于这方面的高吸水性树脂主要是淀粉接枝丙烯酸盐聚合交联物和丙烯酰胺-丙烯酸盐共聚交联物。使用的方法主要有拌种、喷撒、穴施、或用水调成糊状后浸泡植物根部。同时，还可以利用高吸水性树脂对化肥进行包衣后施肥，充分发挥化肥的利用率，防止浪费和污染。国外还利用高吸水性树脂作为水果、蔬菜、食品保鲜包装材料。

③ 工业方面　利用高吸水性树脂高温吸水、低温释放水的功能制作工业防潮剂。在油田采油作业中，尤其老油田的采油作业，利用超高相对分子质量的聚丙烯酰胺的水溶液

进行驱油效果非常好。还可以用于有机溶剂的脱水，尤其对极性小的有机溶剂，其脱水效果十分显著。还有工业用的增稠剂、水溶性涂料等。

④ 建筑方面　用高吸水性树脂与橡胶或塑料共混后加工成各种形状，用于土木建筑领域挤缝，这些材料一遇水就会急剧膨胀，有很高的水密性。这一技术还可用于汛期大坝洞的堵漏、地下室、隧道、地铁预制缝的堵水；用于城市污水处理和疏浚工程的泥浆固化，以便于挖掘和运输等。高吸水性树脂还可用于水泥改性、制造高强度混凝土。

7.3.3　高分子压电材料

能实现机械效应（压力）和电效应（电压）相互转换的高分子材料，称为高分子压电材料。如聚偏氟乙烯（PVDF），这种材料能将机械能转变成电能或将电能转变成机械能。目前压电性较强的高分子材料除了 PVDF 及其共聚物外，还有聚氟乙烯（PVF）、聚氯乙烯（PVC）、聚-γ-甲基-L-谷氨酸酯（PMLG）、聚碳酸酯（PC）和尼龙 11 等。

高分子压电材料柔而韧，可制成大面积的薄膜，便于大规模集成化，具有力学阻抗低、易于与水及人体等声阻抗配合等优越性，比常规无机压电材料及热电材料（例如酒石酸钾钠、水晶、钛酸钡等）有更为广泛的应用前景。通常可把具有实用价值的压电高分子材料分为 3 类：天然高分子压电材料、合成高分子压电材料、复合压电材料（结晶高分子＋压电陶瓷，或非晶高分子＋压电陶瓷）。

在合成高分子压电材料中，聚偏二氟乙烯、聚氯乙烯、尼龙 11 和聚碳酸酯等极性高分子在高温下处于软化或熔融状态时，若加以高直流电压使之极化，并在冷却后撤去电场，使极化状态冻结下来对外显示电场，这种半永久极化的高分子材料称为驻极体。驻极体内保持的电荷包括真实电荷（表面电荷及体电荷）与介质极化电荷。真实电荷是指被俘获在体内或表面上的正负电荷。极化电荷是指定向排列且被"冻住"的偶极子。高分子驻极体的电荷不仅分布在表面，而且还具有体积分布的特性。因此若在极化前将薄膜拉伸，可获得强压电性。高分子驻极体是最有实用价值的压电材料。

在所有压电高分子材料中，PVDF 具有特殊的地位，它不仅具有优良的压电性，而且还具有优良的力学性能。PVDF 的密度仅为压电陶瓷的 1/4，弹性柔顺常数则要比陶瓷大30 倍，柔软而有韧性，耐冲击，既可以加工成几微米厚的薄膜，也可弯曲成任何形状，适用于弯曲的表面，易于加工成大面积或复杂的形状，也利于器件小型化。由于它的声阻低，可与液体很好地匹配。

压电高分子材料主要应用在以下方面。

① 电声换能器　利用聚合物压电薄膜的横向、纵向效应，可制成扬声器、耳机、扩音器、话筒等音响设备，也可用于弦振动的测量。

② 双压电晶片　将两片压电薄膜反向黏合起来，当一方拉伸时，另一方压缩。PVDF双压电晶片比无机双压电晶片产生大得多的位移量。用 PVDF 双压电晶片可制成无接点开关、振动传感器、压力检测器等。

③ 超声、水声换能器　由于 PVDF 压电薄膜与水的声阻抗接近，柔韧性好，能做成大面积薄膜和为数众多的阵列传感点，且成本低，是制造水声器的理想材料。可用于监测潜艇、鱼群或水下地球物理探测，也可用于液体或固体中超声波的接收和发射。

④ 医用仪器　PVDF 的声阻抗与人体匹配得很好，可用来测量人体的心声、心动、

心律、脉搏、体温、pH、血压、电流、呼吸等一系列数据。目前还可用来模拟人体皮肤。

⑤ 其他应用 压电高分子材料还可用于地震监测，大气污染监测，引爆装置监测，各种机械振动、撞击的监测，干扰装置，信息传感器，电能能源，助听器，计算机和通信系统中的延迟线等方面。

7.4 聚合物基复合材料

随着科学技术的迅速发展，特别是尖端科学技术的突飞猛进，以及人类生活、生产等方面的需求，对材料性能提出越来越高的要求。传统的单一高分子材料在许多方面已不能满足实际需要。而复合材料既可以保持原材料的某些特点，又能发挥组合后的新特征，复合材料各组分之间"取长补短"、"协同作用"，极大地弥补了单一材料的缺点，产生单一材料所不具有的新性能。它可以根据需要进行设计，从而最合理地达到使用要求的性能。

在复合材料中，通常有一种材料为连续相，称为基体；另一种材料为分散相，称为增强材料。增强材料分散分布在整个连续的基体材料中，各相之间存在着相界面。聚合物基复合材料是指以有机聚合物为基体、纤维类增强材料为增强剂的复合材料。可按聚合物为基础进行分类，亦可按增强剂为基础进行分类。按聚合物的特性分类，可分为塑料基复合材料和橡胶基复合材料。塑料基复合材料又分为热固性塑料基复合材料和热塑性塑料基复合材料。根据增强剂分类，可分为玻璃纤维增强塑料、碳纤维增强塑料等。

7.4.1 增强剂

增强剂即指增强材料，是聚合物基复合材料的骨架，它是决定复合材料强度和刚度的主要因素。

（1）玻璃纤维

玻璃纤维是用得最多的一类增强材料。它是以玻璃球或废旧玻璃为原料经高温熔制、拉丝、络纱、织布等工艺制造成的，其单丝的直径为几个微米到二十几个微米，相当于一根头发丝的 1/20～1/5，每束纤维原丝都由数百根甚至上千根单丝组成。玻璃纤维的优点是绝缘性好、耐热性强、抗腐蚀性好，有很高的拉伸强度，但缺点是性脆，耐磨性较差。

玻璃纤维类型很多，根据化学成分有无碱玻璃纤维、有碱玻璃纤维之分。根据外观形状有连续长纤维、短纤维、空心纤维、卷曲纤维等。根据特性还分为高强度纤维、高模量纤维、耐碱纤维、耐高温纤维等。

（2）碳纤维

碳纤维是有机纤维在惰性气体中经高温碳化制得的。碳纤维"外柔内刚"，质量比金属铝轻，但强度却高于钢铁，并且具有耐腐蚀、高模量的特性。它不仅具有碳材料的固有本征特性，又兼备纺织纤维的柔软可加工性，是新一代增强纤维。工业上用来生产碳纤维的有机纤维主要有聚丙烯腈纤维、沥青纤维和黏胶纤维。以聚丙烯腈纤维为原料生产的碳纤维质量最好、产量最大。以黏胶纤维为原料生产的碳纤维约占总产量的 10%。高性能的沥青类碳纤维尚处于研究阶段，但由于沥青价廉、碳化率高（90%），所以，发展前途很大。此外，近年来还发展了以聚丙烯纤维为原料制备碳纤维的方法。

根据性能，碳纤维可分为普通、高模量及高强度等类型。根据热处理温度它又可分为预氧化纤维（在 300～500℃ 热处理）、碳纤维（在 500～1800℃ 碳化）和石墨纤维（在 2000℃ 以上碳化）。预氧化纤维是一种基本上仍为无定形结构的耐燃有机纤维，可在 200～300℃ 长期使用，并且是电绝缘的。碳纤维显示了碳结构，耐热性提高，具有导电性。石墨纤维具有类似石墨的结构，耐热性和导电性高于碳纤维，并且有自润滑性。

碳纤维的特点是密度比玻璃纤维小，在 2500℃ 无氧气氛中模量不降低，普通碳纤维的强度与玻璃纤维相近，而高模量碳纤维的模量为玻璃纤维的数倍。

此外，芳香族聚酰胺纤维、碳化硅纤维、木质纤维等也可作为增强材料。

7.4.2 聚合物基体

在复合材料中聚合物基体将增强纤维粘接成整体，在增强纤维间传递载荷并使载荷均衡，从而充分发挥增强材料的作用。

根据聚合物的特性，聚合物基体可分为塑料、橡胶两大类。

（1）塑料

塑料的强度大都为 50～70MPa，超过 80MPa 的很少，模量一般为 2000～3500MPa，超过 4000MPa 的也很少。提高塑料的强度主要靠复合的方法。用增强剂增强后，力学性能可显著提高，拉伸强度可达 1200MPa，拉伸模量可达 5×10^4MPa。以玻璃纤维或其制品作增强材料的增强塑料，称为玻璃纤维增强塑料，或称为玻璃钢。

塑料基复合材料，按基体特性分为：热固性塑料基复合材料和热塑性塑料基复合材料。常用的增强材料有玻璃纤维、碳纤维、硼纤维、陶瓷纤维等。对聚合物基复合材料，如果不特别注明，习惯上都是指以塑料为基的复合材料。

热固性塑料基体以热固性树脂为基本成分，此外，尚含有交联剂、固化剂以及其他一些添加剂。常用的热固性树脂有不饱和聚酯、环氧树脂、酚醛树脂、呋喃树脂等。不饱和聚酯主要用于玻璃纤维复合材料，如玻璃钢。酚醛树脂主要用于耐烧蚀复合材料；环氧树脂可用碳纤维增强制得高性能的复合材料。

主要的热塑性树脂基体有尼龙、聚烯烃类、苯乙烯类塑料（AS、ABS、PS）、热塑性聚酯和聚碳酸酯，其次还有聚缩醛、氟塑料、聚氯乙烯、聚砜、聚亚苯基氧化物、聚亚苯硫醚等。用玻璃纤维增强后的热塑性塑料强度可提高 2～3 倍，耐疲劳性能和抗冲击强度可提高 2～4 倍，抗蠕变性能提高 2～5 倍，热变形温度提高 10～20℃，热胀系数降低 50%～70%。

（2）橡胶

常用的橡胶基体有天然橡胶、丁苯胶、氯丁胶、丁基胶、丁腈胶、乙丙橡胶、聚丁二烯橡胶、聚氨酯橡胶等。

橡胶基复合材料所用的增强材料主要是长纤维，常用的有天然纤维、人造纤维、合成纤维、玻璃纤维、金属纤维等；近年来已有晶须增强轮胎用于航空工业。

橡胶基复合材料与塑料基复合材料不同，它除了要具有质轻、高强的性能外，还必须具有柔性和较大的弹性。纤维增强橡胶的主要制品有轮胎、皮带、增强胶管、各种橡胶布等。纤维增强橡胶在力学性能上介于橡胶和塑料之间，近似于皮革。

7.4.3 聚合物基复合材料的应用

聚合物基复合材料广泛地应用于各工业部门和经济建设的各领域。

（1）宇航和航空

宇航和航空领域特别需要比强度高、比模量大并且耐高温的材料，而聚合物基复合材料充分显示了这些优点。特别是出现了硼纤维、碳纤维、聚芳酰胺纤维等高模量纤维复合材料之后，聚合物基复合材料在该领域有了更广阔的应用前景。

减轻结构质量是宇航技术的关键。例如对固体火箭发动机，结构质量是集中在发动外壳和喷管部位。火箭喷管的喉部曾用特殊石墨制成，但随着火箭向大型化发展，再用石墨制造就更加困难。现已采用碳纤维增强酚醛树脂作喉衬，以玻璃纤维增强塑料作为结构材料投入生产。例如美国的"大力神"、"北极星"火箭都采用了增强塑料。

导弹发动机使用增强塑料后，质量比金属减轻 45%，射程由 1600km 增至 4000km；人造卫星及其运载工具的制造都离不开聚合物基复合材料。纤维增强塑料作为耐烧蚀防热部件的应用则更为重要和广泛，可以说现代宇航技术的发展离不开聚合物基复合材料。

在航空方面，纤维增强塑料已用于制造飞机发动机的零部件、叶片翼梁、雷达罩、防弹油箱等。据报道，美国波音公司将把 45% 的铝合金机翼改用碳纤维增强塑料，这将使飞机质量减轻 20% 以上。

（2）造船

由于玻璃纤维增强塑料具有质轻、高强、耐海水腐蚀、抗微生物附着性好、能吸收撞击能、设计和成型自由度大等优点，所以，在造船业上有广泛的应用。

美国、日本、英国等都大量使用玻璃钢制造船舶和舰艇，我国也已批量生产玻璃钢船。玻璃钢的比强度大，用作深水潜艇的外壳，其潜水深度至少比钢壳的增加 80%。玻璃钢也用于制造深水调查船。玻璃钢是非磁性材料，还适于制造扫雷艇。民用玻璃钢船的发展也十分迅速，主要品种是游艇和渔船。此外，玻璃钢还用作制造船舰的各种配件、零部件，如甲板、风斗、油箱、仪表盘、汽缸罩、机棚室、救生圈、浮鼓等。

（3）车辆制造

近年来，复合材料作为车体结构和内部装饰使用极多。一般的机车现在都要求安全高速，为此必须减轻质量。作为内部装饰必须有高强度、刚性大、舒适、防震、隔声、隔热等特性。聚合物基复合材料在这些方面获得了广泛的应用。

聚合物基复合材料在铁路客车、货车、冷藏车上的应用日益广泛，主要应用有机车车身、车厢、顶篷及门、窗等。在汽车制造方面，增强塑料和增强橡胶的应用也十分广泛，例如轮胎、密封垫等。增强塑料可制造汽车的各种零部件，现在已出现车身全部由增强塑料制成的汽车。

（4）其他

聚合物基复合材料在建筑、电气工业、化工方面等都有广泛应用。例如各种家电外壳、各种机械零件、电器零件、化工容器、管道、反应釜、酸洗槽等都大量使用聚合物基复合材料。

3D 打印材料——聚合物

有多种高分子材料可用于 3D 打印的原材料,常见的有 ABS(丙烯腈-丁二烯-苯乙烯共聚物)、PC(聚碳酸酯)、PLA(聚乳酸)、尼龙类材料等。

ABS 是 3D 打印最常用的热塑性塑料,但不能生物降解。ABS 良好的强度、柔韧性、机械加工性能常常使其成为首选。此外,ABS 塑料的颜色种类很多,如象牙白色、白色、黑色、深灰色、红色、蓝色、玫瑰红色等。PC 材料是真正的热塑性材料,具备工程塑料的所有特性:高强度、耐高温、抗冲击、抗弯曲,具备超强的工程材料属性。PC-ABS 具备了 ABS 的韧性和 PC 材料的高强度及耐热性,大多应用于汽车、家电及通信行业。使用 PC-ABS 能打印出包括概念模型、功能原型、制造工具及最终零部件等热塑性部件。

PLA 可能是 3D 打印起初使用得最好的原材料,它具有多种半透明色和光泽质感。作为一种环境友好型塑料,聚乳酸可生物降解为活性堆肥。它源于可再生资源——玉米淀粉和甘蔗,而不是非可再生资源——化石燃料。尽管 PLA 被用作生物塑料,但它的主要缺陷是不能抵抗温度变化。当温度超过 50℃ 时它就会发生变形,甚至在达到这一温度前结构就软化了,这给 3D 打印用户带来了很大麻烦。

塑料垃圾已成为人们生活中随处可见的环境问题,其回收方式一直受到社会和环保者们的极大关注。将塑料垃圾切碎、研磨成小块或颗粒后,在塑料挤出机中熔融加工成 3D 打印长丝材料。将塑料垃圾回收制成 3D 打印耗材,既保护环境,又能获得 3D 打印材料,两全其美。

每年的农收季节,田埂上堆积如山的作物秸秆因回收量极其有限,焚烧又污染环境等问题,成为了困扰农民收种的主要问题。中国扬州一家企业研发出了一项可将秸秆用于制造 3D 打印材料的新技术,既帮助农民解决了农收难题,又通过加工回收的秸秆获得了 3D 打印材料,显著降低了 3D 打印成本。用农作物秸秆生产的 3D 打印材料具有一种天然的草木色纹理和秸秆的清香,从而更有木质感。农作物秸秆制 3D 打印材料,绿色环保,节约能源,具有广阔的应用前景。

中国聚合物网

中国聚合物网是中国聚合物学术界和产业界最高水平的信息交流平台和发展论坛。中国聚合物网目标是搭建好高分子聚合物领域的"学—产—市场"交流平台,为广大高分子界的学者、业者提供一个发布信息、参与讨论的机会。

中国聚合物网借助互联网技术,建立了一个服务于国内高分子聚合物领域的信息交流平台,以促进中国高分子界学术、产业和市场的发展。网站以高分子聚合物为主线,内容涉及学术研究、产业发展、技术交流、成果转化、贸易合作、管理咨询等方面,又涵盖了树脂、塑料、橡胶、纤维、复合材料、涂料、油墨、黏合剂、热塑性弹性体、功能高分子、橡塑加工设备、仪器仪表等产品应用的市场信息,并及时发布业界政策、市场导向的新闻动态、市场趋势和专家评述。

中国聚合物网 http://www.polymer.cn

习题

1. 名词解释：(1) 加聚反应、缩聚反应；(2) 线型结构、体型结构；(3) 玻璃态温度、黏流化温度；(4) 通用高分子材料；(5) 增强材料；(6) 高分子压电材料；(7) 玻璃钢。

2. 高聚物有哪些特性？

3. 何谓高分子材料的老化现象？在老化过程中高分子化合物发生了什么化学变化？

4. 高分子化合物在任何场合都具有绝对的电绝缘性吗？为什么？

5. 高聚物的溶解过程与一般低分子量物质有何不同？比较线型高聚物与体型高聚物的溶解性能。

6. 非晶态高聚物有哪几种物理形态？

7. 塑料中有哪几种组分？各起什么作用？

8. 热塑性塑料和热固性塑料有何不同？

9. 简述橡胶制品的主要成分，写出合成橡胶的主要品种。

10. 举例说明纤维的结构特点及主要品种。

11. 超强吸水高分子材料主要包括哪些类型？结构上一般具有什么样的共同特征？

12. 简述聚合物光导纤维的结构与性能特点。

13. 简述聚合物基复合材料的基本类型。

第8章

化学与环境

8.1 概述

环境是指影响人类生存和发展的各种天然的和经过人工改造的自然因素的总体，包括大气、水、海洋、土壤、矿藏、森林、草原、湿地、野生生物、自然遗迹、人文遗迹、自然保护区、风景名胜区、城市和乡村等。一般将地球环境系统分为四个圈层——大气圈、水圈、岩石-土圈及散布于三圈交汇处的生物圈。地球环境系统的各环境圈层相互联系，缺一不可。各圈层最主要的功能是为人类的生存和发展提供所需要的资源，同时在一定程度上具有调节功能，对外界的干扰因素进行补偿和缓冲。早期人类的生产、生活对地球环境系统产生的影响不显著。然而在工业革命之后，这种影响显著增加，特别是20世纪人类大规模的建设、生产、生活和各种科学技术的开发正在改变着环境圈层，尤其是岩石-土圈，于是形成了有时会对整个环境造成压倒一切影响的"人类活动圈"。"人类活动圈"实际上是一个因人类活动产生多种多样污染物副产品的庞大仓库。随着人类利用和改造环境能力的增强，环境污染问题日趋加重，致使大气圈、水圈、岩石-土圈及生物圈的组成和结构发生了大规模的改变，导致各圈层的污染与破坏，从而破坏了人类与自然的和谐关系，甚至威胁到人类的可持续发展。

造成环境污染的因素有化学的、物理的和生物的三方面，其中因化学物质引起的占 $80\% \sim 90\%$。化学污染物种类繁多，按受影响的环境要素可分为大气污染物、水体污染物、土壤污染物。大气中的主要化学污染物来自于化石燃料的燃烧，如 SO_2、NO_x、CO_x、颗粒物（PM_{10}、$PM_{2.5}$）等；水中的主要化学污染物有重金属、酚、有机卤化物、多氯联苯、多环芳烃、表面活性剂、增塑剂、有害阴离子（如 CN^- 等）、过量营养物质（如 N、P）等；土壤中的主要化学污染物是重金属、有机农药、化肥等。由于大量环境问题与化学物质直接相关，因此对许多环境问题的认识和解决离不开化学。

8.2 水污染与治理

8.2.1 水体主要污染物

（1）水资源概念

水体是海洋、河流、湖泊、水库、冰川、沼泽、地下水等地表与地下诸水的总称。水是人类赖以生存的最基本的物质基础，是人类维持生存和发展经济不可缺少的自然资源。地球上存在的总水量估计为 $1.37 \times 10^{18} m^3$，淡水仅占其中的 2.7%，再除去人类难以利用的两极冰盖、高山冰川及深层地下水，实际可利用的淡水资源总计不到地球总水量的 1%。而这有限的淡水资源在时空上分布不均匀，加上人类的不合理利用，使世界上许多地区面临着严重的水资源危机，主要表现在淡水资源短缺、淡水污染、争夺淡水资源、海洋污染等几方面。

1993 年 1 月 18 日，第 47 届联合国大会做出决定：自 1993 年起，每年的 3 月 22 日定为"世界水日"，用以宣传、教育提高公众对开发和保护水资源的认识，推动对水资源进行综合性统筹规划和管理，加强水资源保护，解决日益严峻的缺水问题。

我国目前的水资源状况主要是水量性缺水、水质性缺水和水资源浪费严重。虽然我国水资源总量居世界第四，仅次于巴西、俄罗斯和加拿大，但人均只有 $2240 m^3$ 左右，仅为世界平均水平的 1/4，是世界上 13 个贫水国之一。另外我国的水资源分布很不均匀，目前中国有 16 个省（区、市）人均水资源量（不包括过境水）低于严重缺水线，有 6 个省、区（宁夏、河北、山东、河南、山西、江苏）人均水资源量低于 $500 m^3$，为极度缺水地区。

我国由于水污染现象导致的水质性缺水问题依然存在。近年来，我国环境保护部门加强全国重点流域的水污染防治工作，并取得一定成效。2013 年，全国地表水总体为轻度污染，部分城市河段污染较重。长江、黄河、珠江、松花江、淮河、海河、辽河、浙闽片河流、西北诸河和西南诸河等十大流域的国控断面中，Ⅰ～Ⅲ类、Ⅳ～Ⅴ类和劣Ⅴ类水质断面比例分别为 71.7%、19.3% 和 9.0%。2013 年，水质为优良、轻度污染、中度污染和重度污染的国控重点湖泊（水库）比例分别为 60.7%、26.2%、1.6% 和 11.5%。

同时我国的水资源浪费严重，水利用率低下，全国平均每立方米的水实现国内生产总值仅为世界平均水平的 1/5。城镇供水管网漏失率达 20% 左右，每年损失的自来水近 100 亿立方米。农村灌溉渠系大部分为土渠，防渗性能差，水的利用系数仅为 40%（发达国家已达 80%）；不少工业企业耗水量大，水的重复利用率不足 50%。水的浪费更加剧了我国的水资源危机。

（2）水体污染源和污染物

水体污染是指水体因某种物质的介入，超过了水体的自净能力，导致其物理、化学、生物等方面特征的改变，从而影响到水的利用价值，危害人体健康或破坏生态环境，造成水质恶化的现象。

1）水体污染源

水体污染源按人类活动内容，可分为工业污染源、生活污染源、农业污染源及其他。

工业废水是指工业企业在生产过程中排出的生产废水、生产污水、生产废液，是水体污染的最主要的污染源。它的排放特点是：①排放量大，污染范围广，排放方式复杂；②污染物种类繁多，浓度波动幅度大；③污染物质有毒性、刺激性、腐蚀性、pH 变化幅度大，悬浮物和富营养物多；④污染物排放后迁移变化规律差异大；⑤恢复比较困难。

城市生活污水是仅次于工业废水的第二大水体污染源，以有机污染物为主，它的特点是：①含氮、磷、硫高，容易引起水体富营养化；②含纤维素、淀粉、糖类、脂肪、蛋白质、尿素等，在厌氧性细菌作用下易产生恶臭；③含有多种微生物，如细菌、病原菌，使人易被传染各种各样的疾病；④合成洗涤剂含量高时，对人体有一定的危害。

农业排水造成的水体污染主要是指由于农药和化肥的不正确使用所造成的地表水和地下水的污染，使水质恶化和富营养化。农业排水具有面广、分散、难于收集、难于治理的特点。

其他污染源包括人类生产、生活过程中产生的固体废弃物、废气，含有大量的易溶于水的无机物和有机物，受雨水冲淋也会造成水体污染。此外，油轮漏油或者发生事故引起石油对海洋的污染，因油膜覆盖水面使水生生物大量死亡，死亡的残体分解可造成水体污染等。

2）水体污染物

凡使水体的水质、生物质、底泥质量恶化的各种物质均称为水体污染物，根据对环境污染危害的情况不同，水体污染物主要有以下 5 类。

① 固体污染物　固体物质在水中有 3 种存在形态：溶解态、胶体态和悬浮态。在水质分析中，常用一定孔径的滤膜过滤的方法将固体微粒分为两部分：被滤膜截留的为悬浮物（SS），透过滤膜的为溶解性固体（DS），两者合称为总固体（TS）。这时，一部分胶体包括在悬浮物内，另一部分包括在溶解性固体内。

悬浮物在水体中沉积后淤塞河道，危害水体底栖生物的繁殖，影响渔业生产。灌溉时，悬浮物会阻塞土壤的孔隙，不利于作物生长。大量悬浮物的存在，还会造成水道淤塞，干扰废水处理和回收设备的工作。在废水处理中，通常采用筛滤、沉淀等方法使悬浮物与废水分离而除去。

水中溶解性固体主要是盐类。含盐量高的废水对农业和渔业有不良影响，而其中的胶体成分是造成废水浑浊和色度的主要原因。

② 耗氧有机污染物　耗氧有机物指动植物残体、生活污水及某些工业废水中所含的碳水化合物、蛋白质、脂肪和木质素等有机化合物。它们在好氧微生物的作用下可分解为简单的无机化合物、二氧化碳和水等，在分解过程中消耗水中的溶解氧。而水中溶解氧的下降，势必影响鱼类及其他水生生物的正常生活，以致缺氧而死亡。

若进入水体中有机物太多，溶解氧来不及补充，水中的溶解氧有可能降为零。在这种情况下，有机物将变成缺氧分解，典型的缺氧分解产物有氨、甲烷、硫化氢等。水色变黑、水质变臭，严重污染水环境和空气环境。

由于废水中有机物组成较复杂，种类繁多，一般根据水中有机物主要是消耗水中溶解氧这一特点，可采用生物化学需氧量（BOD）、化学需氧量（COD）和总需氧量（TOD）等指标来反映水中耗氧有机物的含量。

生化需氧量（biochemical oxygen demand，BOD）是指在水体中有氧的条件下，好氧微生物分解单位体积水中有机物所消耗的溶解氧称为生化需氧量，用单位体积废水中有机污染物经微生物分解所需氧的量（mg/L）表示。BOD 越高，表示水中耗氧有机污染物越多。目前大多数国家都采用 5 天（20℃）作为测定的标准时间，所测结果称为 5 天生化需氧量，以 BOD_5 表示。

化学需氧量（chemical oxygen demand，COD）是指在强酸并加热条件下，用重铬酸钾作为氧化剂氧化水中有机污染物时所需的溶解氧量称为化学需氧量。同样，COD越高，表示水中有机污染物越多。

③ 有毒污染物　废水中能对生物引起毒性反应的物质称为有毒污染物，简称毒物。大量毒物排入水体，不仅危及鱼类等水生生物的生存，而且许多毒物能在食物链中逐级转移、浓缩，最后进入人体，危害人体健康。在各类水质标准中，对主要毒物均规定了浓度限值。

废水中的毒物可分为无机毒物、有机毒物和放射性物质三类。

无机毒物　无机毒物包括金属和非金属两类。金属毒物主要为重金属（汞、铬、镉、镍、锌、铜、锰、钛、钒等）及轻金属铍。重要的非金属毒物有砷、硒、氰化物、氟化物、硫化物、亚硝酸盐等。重金属不能被生物降解，它能被生物富集于体内，有时还可被生物转化为毒性更大的物质（如无机汞被转化为烷基汞），是危害特别大的一类污染物。

有机毒物　有机毒物品种繁多，且随着现代科技的发展而迅速增加。典型的有机毒物有：有机农药、多氯联苯、多环芳烃、芳香胺类、杂环化合物、酚类、腈类等。许多有机毒物具有三致效应（致畸、致癌、致突变）和蓄积作用。

放射性物质　放射性物质分天然放射性物质和人工放射性污染物质两类。核试验沉降物、核企业排放的放射性废水及冲刷放射性污染物的地面径流，往往会造成附近水域的放射性污染。水体中的放射性核素可通过多种途径进入人体，使人受到放射性伤害（近期效应，头痛、头晕、食欲下降、睡眠障碍等；远期效应，出现肿瘤、白血病、遗传障碍等）。

④ 营养性污染物　营养性污染物指可以引起水体富营养化的物质，主要有氮和磷。此外，可生化降解的有机物、维生素类物质、热污染等也能触发或促进富营养化过程。

⑤ 生物污染物　生物污染物指废水中的致病微生物及其他有害的生物体，主要包括病毒、病菌、寄生虫卵等各种致病体。此外，废水中若生长有铁菌、硫菌、藻类、水草及贝类动物时，会堵塞管道、腐蚀金属及恶化水质，这些物质也属于生物污染物。水质标准中的细菌学指标有细菌总数、总大肠菌群及游离余氯等。

（3）水质标准

不同用途的水应满足一定的水质要求，即水质标准。水质标准规定某类水体的各项水质参数应达到的指标和限值，是环境标准的一种。按水质标准的性质和适用范围不同，大致可划分为四类：用水水质标准、水环境质量标准、污染物排放标准和回用水标准。

1）用水水质标准

用水水质标准分为饮用水水质标准和工业用水水质标准。

① 饮用水水质标准　饮用水直接关系人民日常生活和身体健康，因此供给居民以良质、足量的饮用水是最基本的卫生条件之一。目前我国有《生活饮用水卫生标准》（GB 5749—2006）和《生活饮用水水质规范》，后者与国际卫生组织（WHO）的饮用水水质指南基本接轨。它包括生活饮用水水质常规检测项目及限值34项，生活饮用水水质非常规检测项目及限值62项，共有96项指标。规范中对生活饮用水水源水质和监测方法均作

了详细规定，适用于城乡各类集中式供水以及分散式供水的生活饮用水。

② 工业用水水质标准　工业用水种类繁多，不同的行业、不同的生产工艺过程、不同的使用目的有不同的水质要求。各行业都相继制定了本行业的工业用水标准，并不断修订完善。

2）水环境质量标准

保障人体健康、维护生态平衡、保护水资源、控制水污染，根据国家环境政策目标，对各种水体规定了水质要求。

《地表水环境质量标准》（GB 3838—2002）适用于中国领域内江河、湖泊、运河、渠道、水库等具有使用功能的地表水水域。标准中依据地表水水域使用目的和保护目标，将水域划分为五类。

Ⅰ类：适用于源头水、国家自然保护区。

Ⅱ类：适用于集中式生活饮用水水源地一级保护区、珍贵鱼类保护区、鱼虾产卵场等。

Ⅲ类：适用于集中式生活饮用水水源地二级保护区、一般鱼类保护区及游泳区。

Ⅳ类：适用于一般工业用水区及人体非直接接触的娱乐用水区。

Ⅴ类：适用于农业用水区及一般景观要求水域。

对应地表水上述五类水域功能，将地表水环境质量标准基本项目标准值分为五类，不同功能类别分别执行相应类别的标准值。对同一水域兼有多类使用功能的，执行最高功能类别对应的标准值。《地表水环境质量标准》中所包括的检测项目有基本项目 24 项，补充项目 5 项，特定项目 80 项，共有 109 项指标。

其他有关的标准还有《海水水质标准》（GB 3097—1997）、《地下水质量标准》（GB/T 14848—1993）等。

3）污水综合排放标准

污水综合排放标准是为了保证环境水体质量，对排放污水的一切企业、事业单位所作的规定。

《污水综合排放标准》（GB 8978—1996）首先将排放的污染物按其性质及控制方式分为两大类。

第一类污染物能在环境或动植物体内蓄积，对人体健康产生长远的不良影响，如含有汞、铬、镉、砷、铅、镍、铍、银、苯并［a］芘及放射性等 13 类污染物的废水，一律在车间或车间处理设施排放口采样，规定最高排放浓度。此类废水不经处理绝不允许排放。

第二类污染物的长远影响小于第一类，规定的采样点为排污单位排放口，水质指标为溶解氧 DO、生化需氧量 BOD_5、悬浮物 SS、pH、大肠菌和各种有毒有害物质（如油脂、挥发酚、氰化物、硫化物、氨氮、氟化物、甲醛、磷酸盐、铜、锌、锰、磷、苯类、总余氯、有机碳等）共 56 项。共分为三级标准，其中一级标准要求最严。实施时将视受纳水体的性质而采用不同的标准。

根据《污水综合排放标准》（GB 8978—1996）中规定，污水排放标准的分级是按受纳水体的使用功能要求和废水排放去向而划分的。

① 特殊保护水域（GB 3838—2002 中Ⅰ、Ⅱ类水域），不得新建排污口，现有的排污

单位要从严控制，以保证受纳水体的水质符合规定用途的水质标准。

② 重点保护水域（GB 3838—2002 中Ⅲ类水域及海洋二类水域），对排入本区水域的污水执行一级标准。

③ 一般保护水域（GB 3838—2002 中Ⅳ、Ⅴ类水域及海洋三类水域），对排入本区水域的污水执行二级标准。

④ 对排入城镇下水道并进入二级污水处理厂进行生物处理的污水执行三级标准；而对排入未设置二级污水处理厂的城镇下水道的污水，必须根据下水道出水受纳水体的功能要求按②或③条的规定，分别执行一级或二级标准。

4）回用水标准

将水资源使用、处理后再回用，是解决水资源短缺问题的一种有效途径，为了引导污水回用的健康发展，确保回用水的安全使用，我国已制定了一系列回用水水质标准，具体有《城市污水再生利用 城市杂用水水质》（GB/T 18920—2002）、《城市污水再生利用 景观环境用水水质》（GB/T 18921—2002）、《城市污水再生利用 工业用水水质》（GB/T 19923—2005）等。

8.2.2 给水处理系统

（1）过滤技术的发展历史

饮用水处理的中心环节是水的过滤。最早的集中式给水处理采用的是慢滤池，慢滤池使用细砂作为滤料，滤速为 $2\sim5m/d$。由于滤速低，滤料间孔隙细，水中悬浮物在滤层中能得到有效去除。与此同时，滤料表层有大量微生物繁殖，形成很厚的生物滤膜，这种生物滤膜不仅对水中的有机物、色度和其他杂质有很好的生物降解作用，而且对水中的微型动物细菌甚至病毒也有很好的去除作用。

慢滤技术虽然处理水质好，但处理效率低是其最大的弱点。因此，该技术在 1870 年左右传到美国后，仅仅经过 20 年的时间，美国人就对过滤技术进行了大的革新，使用较粗的砂粒作为滤料，使滤速从 $2\sim5m/d$ 增大到 $200m/d$，这就是现在广泛用于给水和污水或废水处理的快滤池。但快滤池由于滤料粗、孔隙大，只有对原水预先投加药剂，进行了混凝或混凝沉淀处理之后，才能达到较好的过滤去除效率。所以在发明快滤池的同时，美国人又发明了硫酸铝作为水处理的混凝。快滤池对杂质的去除是一种物理化学作用，因此它对细菌和病毒等微生物的去除效率远比慢滤池低。为了保证饮用水的水质，1908 年氯消毒技术也在美国得到应用。从那时起，以快滤池为中心，并包括混凝沉淀作为前处理和消毒作为后处理的处理流程就成为给水处理技术的主流，称之为快滤流程。

慢滤池虽然处理效率低，但无须使用化学药剂即可达到良好的处理水质，这一特点至今仍得到水处理界的关注。在用地条件允许的情况下，慢滤池仍不失为一种可取的水处理技术。尤其是近年来水中微量污染物的问题和氯消毒副产物的问题越来越引起人们的重视，在欧洲一些国家又开始考虑将慢滤池作为一种深度水处理技术。

（2）常规快滤处理系统

以地表水为水源的给水处理通常采用快滤处理系统，处理的对象主要是水中的浊度和细菌、病毒等微生物，其系统构成如图 8-1 所示。

图 8-1 中，快滤池是处理流程的中心环节。其他处理环节的作用可简要归纳如下。

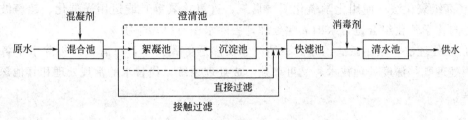

图 8-1　常规快滤处理系统

① 混合池　运用水力或机械搅拌条件使投加到水中的混凝剂均匀混合，水中以黏土为代表的胶体颗粒充分脱稳。

② 絮凝池　通过水力或机械搅拌提供脱稳胶体颗粒间碰撞结合的能量，形成可沉淀或可过滤去除的絮凝体。混合和絮凝过程又统称为混凝。

③ 沉淀池　提供平稳的水流，使水中粗大絮凝体在重力作用下沉于池底，得以分离。

④ 澄清池　在一个构筑物中完成絮凝和沉淀两个过程的处理单元，可利用池中高浓度粗大絮凝体悬浮层促进颗粒絮凝和沉淀分离。

⑤ 直接过滤　混凝（混合＋絮凝）后的原水不经沉淀而直接进入快滤池的处理工艺，一般适用于原水浊度较低的情况。

⑥ 接触过滤　原水加药混合后直接进入快滤池，利用脱稳颗粒和滤料颗粒之间的接触絮凝作用进行过滤处理的工艺，也适用于原水浊度较低的情况。

⑦ 清水池　储存滤后水的构筑物，一般在进入清水池之前进行加氯，并利用清水池的容量提供足够的消毒接触时间。

对于轻度污染的原水，通过上述常规快滤处理即可满足饮用水的水质要求。

（3）预处理和深度给水处理

上述的常规快滤处理系统主要去除水中浊度和微生物，对于水中色度和有机物的去除效率较低。因此对于有机污染比较严重的原水，必须考虑增加其他处理单元，这些附加的处理若置于常规处理流程之前，即称之为预处理；置于常规处理之后则称之为深度给水处理。

预处理方法主要包括如下几种。

① 粉末活性炭吸附法　通常将粉末活性炭投加到原水中，吸附水中的有机物，然后通过后续的混凝沉淀加以去除。

② 化学预氧化法　用氯、臭氧、高锰酸钾等作为氧化剂，投加在原水中，以氧化水中的有机物或改变有机物的性质，使之在后续工艺中得到有效去除。

③ 生物预氧化法　对原水进行曝气或其他生物处理，去除水中氨氮和生物可降解有机物。

上述各种预处理法除了去除水中有机污染物外，也具有除味、除臭和除色作用。

深度处理的主要方法包括如下几种。

① 粒状活性炭吸附法　以粒状活性炭作为滤料，常规处理后的水通过滤池过滤，水中残余有机物得到吸附去除。

② 臭氧-活性炭处理法　水通过臭氧氧化后，再通过粒状活性炭滤池进行吸附处理，由于臭氧能大幅度提高有机物的生化降解性，后续活性炭滤池中极易形成生物膜，这种情况下粒状活性炭主要成为生物载体，称为生物活性炭。

③ 高级氧化法　使用化学氧化剂（臭氧、过氧化氢等）或运用光催化、超声波、紫外线等与化学氧化组合进行水的氧化处理，去除水中有机污染物。

④ 膜处理法　运用微滤、超滤、纳滤、反渗透等膜技术，可有效地去除水中各种杂质，膜处理既是深度处理技术，又可单独形成处理系统，代替水的常规处理和其他深度处理流程。

8.2.3　废水（污水）处理系统

（1）污水处理技术的发展历史

1840 年左右在欧洲首先出现了用于污水一级处理的平流沉淀池。19 世纪末期，以土壤颗粒为滤料的生物滤池也得到应用，由此开始了污水生物处理的历史。

1914 年，英国曼彻斯特建立了以活性污泥法的应用为标志的第一个活性污泥处理的试验厂，此后，美国和欧洲国家逐渐推广了活性污泥法生物处理技术，从那时开始，以活性污泥法为中心的污水二级处理就成为全世界污水处理技术的主流。

20 世纪 60 年代，随着环境污染问题的加剧，水环境中引起富营养化的氮和磷的去除问题受到普遍关注。常规活性污泥法对氨氮的氧化效果往往不稳定，为此 60 年代初出现了利用缺氧段的条件进行生物反硝化的活性污泥法改进措施。利用厌氧-好氧条件的生物除磷工艺、厌氧-缺氧-好氧条件的同步脱氮除磷工艺都是随后出现的活性污泥法的改进措施，其共同点是在生物处理流程中造成缺氧、厌氧、好氧等条件的交替，在去除水中有机物的同时达到较高的营养盐去除效率。

近年来，与给水处理领域一样，膜过滤技术以其广泛的实用性受到污水处理界的重视。微滤、超滤、反渗透技术都越来越多地用于污水处理。尤其是将活性污泥法处理与膜分离组合应用的膜生物反应器技术是近年来最受人们重视的水处理技术。

（2）废水（污水）处理流程

根据废水（污水）处理程度不同，一般将废水处理分为一级处理、二级处理和三级处理（深度处理）不同处理阶段。

一级处理主要分离去除废水中悬浮固体、胶体、悬浮油类等污染物，多采用物理法，如格栅、沉淀池、沉砂池等。截留于沉淀池的污泥可进行污泥消化或其他处理。一般一级处理的出水达不到规定的排放要求，还需进行二级处理。

二级处理主要采用较为经济的生物处理法将废水中各种复杂的有机物氧化分解为简单的物质，它往往是废水处理的主体部分。采用的典型设备有生物曝气池（或生物滤池）和二次沉淀池，产生的污泥经浓缩后进行厌氧消化或其他处理。二级处理出水一般均可达到排放标准。但可能会残存有微生物以及不能降解的有机物和氮、磷等无机盐类，数量不多，对水体危害不大，出水可直接排放或用于灌溉。

三级处理主要用于处理难分解的有机物、营养物质（N 和 P）及其他溶解物质，使处理后的水质达到工业用水和生活用水的标准。因此三级处理方法多属于化学和物理化学法，如混凝、过滤、吸附、膜分离、消毒等法，处理效果好，但处理费用较高。随着对环境保护工作的重视和"三废"排放标准的提高，三级处理在废水处理中所占的比例也正在逐渐增加，新技术的使用和研究也越来越多。

典型的废水三级处理系统及出水出路如图 8-2 所示。

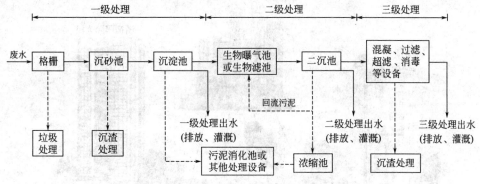

图 8-2　废水的三级处理系统及出水出路

工业企业各行业生产过程中排出的废水，种类繁多，组成复杂，排放量大。由于工业废水的复杂性，因此针对不同种类的工业废水应根据废水的水质、水量确定相应的具体处理方法。

8.2.4　节约水资源

面对水资源短缺的问题，在对污染水体进行治理的同时，节约水资源也尤为重要。在"坚持开源节流并重，把节水放在突出位置"的战略思想的指导下，我国政府提出了"全面推进节水型社会建设，大力提高水资源利用效率"，这是解决我国水资源紧缺的最有效的战略举措。具体的节水技术的重点工作如下。

（1）推进城市节水工作

积极开展节水产品的研发与推广，改造供水管网，降低管网漏失率；推动公共建筑、生活小区、住宅节水和中水回用设施建设，推进污水处理及再生利用。

将生产、生活产生的废污水经过处理后的再生水即"中水"作为低质水循环利用便是中水回用技术。这种水处理循环再利用设备系统称为"中水道"系统。"中水"一词来源于日本，因其水质介于给水（上水）和排水（下水）之间，故名中水。早在1955年日本就开始了中水利用。日本大城市双管供水系统比较普遍，一个是饮用水系统，另一个是中水系统，即"再生水道"系统。"再生水道"以输送再生水供生活杂用著称，约占再生水回用量的40％。日本再生水主要用于城市杂用、工业、农业灌溉等，管理制度非常严格。

图 8-3 是东京新宿中水道系统示意。生活小区、旅馆、酒店、医院、学校及部分工业用水均可采用闭合型"中水道循环系统"，使来自建筑物的下水就地在使用场所内处理，处理后的下水可重新在原场所内循环利用。

"中水"回用可减少城市下水道负担和废污水的处理费用，保护水环境，节约水资源，促进水系生态的正常循环。在城市的居住区、小区、街区等范围内建立中水道系统，实行"优水优用，差水差用"的分质供水的方式，是城市生活节水的一个重要措施。"中水"将成为城市三大水源（地表水、地下水、雨水）后的第四水源。

（2）推进农业节水

改造农村灌溉系统，推广节水灌溉设备，在丘陵、山区和干旱地区开展雨水积蓄利用，采用滴灌技术，发展旱作节水农业。

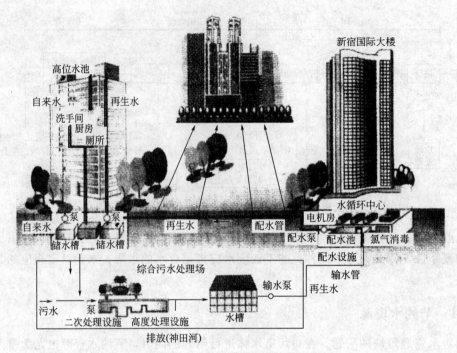

图 8-3　东京新宿中水道系统示意

雨水（大气降水）是地球所有可持续利用的淡水资源的最重要来源，地表水、地下水、土壤水均来自大气降水的转化，蓄积雨水也是"开源"的一项重要措施，应实施各种方法收集利用雨水。例如，利用建筑屋顶的雨管将雨水输入蓄水池内（英国为纪念新千年而建的"世纪圆顶"，平均每天可从屋顶收集雨水 100m³ 之多，基本满足冲厕之用），也可输入中水道系统或地下蓄水系统；农村、山区可修建渗水沟或渗水井收集雨水；广场、路面采用渗水材料和结构，让大部分地面的雨水径流成为回灌水源。

在干旱地区还可以采用滴灌技术。滴灌属全管道输水和局部微量灌溉，使水分的渗漏和损失降低到最低限度。同时，又由于能做到适时地供应农作物根区所需水分，不存在外围水的损失问题，它是目前干旱缺水地区最有效的一种节水灌溉方式，水的利用率可达 95%。

（3）推进节水技术改造和海水利用

推进高耗水行业节水技术改造、矿井水资源化利用、推进沿海缺水城市海水淡化和海水直接利用。

（4）加强地下水资源管理

严格控制超采、滥采地下水。防治水污染、缓解水质性缺水。

8.3　大气污染与防治

大气是指包围在地球表面并随地球旋转的空气层，也称之为大气圈或大气层。大气是地球上一切生命赖以生存的气体环境，人可以几周不吃饭，几天不喝水，但隔绝空气几分钟就会死亡；此外，大气因吸收了大部分高能宇宙射线和紫外线而成为地球的保护伞；同时也是地球维持热量平衡的基础，为生物生存创造了适宜的温度环境。因此大气质量的优劣，对整个生态系统和人类健康至关重要。

然而，大气的组成并不是一成不变的。由于人类活动或自然过程，引起某些物质进入大气中，呈现出足够的浓度，达到足够的时间，并因此危害了人体的舒适、健康和福利或环境污染的现象，称为大气污染。

8.3.1 大气中主要污染物

大气中的污染物目前已经认定的约有 100 种，按其存在形态可分为气溶胶态污染物和气态污染物；按其成因，可分为一次污染物和二次污染物。一次污染物是指直接从污染源排放的污染物，如二氧化硫、一氧化碳、氮氧化物、碳氢化合物、颗粒性物质等；二次污染物是指由一次污染物与大气中已有组分或几种一次污染物之间经过一系列化学或光化学反应而生成的新污染物质，典型的二次污染物有：一次污染物二氧化硫在大气中氧化成的硫酸盐气溶胶；汽车尾气中的氮氧化物、碳氢化合物在日光的照射下发生光化学反应生成的臭氧、过氧乙酰硝酸酯（PAN）、甲醛、酮类等。这些新污染物与一次污染物的化学、物理性质不同，多为气溶胶，具有颗粒小、毒性一般比一次污染物大等特点。

（1）气态污染物

气态污染物是指以气态或蒸气态形式存在于大气中的污染物。某些物质如二氧化硫、氮氧化物、一氧化碳、氯化氢、氯气、臭氧等沸点都很低，在常温、常压下以气体分子形式分散于空气中。还有些物质如苯、苯酚等，虽然在常温、常压下是液体或固体，但因其挥发性强，故能以蒸气态进入空气中。

无论是气体分子还是蒸气分子，都具有运动速度较大、扩散快、在空气中分布比较均匀的特点。它们的扩散情况与自身的相对密度有关，相对密度大者向下沉降，如汞蒸气等；相对密度小者向上飘浮，并受气象条件的影响，可随气流扩散至很远的地方。

（2）气溶胶态污染物

气溶胶态污染物（或颗粒物）是分散在空气中的微小液体或固体颗粒，空气动力学当量直径多为 $0.01 \sim 100 \mu m$，是一个复杂的非均相体系。通常根据颗粒物在重力作用下的沉降特性将其分为降尘和可吸入颗粒物。将较粗的、靠重力即可较快沉降到地面上的颗粒物称为降尘，其空气动力学当量直径大于 $10 \mu m$；将空气动力学当量直径小于等于 $10 \mu m$ 的颗粒物用 PM_{10} 表示，也称 "可吸入颗粒物"；空气动力学当量直径小于等于 $2.5 \mu m$ 的颗粒物用 $PM_{2.5}$ 表示，又称 "细颗粒"、"可入肺颗粒"，它吸附能力强，在空气中停留时间长，是形成灰霾天气的主要原因之一。PM_{10} 和 $PM_{2.5}$ 的比表面积较大，通常富集各种重金属元素（如 Pb、Hg、As、Cd、Cr 等）和多环芳烃、VOCs（挥发性有机污染物）等有机污染物，这些多为致癌物质和基因毒性诱变物质，危害极大。国内外研究表明，PM_{10} 颗粒对人类健康有明显的直接毒害作用，可引起人体呼吸系统、心脏及血液系统、免疫系统和内分泌系统等广泛的损伤；$PM_{2.5}$ 颗粒能进入人体肺泡甚至血液系统，直接导致心血管疾病和改变肺功能及结构，改变免疫结构，增加重病及慢性病患者的死亡率。

通常所说的烟、雾、灰尘都是用来表述颗粒物存在形式的。在燃料燃烧、高温熔融和化学反应等过程中形成的固体粒子的气溶胶，或因升华、焙烧、氧化等过程产生的气态物质冷凝物，也包括燃料不完全燃烧所造成的黑烟以及由于蒸气的凝结所形成的烟雾，称为烟尘。烟尘粒子的粒径很小，一般小于 $1\mu m$。雾是由悬浮在空气中微小液滴构成的气溶胶，水雾、酸雾、碱雾、油雾等都属于雾尘，粒子的粒径小于 $100\mu m$。

通常所说的烟雾是烟和雾同时构成的固、液混合态气溶胶，如硫酸烟雾、光化学烟雾等。硫酸烟雾主要是由燃煤产生的高浓度二氧化硫和煤烟形成的，二氧化硫经氧化剂、紫外线等因素的作用被氧化成三氧化硫，三氧化硫与水蒸气结合形成硫酸烟雾。当空气中的氮氧化物、一氧化碳、碳氢化合物达到一定浓度后，在强烈阳光照射下，经一系列光化学反应，形成臭氧、PAN 和醛类等物质悬浮于空气中而构成光化学烟雾。

尘是分散在空气中的固体颗粒，如车辆行驶时所带起的扬尘，粉碎固体物料时所产生的粉尘，燃煤烟气中的含碳颗粒物等。

8.3.2 空气质量评价

大气污染主要发生在城市，为了便于人们及时了解城市的空气质量状况，增强环保意识，从而自觉地抵制环境污染，便于公众对政府环保工作的监督，我国实行了空气质量日报制度。城市空气质量日报是以空气质量公告形式公布的一天中该城市大气中 SO_2、NO_2、PM_{10}、$PM_{2.5}$、CO、O_3 等污染物含量的情况，用空气质量指数（AQI）加以区别，并确定空气质量级别，我国空气质量指数对应的空气质量状况及对人体健康的影响如表 8-1 所示。

表 8-1 空气质量指数及相关信息

空气质量指数	空气质量指数级别	空气质量指数类别及表示颜色		对健康影响情况	建议采取的措施
0～50	一级	优	绿色	空气质量令人满意，基本无空气污染	各类人群可正常活动
51～100	二级	良	黄色	空气质量可接受，但某些污染物可能对极少数异常敏感人群健康有较弱影响	极少数异常敏感人群应减少户外活动
101～150	三级	轻度污染	橙色	易感染人群症状有轻度加剧，健康人群出现刺激症状	儿童、老年人及心脏病、呼吸系统疾病患者应减少长时间、高强度的户外锻炼
151～200	四级	中度污染	红色	进一步加剧易感染人群症状，可能对健康人群心脏、呼吸系统有影响	儿童、老年人及心脏病、呼吸系统疾病患者避免长时间、高强度的户外锻炼，一般人群适量减少户外运动
201～300	五级	重度污染	紫色	心脏病和肺病患者症状加剧，运动耐受力降低，健康人群普遍出现症状	儿童、老年人和心脏病、肺病患者应停留在室内，停止户外运动，一般人群减少户外运动
>300	六级	严重污染	褐红色	健康人群运动耐受力降低，有明显强烈症状，提前出现某些疾病	儿童、老年人和病人应当留在室内，避免体力消耗，一般人群应避免户外活动

8.3.3 全球性大气环境问题

大气污染发展至今已超越国界的限制，形成了全球性的大气污染，成为与世界各国都有切身利害关系的问题。目前全球性大气污染已引起普遍的关注。要解决这个问题，需要国际间的合作，各国协调一致的行动，不论是发达国家还是发展中国家，都应为此而努力，做出贡献，在公平合理的原则上，承担其各自的责任和义务。

目前，困扰世界的全球性大气污染问题主要有三个，即酸雨、温室效应和臭氧层的破坏。

（1）酸雨

酸雨是指 pH 小于 5.6 的降水，由酸雨引起的环境酸化是全球最大的环境问题之一。

1）酸雨的现状与趋势

随着人口的剧烈增长和生产的发展，化石燃料的消耗不断增加，酸雨问题的严重性逐渐显露出来。20 世纪 50 年代以前，酸雨只在工厂附近和城镇的局部地区出现。60 年代，北欧地区受到欧洲中部工业区酸性排气的影响，出现了酸雨。60 年代末到 80 年代初，酸雨的危害全面显示，酸雨范围由北欧扩大至中欧，同时北美也出现大面积的酸雨区。80 年代以来，世界各地相继出现了酸雨。例如，亚洲的中国、日本、韩国、东南亚各国，南美洲的巴西、委内瑞拉，非洲的尼日利亚、科特迪瓦等都受到了酸雨的侵害。当前酸雨最集中、面积最大的地区是北欧、北美和中国。

在我国，20 世纪 80 年代初，酸雨主要发生在以重庆、贵阳为代表的西南地区。到 90 年代中期，酸雨迅速发展到长江以南、青藏高原以东以及四川盆地的广大地区，形成华中、西南、华东、华南 4 大酸雨区。年降水 pH<5.6 的区域面积达全国面积的 40% 左右，年降水 pH<4.5 的区域面积达全国面积的 8.4% 左右。据《2013 年中国环境状况公报》显示，2013 年，降水 pH 年均值低于 5.6（酸雨）、低于 5.0（较重酸雨）和低于 4.5（重酸雨）的城市比例分别为 29.6%、15.4% 和 2.5%。与上年相比，酸雨、较重酸雨和重酸雨的城市比例分别下降 1.1%、3.3% 和 2.9%。2013 年，全国酸雨分布区域集中在长江沿线及中下游以南，主要包括江西、福建、湖南、重庆的大部分地区，以及长三角、珠三角和四川东南部地区。对我国酸雨分析显示，其化学特征是：硫酸根离子浓度较高而硝酸根离子浓度较低，这与我国的空气污染以煤炭型污染为主有关，酸雨也主要是硫酸型的。

2）酸雨的危害

酸雨的影响是多方面的，酸雨对水生生态系统、陆生生态系统、建筑物和材料及人体健康都可造成直接或间接的危害。

① 水生生态系统　湖泊、河流过度酸化，则影响鱼类的繁殖与生存。酸雨腐蚀岩石矿物，使水体中的重金属含量增加，影响水生生态系统的正常运转。流域土壤和水底污泥中的毒性金属如铝、铅、镍等被溶解入水，毒害水生生物。当水中铝的含量达到 0.2 mg·L^{-1}时，鱼类就会死亡。当水中 pH 小于 5.5 时，大部分鱼类难以生存；当 pH 小于 4.5 时，鱼类、昆虫、水草大部分死亡。

② 陆生生态系统　酸雨对森林的危害在许多国家已普遍存在。酸雨对森林的影响在很大程度上是通过对土壤的物理化学性质的恶化作用造成的。在酸雨的作用下，土壤中的营养元素钾、钠、钙、镁会释放出来，并随着雨水被淋溶掉，从而使土壤贫瘠化。此外，土壤中的铝和重金属元素被活化，对树木生长产生毒害。酸雨还可抑制某些土壤微生物的繁殖，土壤中的固氮菌、细菌和放线菌均会明显受到酸雨的抑制，酸雨还可使森林的病虫害明显增加。

③ 建筑物和材料　酸雨腐蚀建筑材料、金属制品等，对文物古迹，如古代建筑、雕刻、绘画等造成不可挽回的损失。酸沉降加速金属材料的腐蚀，对暴露的油漆、涂料和橡胶等高分子材料产生破坏，导致使用寿命缩短。城市建筑物因遭受酸沉降的侵蚀和破坏，变得又脏又黑。

④ 人体健康　直接影响是刺激皮肤，并引起哮喘和各种呼吸道疾病；间接影响是酸雨影响了水系、植物、土壤，从而间接波及赖以生存的人类和野生动物，人类和动物食用污染的植物和水而受其害；酸雨可使河流湖泊中的有毒金属沉淀，留在水中被鱼类摄入，人类食用鱼类而受其害。

3）酸雨的形成机理

酸雨现象是大气化学过程和大气物理过程的综合效应。酸雨中含有多种无机酸和有机酸，其中绝大部分是硫酸和硝酸，多数情况下以硫酸为主。

从污染源排放出来的 SO_2 和 NO_x 是形成酸雨的主要起始物，大气中的 SO_2 和 NO_x 经氧化后溶于水形成硫酸、硝酸和亚硝酸，这是造成降水 pH 降低的主要原因。其形成过程为

SO_2 的氧化　　$SO_2 + [O] \longrightarrow SO_3$ 　　　　$SO_3 + H_2O \longrightarrow H_2SO_4$

　　　　　　　　$SO_2 + H_2O \longrightarrow H_2SO_3$ 　　　$H_2SO_3 + [O] \longrightarrow H_2SO_4$

NO_x 的氧化　　$NO + [O] \longrightarrow NO_2$

　　　　　　　　$2NO_2 + H_2O \longrightarrow HNO_3 + HNO_2$

大气中的氧化性自由基、O_3 等都是氧化剂。烟尘中的金属离子如 Fe^{2+}、Fe^{3+}、Mn^{2+} 等都是反应的催化剂。

此外，飞灰中的氧化钙，土壤中的碳酸钙，天然和人为来源的 NH_3 以及其他碱性物质都会中和降水中的酸，对酸性降水起"缓冲作用"。因此，美国有人根据酸雨的分布提出酸雨严重的地区正是酸性气体排放量大并且大气中 NH_3 含量少的地区。当大气中酸性气体浓度高时，如果中和酸的碱性物质很多，即缓冲能力很强，降水就不会有很高的酸性，甚至可能成为碱性。在碱性土壤地区，如大气颗粒物浓度高时，往往会出现这种情况。相反，即使大气中 SO_2 和 NO_x 浓度不高，而碱性物质相对较少，则降水仍然会有较高的酸性。因此，降水的酸度是酸碱平衡的结果，如降水中酸量大于碱量，就会形成酸雨。

4）控制酸雨对策

① 减少低硫燃料的使用　SO_2 污染的最直接的方法就是改用含硫量低的燃料，例如用煤气、天然气、低硫油代替原煤。化石燃料中含硫量一般为其质量的 $0.2\% \sim 5.5\%$，当煤的含硫量达到 1.5% 以上时，如果加入一道洗煤工艺，SO_2 排放量可减少 $30\% \sim 50\%$，灰分去除约 20%。我国目前也开展了这方面的研究，称之为"清洁煤工艺"或洗煤加工业。

② 改进燃烧装置　使用低 NO_x 排放的燃烧设备来改进锅炉，可以减少 NO_x 的排放；流化床的燃烧技术可以提高燃烧效率，降低 NO_x 及 SO_2 的排放。新型的流化床锅炉有极高的燃烧效率，几乎达到 99%。通过向燃烧床喷射石灰或石灰石等方法，可以达到脱硫脱氮的目的。

③ 烟道气脱钙脱硫　这是燃烧后脱硫脱钙的方法，它是向烟道内喷入石灰或生石灰

石，使 SO_2 转化为 $CaSO_4$ 来脱硫的。这项技术的问题是成本较高。也有专家提出在烟道部位采用静电富集，然后再作为工业原料；或采用能量束轰击，使污染物转化为单质。

④ 控制汽车尾气排放　柴油车及汽车尾气中排放的 NO_x 及 SO_2 必须进行控制，方法是降低燃料油中的 N、S 含量，改良发动机及加入尾气处理装置（一般是增加贵金属催化处理器）。

酸雨是一个国际环境问题，单靠一个国家解决不了问题，只有各国共同采取行动，减少向大气中排放酸性污染物 SO_2 和 NO_x，才能控制酸雨污染及其危害。

（2）温室效应

1）温室效应与温室气体

来自太阳的各种波长的辐射可部分透过大气被地球表面吸收。地球为了保持热平衡，将吸收的热量又以长波辐射的形式返回大气。而大气中的 CO_2 等分子吸收了地面辐射的红外线，把能量截留于大气之中，从而使大气温度升高，因其作用类似于栽培农作物的温室，故名温室效应。能够引起温室效应的气体，称为温室气体。CO_2 是主要的温室气体，对全球的温室效应所起作用占 55%，此外产生温室效应的气体还有 CH_4、N_2O、H_2O（水蒸气）、O_3、CFC（氟氯烷烃，又称为氟里昂）等。

进入 20 世纪以来，由于化石燃料的大量燃烧和森林的毁坏，全球大气中 CO_2 的含量急剧增加。联合国世界气象组织发布的报告称，2011 年大气中二氧化碳的含量达到 $390.9\mu g\cdot mL^{-1}$。这一数字相对于 1750 年的水平增加了 40%。除 CO_2 以外的其他温室气体在大气中的浓度比 CO_2 小得多，但它们的温室效应作用比 CO_2 强得多（例如每个 CH_4 分子导致温室效应的能力比 CO_2 分子大 20 倍），而且它们在大气中的浓度增长速率比 CO_2 要快得多（例如，从 1750~1990 年的 240 年间，CH_4 增加了 145%），因此，对这些温室气体的控制也是不可忽视的。

2）温室效应产生的影响

首要问题是全球性气候变暖。20 世纪的 100 年，全球地面平均气温增加了 0.3~0.7℃。"政府间气候变化专门委员会"评估报告估计，到 2100 年全球的地面平均气温会上升 1.4~5.8℃。

气候的变暖引起海平面的上升，全球海平面在过去的百年里平均上升了 14.4cm，我国沿海的海平面也平均上升了 11.5cm，海平面的升高不仅严重威胁低地势岛屿和沿海地区人民的生活和财产，还会削弱现有港口设施的功能。

气候变暖会影响农业和自然生态系统，造成大范围的灾害；气候变暖还会导致频繁的气候灾害，造成更大规模的损失；对人类而言，有可能增加传染病的流行。

随着温室气体排放量的增加，全球气候变暖而导致的各种影响也在继续增加，因此，对温室气体的排放问题需要认真对待。

3）控制气候变暖的对策

控制全球变暖，就必须减少大气中的温室气体含量，其中关键的问题是控制 CO_2 的含量。首先需要采取有效措施减少人类活动的 CO_2 排放，其次需要寻找有效抵消大气中增加的 CO_2 的途径，包括以下三种对策。

① 能源对策　首先开发利用新能源以替代传统的矿物能源。例如发展核能与氢能，从减少 CO_2 排放量的角度而言，核能可能是理想的能源，并且是目前最可能成为取代化

石燃料而大规模使用的唯一能源。其次提高能源利用效率，注重节能减排。

② 绿色对策　森林生态系统、草地生态系统及绿色植被均具有巨大的碳汇能力和固碳潜力。为此，不仅要保护现有的热带森林，而且要扩大世界森林面积。其次，要提倡低碳生活、绿色出行，发展低碳城市，推进绿色节能建筑设计。

③ 固碳对策　固碳也称"碳封存"，研究 CO_2 的固定技术，包括物理固碳和生物固碳。物理固碳是将 CO_2 压缩，封闭到容器中再封存到枯竭的油气井、煤层、深海或不宜开采的含盐储水层内，但成本高昂；生物固碳是利用植物的光合作用将大气中的二氧化碳转化为碳水化合物，并以有机碳的形式固定在植物体内或土壤中。如可用生物质能替代化石能源、用微藻固定 CO_2 等。生物固碳是固定大气中 CO_2 最便宜且副作用最小的方法。

（3）臭氧层的破坏

1）臭氧层的破坏

臭氧（O_3）是大气中的微量气体之一。臭氧层存在于对流层上的平流层中，主要分布在距地球表面 10～50km 的范围内，浓度峰值在 20～25km 处，臭氧层集中了地球大气层中约 90% 的 O_3。臭氧层可以吸收 99% 来自太阳的紫外线辐射，为地球提供了一个防御紫外线的天然屏障，是人类赖以生存的保护伞。而臭氧层一旦被破坏而产生"空洞"，就会导致地球气候、生态环境的巨变，严重地威胁人类的生存。强烈的紫外线对人的皮肤、眼睛乃至免疫系统都会造成伤害。过多的紫外线将使皮肤癌、白内障的发病率大大增加。

1985 年，英国南极探险家 J. C. Farman 等首先提出南极出现了"臭氧空洞"，并指出自 1957 年以来每年冬末春初南极上空臭氧异乎寻常地减少，春末逐渐恢复。随后美国宇航局人造卫星"雨云 7 号"的监测数据进一步证实了这一点。到 1994 年南极上空臭氧空洞的面积已达 980 万平方千米，2006 年达到 2720 万平方千米，相当于美国领土面积的 3 倍。近年来，尽管南极上空的臭氧空洞正在逐渐减小，但是截至 2014 年 10 月，其大小仍与北美洲相当。1989 年，科学家又赴北极进行考察研究，结果发现北极上空的臭氧层也已遭到严重破坏，但程度比南极要轻一些。臭氧层破坏引起了全世界的高度关注。

2）臭氧层破坏机理

臭氧层破坏原因主要是由于人类活动排入大气的某些化学物质与臭氧发生作用，导致臭氧的损耗。这些物质主要有氟里昂（CFC）、哈龙（溴氟烷烃）、NO_x、N_2O、CCl_4 以及 CH_4 等，破坏作用最大的为哈龙类物质与 CFC。其中氟里昂因其寿命长、无毒、不腐蚀、不可燃，被认为是最好的制冷剂、发泡剂。20 世纪 60 年代起被广泛用于冰箱、空调、喷雾、清洗和发泡等行业。尽管氟里昂在对流层很稳定，但在进入臭氧层后，在波长为 175～220nm 的紫外线照射下分解产生 Cl·，以 CFC-11（$CFCl_3$）、CFC-12（CF_2Cl_2）为例。

$$CFCl_3 \xrightarrow{h\nu} CFCl_2 \cdot + Cl \cdot$$

$$CF_2Cl_2 \xrightarrow{h\nu} CF_2Cl \cdot + Cl \cdot$$

Cl· 则可引发破坏臭氧的循环反应，不断破坏臭氧分子。一个 Cl· 大约可以破坏 10 万个臭氧分子。

$$Cl \cdot + O_3 \longrightarrow ClO \cdot + O_2$$

$$ClO \cdot + O \longrightarrow Cl \cdot + O_2$$

$$总反应：O_3+O\cdot \longrightarrow 2O_2$$

其他破坏臭氧层物质也主要按照这种机理消耗臭氧。例如 NO_x 主要来源于超音速和亚音速飞机的排放以及 N_2O 的氧化，NO_x 破坏臭氧层的机理。

$$NO+O_3 \longrightarrow NO_2+O_2$$

$$NO_2+O\cdot \longrightarrow NO+O_2$$

$$总反应：O_3+O\cdot \longrightarrow 2O_2$$

3）人类拯救臭氧层的行动

大气中臭氧层的损耗，主要是由消耗臭氧层的化学物质引起的，因此对这些物质的生产量及消费量加以限制，同时找到它们的替代品，将是防止臭氧层破坏的有效措施。

1987 年 9 月 16 日，在加拿大的蒙特利尔会议上通过了由联合国环境规划署组织制定的《关于消耗臭氧层物质的蒙特利尔议定书》（以下简称《议定书》），对 CFC 及哈龙两类中的 8 种破坏臭氧层的物质（简称受控物质）进行了限控。该《议定书》经过 4 次修正和 5 次重要调整，受控物质增加到六类十几种，把四氯化碳、三氯乙烷等都列为限控物质，并规定发达国家到 2000 年完全停止使用这些物质，发展中国家在 2010 年完全停止使用这些物质。在作了这样的限定后，预计到 2050 年，臭氧层浓度才能达到 20 世纪 60 年代的水平，到 2100 年后，南极臭氧洞将消失。

与此同时，相应的替代品的研究也在进行中，目前主要的过渡性替代品有氢氟烃和氢氯氟烃（如 R-134a、R-22 等）主要作制冷剂。还可用环戊烷作发泡剂，用异丁烷作制冷剂。

1995 年，联合国大会指定 9 月 16 日为"国际保护臭氧层日"，进一步表明国际社会对臭氧层破坏问题的关注和对保护臭氧层的共识。

我国也积极参与到保护臭氧层的行动中。作为《议定书》的缔约国，我国在 1999 年 11 月隆重承办了第 11 届《蒙特利尔议定书》缔约方大会，会议通过了《北京宣言》。我国在 2010 年全面淘汰了 5 种正在生产的受控物质，替代品及替代技术的研究及开发也取得了良好的进展。国务院于 2010 年 3 月批准了环境保护部送审的《消耗臭氧层物质管理条例》，自 2010 年 6 月 1 日施行。该条例的出台，将更有利于我国履行保护臭氧层的国际法律义务，合法有效地对消耗臭氧层物质的生产、销售、使用和出口进行管理。

8.4　固体废物的处理和利用

8.4.1　固体废物及分类

2005 年公布并实施的《中华人民共和国固体废物污染环境防治法》明确指出：固体废物，是指在生产、生活和其他活动中产生的丧失原有利用价值或者虽未丧失利用价值但被抛弃或者放弃的固态、半固态和置于容器中的气态的物品、物质以及法律、行政法规规定纳入固体废物管理的物品、物质。

应特别指出的是，固体废物的"废"具有鲜明的时间和空间特征。从时间方面讲，它仅仅相对于目前的科学技术和条件。随着科学技术的发展，各种资源、能源的日趋枯竭，昨天的废物势必又成为明天的资源。从空间角度看，废物仅仅相对于某一过程或某一方面没有使用价值，而并非在一切过程或一切方面都没有使用价值。因此，固体废物又有"放错地方的资源"之称。

固体废物的分类方法有很多，按其组成可分为有机物和无机物；按其形态分，可分为固态废物、半固态废物和气（液）态废物；按其污染特征分，可分为危险废物和一般废物等。《中华人民共和国固体废物污染环境防治法》中将固体废物分为了城市生活垃圾、工业固体废物和危险废物等。

① 城市生活垃圾　城市生活垃圾又称为城市固体废物，是指在日常生活中或者为日常生活提供服务活动中产生的固体废物以及法律、行政法规规定视力生活垃圾的固体废物。其主要成分包括食物垃圾、废纸、废织物、废金属、废玻璃陶瓷片、砖瓦渣土、粪便以及废家具、废旧电器、庭园废物等。城市生活垃圾的突出特点是成分复杂、有机物含量高。

② 工业固体废物　工业固体废物是指在工业生产活动中产生的固体废物。

③ 危险废物　危险废物是指列入国家危险废品名录，或者根据国家规定的危险废品鉴别标准和鉴别方法认定的具有危险性的固体废物。例如，除了放射性废物以外，凡具有毒性、易燃性、反应性、腐蚀性、爆炸性、传染性而可能对人类的生活环境产生危害的固体废物均可视为危险废物。

8.4.2　固体废物对环境的危害

固体废物对环境的污染往往是多方面、多环境要素的。固体废物不加利用时，需占地堆放，从而侵占了大量土地，造成极大的经济损失，并且严重地破坏了地貌、植被和自然景观；废物任意堆放或没有适当的防渗措施的填埋会严重污染处置地的土壤，所产生的渗滤液流入周围地表水体和渗入土壤，会造成地表水和地下水的严重污染；固体废物若直接排入河流、湖泊或海洋，又会造成更大的水体污染，不仅减少水体面积，而且还妨害水生生物的生存和水资源的利用；在大量垃圾堆放的场区，释放出有害气体，散发毒气和臭味，造成严重的空气污染，会严重影响人们居住环境的卫生状况，对人们的健康构成潜在的威胁。

8.4.3　固体废物的处理及利用

根据《中华人民共和国固体废物污染环境防治法》要求，对固体废物不仅是要处理，更要加强管理，从废物的产生、收集、运输、储存、再利用、处理直至最终处置实施全过程管理控制。这种整体管理观念就是把被动的废物末端处理转移到主动防止废物产生上。这种管理战略应体现在三个方面，即"三化"。首先是固体废物减量化，通过节约原材料，提高产品循环利用率，尽可能减少废物的产生量；其次是废物资源化，即加强废物回收、回用，使之转化为可供利用的二次资源；最后才是无害化处理，对不可回收利用的废物进行处理处置，使之符合环境保护和不危及人类健康的要求。

（1）生活垃圾的处理及利用

① 生活垃圾的一般处理方法　在我国生活垃圾的处理、处置和利用方法主要有 3 种方式：填埋（占 85%）、焚烧（占 3%～5%）和堆肥（占 10%）。从垃圾成分来看，有机

物含量高的垃圾宜采用焚烧法；无机物含量高的垃圾宜采用填埋法；垃圾中可降解有机物多者宜采用堆肥法。此外还有热解法、填海、堆山造景等新方法。但最终都是以无害化、资源化和减量化为处理目标。

② 生活垃圾的分类处理　生活垃圾处理利用的关键在于分类，垃圾分类收集给环境保护和垃圾处理循环利用提供了基础。这方面可以借鉴日本、美国、欧洲一些国家的成功经验。

日本的垃圾分类手册中将垃圾分为：可燃垃圾、塑料瓶类、可回收塑料、其他塑料、不可燃垃圾、资源垃圾、有害垃圾、大型垃圾八大类，每一类再细分若干子项目。垃圾处理细分化，已经成为日本人家庭生活中的规定动作。个人和家庭把垃圾分类投放只是垃圾处理的第一步，第二步是回收垃圾的车辆对垃圾进行分类运输，第三步是垃圾处理工厂对垃圾的分工处理。

瑞士是世界上最重视资源回收利用的国家，每个家庭都有 5 个垃圾袋，分别装厨余垃圾、废纸、玻璃瓶、塑料瓶、金属，如果没有按照要求分类垃圾，除了高额罚款外，政府的垃圾清运车将会在两周时间内停止收运本小区的垃圾，让周围邻居给不分类垃圾的家庭制造压力。

美国日前的垃圾处理方式除了民众自行进行繁琐的垃圾分类外，还采取垃圾场的现场分类。当垃圾滚过传送带时，磁铁会将金属垃圾吸走，大型鼓风机吹走纸屑，其余的残余垃圾最后做成生物肥料，成为一种商品重新回到田间。当然美国的处理方式成本非常高昂，对政府财政来说是一个不小的压力。

③ 生活垃圾资源化　城市生活垃圾是丰富的再生资源的源泉，其所含成分（按质量分数计）分别为废纸 40%、黑色和有色金属 $3\%\sim5\%$、废弃食物 $25\%\sim40\%$、塑料 $1\%\sim2\%$、织物 $4\%\sim6\%$、玻璃 4% 以及其他物质，大约 80% 的垃圾为潜在的原料资源，可以重新在经济循环中发挥作用。而且从长远看，生活垃圾的处理需要走资源化和无害化结合的道路，从根本上实现垃圾资源化，促进可持续发展。

河南郑州新密市采用"生活垃圾综合分选＋湿式中温厌氧发酵＋塑料造粒系统＋热解气化系统＋建材制造系统"相结合的综合处理方式。即原生垃圾分选后，回收铁质金属等可资源循环利用的成分，塑料进入塑料造粒系统；有机物含量较高的物料经预处理后通过进一步的去除杂质，进入厌氧发酵系统；垃圾中的可燃物进入热解气化系统，为制砖系统提供热源；渣土、砖石瓦块等连同污泥和破碎后的建筑垃圾进入制砖系统生产建材产品。在该生活垃圾处理厂，垃圾中的各个组分达到了物尽其用，完全的"零填埋"。"前分选＋有机物厌氧＋无机物制砖＋可燃物热解气化＋塑料造粒"综合处理技术路线工艺流程如图8-4 所示。

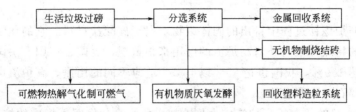

图 8-4　城镇生活垃圾资源化处理技术工艺流程

其中生活垃圾的热解气化技术，是指将可气化生活垃圾放入热解气化炉中，在高温、缺氧的条件下，经过一段时间热解气化反应，使生活垃圾中有机类组分得到充分的热解气化，在热解气化过程中有机物大分子态裂解成小分子态的可燃气体，剩余物为熔融炉渣，各类细菌病原菌被彻底杀灭的工艺过程。无机物烧结砖处理系统是指前分选系统筛分得到的无机物与砖瓦石块、热解气体产生的炉渣、污水处理厂的污泥等，结合城市建筑垃圾经破碎筛分后的原料，与垃圾处理厂的生产废水一起，按一定的比例混合可制成烧结砖。其能源来自热解气化与厌氧产生的可燃气体，使城镇固体废物得到了充分利用。回收塑料造粒系统是从生活垃圾中分选出来的 PE 薄膜类塑料的再生造粒，主要可分为以下几个处理段（见图 8-5）。

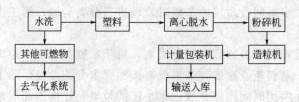

图 8-5　塑料回收系统工艺流程

（2）工业固体废物的资源化利用

工业固体废物包括矿冶、能源、钢铁、化学、石油化工、有色金属等各种工矿企业生产或原料加工过程中产生或排出的固体废物，也是一种可用的资源。下面介绍若干应用比较普遍、技术也比较成熟的工业固体废物资源化利用的例子。

1）煤矸石的资源化利用

煤矸石是煤矿中夹在煤层间的脉石，是含碳岩石和其他岩石的混合物，在煤的开采和洗选过程中都会有相当数量的煤矸石排出。根据其热值和含硫量等的不同，有不同的应用途径。

① 用作燃料　采用合理的燃烧方式和燃烧设备，一种新型的煤气发生炉可以用煤矸石为原料制备气体燃料。

② 用作建筑材料　煤矸石建筑材料是煤矸石资源化利用的最重要途径，如利用煤矸石制水泥，制烧结砖，生产轻骨料、生产空心砌块、筑路和充填材料等。

③ 生产化工产品　$AlCl_3$ 含量达 40％的煤矸石经破碎、焙烧、磨碎、酸浸、沉淀、浓缩和脱水等工艺过程产生出结晶氯化铝（$AlCl_3 \cdot 6H_2O$），在 170℃温度下可热解，分解析出水和氯化氢气体，得到粉末状的聚合氯化铝 $[Al(Cl_3)_2]$，这是一种新型无机高分子混凝剂，广泛应用于生活用水和废水的净化处理中。

另外，还可以煤矸石为原料制氨水，生产硫酸铵化肥、水玻璃、白炭黑等。

2）高炉渣

高炉渣是高炉炼铁过程中排出的固体废物，属于硅酸盐材料。它的化学性质稳定，具有抗磨、吸水的特点，国内外对高炉渣的应用都很重视，美国、英国、法国、日本等国高炉渣利用率已达 100％，我国也达 85％以上。为适应不同的用途，高炉渣可分别被加工成水淬渣、矿渣碎石和膨胀矿渣。

① 水淬渣　熔融状态的高炉渣在大量冷却水急剧冷却作用下形成的炉渣称为水淬渣，是一种砂粒状的玻璃质物质。这也是我国处理高炉渣的主要方法。以水淬渣为原料可生产

矿渣砖、矿渣混凝土，水淬渣磨细后可作为水泥原料。

② 矿渣碎石　高炉熔渣在渣场自然冷却或淋水冷却形成较致密的矿渣后再经破碎、筛分等工序得到的一种碎石材料，称为矿渣碎石。矿渣碎石对光线的漫射性能好，耐磨、摩擦系数大，可用作铁路、公路道砟，可铺设公路路面，还可作混凝土骨料。

③ 膨胀矿渣　高炉熔渣在适量冷却水半急冷作用下形成的多孔轻质矿渣称为膨胀矿渣，主要作粗、细骨料用于混凝土砌块和轻质混凝土中。这类混凝土具有容重小，保温性能好，成本低，用于制作墙板、楼板等。

3）钢渣

钢渣是炼钢过程中排出的固体废物，主要有转炉钢渣、电炉钢渣等。资源化利用有以下几方面。

① 用作冶金原料　转炉钢渣可用作烧结熔剂，在烧结矿原料中加入钢渣，不仅利用了钢渣中残存的钢粒、FeO、CaO、MgO、MnO 等有用成分，而且提高了烧结矿的强度和产量；钢渣中含有较高的 CaO 可代替石灰石作为高炉熔剂，不仅改善了高炉的运行状况，还能达到节能目的；另外，利用转炉钢渣中 FeO、CaO 含量高，也可直接返回转炉炼钢。

② 用作建筑材料。生产钢渣水泥，具有后期强度高（早期强度低是其缺点）、抗腐蚀、耐磨、抗渗、抗冻的特点，是理想的道路水泥和大坝水泥；钢渣用作筑路和回填材料，耐磨防滑且具有良好的渗水排水性能；同样也可以生产钢渣砖、钢渣砌块等建筑材料。

③ 用作农肥。钢渣内含有定量的 P、Na、Mg、Si、Mn 等元素，可直接加工成钢渣磷肥，特别适用于酸性土壤和缺磷的碱性土壤；由于钢渣在冶炼过程中经高温燃烧，其溶解度已大大改变，容易被植物吸收。

④ 提取稀有元素及回收废钢。有些钢渣中含有铌（Nb）、钒（V）等稀有金属，可用化学浸取法提取这些有价成分；钢渣一般还含有 7%～10% 的废钢和钢粒，加工磁选后可回收其中 90% 的废钢。

知·识·链·接

烟气脱硫脱硝技术

化石燃料的燃烧产生了大量的烟气，而烟气中含有的二氧化硫（SO_2）、氮氧化物（NO_x）和烟尘等会造成大气污染，是雾霾、酸雨等问题的主要根源。去除二氧化硫、氮氧化物的技术分别称为脱硫、脱硝。目前采用的既有单独脱硫脱硝技术，也有联合脱硫脱硝技术。

关于脱硫技术，按脱除的位置可分为燃烧前脱硫、燃烧中脱硫和燃烧后脱硫（烟气脱硫），其中烟气脱硫技术是目前燃煤电厂控制二氧化硫排放最有效和应用最广的一项脱硫技术。按照脱硫的方式和脱硫产物的处理方式，烟气脱硫技术又可以分为干法、半干法和湿法 3 类。湿法烟气脱硫即采用液体吸收剂（最为广泛的是石灰石）洗涤烟气，吸收烟气中所含的 SO_2，生成难溶的 $CaSO_4$ 或 $CaSO_3$。湿法脱硫效率高，技术也最为成熟，但投资、运行费用高。

关于脱硝技术，主要是采用还原剂（氨、尿素等）将 NO_x 还原为 N_2。按照是否添加催化剂将脱硝技术分为选择性催化还原法（SCR）和选择性非催化还原法（SNCR）。其中

SCR 是国际上应用最多、技术最成熟的一种烟气脱硝技术,是在催化剂存在的条件下添加还原剂氨将 NO_x 还原为 N_2,工作温度范围在 $300 \sim 590 ℃$ 之间变换。该法 NO_x 的脱除效率可以达到 99%,但也存在投资、运行费用高的问题。

一体化脱硫脱硝技术由同时脱硫脱硝技术和联合脱硫脱硝技术两大类组成。联合脱硫脱硝技术在本质上是将不同的两个工艺流程整合在同一装置内分别脱除 SO_2 和 NO_x。例如干式一体化 SO_2/NO_x 技术、SNRB 技术和 SNO_x 技术等;同时脱硫脱硝技术是通过同一工艺流程在同一装置内将 SO_2 和 NO_x 同时脱除的技术。例如:电子束照射同时脱硫脱硝技术、脉冲电晕等离子技术、LILAC 技术、络合吸收法等。

网络导航

1   E20 环境平台:中国环境领域最有影响的产业纵深平台

E20 环境平台起始于 2000 年中国水网的创建,经过 14 年的稳步发展,至今已拥有了 3 大产业门户网站(中国水网、中国固废网和中国大气网)、E20 环境产业俱乐部(由 120 余家环境领先企业组成)、E20 环境产业研究院、中国供水服务促进联盟、E20 论坛(环境产业五大专业细分领域品牌论坛);自成立以来深度参与、推动市政公用行业改革和产业技术进步,见证、帮助了主流环境企业的成长和壮大,奠定了其在中国环境产业的公信力及影响力地位。

E20 环境平台团队由一批有不同专长、热爱环境事业的优秀专业人才组成,目前拥有员工 80 余人。在国内环境服务业积累了丰富的实践经验,竭诚为优秀客户提供更专业的服务。未来,期望依托平台的力量用团队的智慧、专业的服务、市场的机制帮助优秀的环境企业更快更好地发展,助力一批支撑中国环境保护事业的产业脊梁,共同为中国人的环境梦贡献产业的力量。

E20 环境产业俱乐部 http://zt. h2o-china. com/report/2014/E20/index. html

中国水网 http://www. h2o-china. com

中国固废网 http://www. solidwaste. com. cn

中国大气网 http://www. chndaqi. com

2   中国环境监测总站

中国环境监测总站是环境保护部直属事业单位,是全国环境监测的技术中心、网络中心、数据中心、质控中心和培训中心,主要职能是承担国家环境监测任务,引领环境监测技术发展,为国家环境管理与决策提供监测信息、报告及技术支持,对全国环境监测工作进行技术指导。具体包括:(1)承担全国环境质量综合分析与评价工作;(2)承担国家环境监测网络技术支持工作;(3)承担全国环境监测技术体系建设;(4)承担国家环境监测任务;(5)承担全国环境监测质量保证与质量控制的技术支持工作;(6)负责全国环境应急监测的技术指导;(7)承担全国环境统计的技术工作;(8)承担全国环境监测专业技术培训;(9)开展国际环境监测技术交流与合作。

中国环境监测总站 http://www. cnemc. cn

中华人民共和国环境保护部 http://www. zhb. gov. cn

习题

1. 环境，是指影响人类生存和发展的各种天然的和经过人工改造的自然因素的总体，狭义的环境分为_____、_____、_____、_____四个圈层。

2. 水体污染物主要有哪几类？举例说明。

3. 什么是生化需氧量？什么是化学需氧量？

4. 简述常规给水快滤处理系统的工艺流程。

5. 简述废水的三级处理系统的工艺流程。

6. 大气污染物如何分类？举例说明。

7. 说明酸雨形成的机理。

8. 什么是温室效应？什么是温室气体？

9. 说明臭氧层破坏的机理。

10. 我国对固体废物如何分类？举例说明。

11. 城市生活垃圾一般的处理方法主要有_____、_____和_____。

12. 全球平均气温越来越高。如何拯救"高烧"的地球？最大的办法就是"节能减排"。节能减排指的是减少能源浪费和降低废气特别是温室气体的排放。我国从中央到地方都将节能减排列为工作的重点。作为个人，每天的衣食住行只需留心就可大大减少温室气体的排放。讨论一下在生活中如何节约能源和减少 CO_2 排放，制订一个"绿色生活"的计划。

13. 节约用水人人有责，作为一个家庭，如何用水更合理？请你设计一套家庭节水方案。

第9章

化学与能源

能源是一种物质资源，是人类赖以生存和发展的基础。人类活动的各个方面，工农业生产、交通运输、科技文化，无一不需要消耗能源来推动正常运转。能源的开发和利用是社会经济发展水平的重要标志。太阳是地球生态的主要能源，经过漫长岁月的进化，地球已储存数量可观的能源，但随着经济发展速度的增长，能源消耗剧增，同时能源的利用也带来一系列的环境污染问题。如何解决能源危机与能源利用带来的环境污染问题，化学担负着重要的使命。

9.1 能源分类与能源问题

9.1.1 能源分类

自然界的能源种类很多，按其形式和来源，可划分为3大类。

第一类是太阳能及其转化物。有直接来自太阳的辐射能（太阳能），还有间接来自太阳的能源，如地球上的各种植物、煤、石油、天然气等矿物燃料，以及风能、水能、海洋能、波浪能等。

第二类是地球本身储存的能量。地球是个大热库，从地下喷出地面的温泉、蒸汽、岩浆等就是地球热能的表现，还有铀、钍等核燃料在进行原子核反应时释放出大量的能量。

第三类是月亮、太阳等天体对地球的引力产生的能量，如海水涨落形成的潮汐能等。

能源按其构成方式不同，可分为一次能源和二次能源。上述能源都是直接从自然界获得的，基本上没有经过人为加工或转换，称为一次能源。经过加工或形式转换的能源称为二次能源。如蒸汽、焦炭、煤气、电力等。一次能源还可分为可再生能源和不可再生能源，太阳能和由太阳辐射而形成的风能、水能、生物质能等能够循环使用、不断得到补充的称为可再生能源；而煤、石油、天然气、原子核反应的原料铀等经亿万年形成而短期之内无法恢复的称为不可再生能源。

已经广泛使用的能源称为常规能源，如煤、石油、天然气、水能及核裂变能等。新能源又称非常规能源，是与常规能源相对应的一个概念。一般是指在新技术、新材料基础上加以开发利用的可再生能源，包括太阳能、生物质能、风能、海洋能、氢能、地热能、核聚变能等。随着科学技术的发展，其内涵将不断发生变化。能源的分类可归纳为表 9-1。

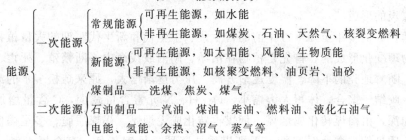

表 9-1　能源的分类

$$能源\begin{cases} 一次能源\begin{cases} 常规能源\begin{cases} 可再生能源，如水能 \\ 非再生能源，如煤炭、石油、天然气、核裂变燃料 \end{cases} \\ 新能源\begin{cases} 可再生能源，如太阳能、风能、生物质能 \\ 非再生能源，如核聚变燃料、油页岩、油砂 \end{cases} \end{cases} \\ 二次能源\begin{cases} 煤制品——洗煤、焦炭、煤气 \\ 石油制品——汽油、煤油、柴油、燃料油、液化石油气 \\ 电能、氢能、余热、沼气、蒸气等 \end{cases} \end{cases}$$

9.1.2　能源问题

目前，化石燃料是人类生产生活的主要能源。随着全球能源使用量的增长，及不科学使用，化石燃料等不可再生能源将日益枯竭，并对环境产生严重影响。

世界经济的现代化，得益于化石能源，如石油、天然气、煤炭与核裂变能的广泛投入应用。因而它是建筑在化石能源基础之上的一种经济。然而，这一经济的资源载体将在21世纪上半叶迅速地接近枯竭。对石油储量进行综合估算，可支配的化石能源的极限，大约为 1180 亿～1510 亿吨，石油储量大约在 2050 年左右宣告枯竭。天然气储备估计在131800 兆～152900 兆立方米。年开采量维持在 2300 兆立方米，将在 57～65 年内枯竭。煤的储量约为 15 万亿吨，可供开采 200 年左右。铀的年开采量按每年 6 万吨计，估计可维持到 21 世纪 30 年代中期。而核聚变到 2050 年还没有实现的希望。化石能源与原料链条的中断，必将导致世界经济危机和冲突的加剧，最终葬送现代市场经济。事实上，中东及海湾地区与非洲的战争都是由化石能源的重新配置与分配而引发的。

在能源的开发利用过程中均会对环境造成不同程度的危害。如石油的开采、海运使得全世界每年进入海洋的原油及石油产品的总量超 1000 万吨，这对沿海和河口地区脆弱的生态系统造成严重的威胁；洗煤厂排出含硫、酚等有害污染物的黑水，导致河流污染；化石燃料的燃烧不仅排放 SO_2、NO_x、CO 和烟尘，而且排放大量的 CO_2 和废热，造成区域性和全球性危害，如酸雨、光化学烟雾、温室效应等及热污染；放射性污染主要来自核电站，核电站一旦发生事故，就可能造成灾难性的破坏；能源动力工业还产生大量固体废物等。

能源和环境是当今人类面临的两大问题。这就迫切要求人们开发氢能、核能、风能、地热能、太阳能、潮汐能等新能源。这些能源的利用与开发，不但可以部分解决化石能源面临耗尽的危机，还可以减少对环境的污染。

9.2　常规能源

9.2.1　煤炭

煤炭的储量巨大，远比石油和天然气丰富，加之科学技术的飞速发展，煤炭气化等新技术日趋成熟，并得到广泛应用，煤炭必将成为人类生产生活中无法替代能源之一。我国是一个缺油少气、煤炭资源相对丰富的国家，因此煤炭在我国能源可持续利用中扮演了重要角色。

（1）煤炭的形成

煤是远在 3 亿多年至几千万年前的古生代、中生代和新生代时期的大量植物残骸经埋藏、化学物理变化形成的。首先是植物在沼泽、湖泊或浅海中不断繁殖、死亡、分解、聚积成泥炭，随着地壳的下降，温度逐渐升高，压力逐渐增大，原来疏松多水的泥炭受到紧压、脱水、胶结、聚合，体积大大缩小，O、H、N 元素含量减少，C 含量增加，煤化程度一步步加深，由褐煤转化成烟煤，烟煤再转化成无烟煤。褐煤质脆，多呈褐色。烟煤一般呈黑色，质松软，燃烧时有烟。无烟煤质地坚硬，呈钢灰色，有金属光泽，含碳量很高，灰分和水分都比较低。煤的转化过程可表示如下：

$$植物 \xrightarrow{\text{脱 } H_2O, \text{ 脱 } CO_2} 泥炭 \xrightarrow{\text{脱 } H_2O} 褐煤 \xrightarrow{\text{脱 } CO_2} 烟煤 \xrightarrow{\text{脱 } H_2O, \text{ 脱 } CH_4} 无烟煤$$

（2）煤炭的化学组成

煤是由多种有机物和无机物构成的复杂的混合物，构成煤炭有机质的元素主要有 C、H、O、N 和 S 等，此外，还有极少量的 P、F、Cl 和 As 等元素。C、H、O 是煤炭有机质的主体，占 95％以上；煤化程度越深，C 的含量越高，H 和 O 的含量越低。S、P、F、Cl 和 As 等是煤炭中的有害成分，其中以 S 最为重要。煤炭燃烧时绝大部分的 S 被氧化成 SO_2，随烟气排放，污染大气，危害动、植物生长及人类健康，腐蚀金属设备；当含 S 多的煤用于冶金炼焦时，还影响焦炭和钢铁的质量。所以，"硫分"含量是评价煤质的重要指标之一。

煤中的有机质在一定温度和条件下，受热分解后产生的可燃性气体，称为"挥发分"，它是由各种碳氢化合物、氢气、一氧化碳等化合物组成的混合气体。挥发分也是主要的煤质指标，煤化程度低的煤，挥发分较多。如果燃烧条件不适当，挥发分高的煤燃烧时易产生未燃尽的碳粒，俗称"黑烟"；并产生更多的一氧化碳、多环芳烃类、醛类等污染物，热效率降低。因此，要根据煤的挥发分选择适当的燃烧条件和设备。

煤中的无机物质含量很少，主要有水分和矿物质，它们的存在降低了煤的质量和利用价值。矿物质是煤炭的主要杂质，如硫化物、硫酸盐、碳酸盐等，其中大部分属于有害成分。"水分"对煤炭的加工利用有很大影响。水分在燃烧时变成蒸汽要吸热，因而降低了煤的发热量。煤炭中的水分可分为外在水分和内在水分，一般以内在水分作为评定煤质的指标。煤化程度越低，煤的内部表面积越大，水分含量越高。"灰分"是煤炭完全燃烧后剩下的固体残渣，是重要的煤质指标。灰分主要来自煤炭中不可燃烧的矿物质。矿物质燃烧灰化时要吸收热量，大量排渣要带走热量，因而灰分越高，煤炭燃烧的热效率越低；灰分越高，煤炭燃烧产生的灰渣越多，排放的飞灰也越多。一般，优质煤和洗精煤的灰分含量相对较低。

（3）煤炭的综合利用

由于煤中的碳含量高且含有硫、氮等杂原子和无机矿物质以及芳香族类物质等，煤燃烧带来了严重环境污染问题，如雾霾、酸雨等。而且煤的燃烧不完全，热效率低。因此，如何开发和提高煤的使用价值显得尤为重要。

煤化工是化学工业的重要组成部分，它以煤为原料，经过物理及化学加工使煤转化为气体、液体和固体燃料以及各种精细化学品。传统的煤化工技术主要包括煤焦油化工、煤的气化、煤的裂解等。目前比较成熟的技术是煤的液化，在直接液化和间接液化两个方面都有发展。直接液化法就是将煤在高温、高压、催化剂存在下进行加氢处理。把煤变成油，不仅可以缓解我国能源结构中煤多油少的矛盾，还能减少煤炭对环境的污染。间接液化法就是先将煤气化，然后再合成液体燃料。煤的液化为生产洁净燃料代替石油开辟了有希望的途径。

9.2.2 石油

（1）石油的形成

按照生物成油理论（罗蒙诺索夫假说），石油是由史前的海洋动物和藻类尸体变化形成的（陆上的植物则一般形成煤）。经过漫长的地质年代，这些有机物与淤泥混合，被埋在厚厚的沉积岩下。在地下的高温和高压下它们逐渐转化，首先形成蜡状的油页岩，后来退化成液态和气态的碳氢化合物。由于这些碳氢化合物比附近的岩石轻，它们向上渗透到附近的岩层中，直到渗透到上面紧密无法渗透的、本身则多空的岩层中。这样聚集到一起的石油形成油田。通过钻井和泵取人们可以从油田中获得石油（又称原油）。地质学家将石油形成的温度范围称为"油窗"。温度太低，石油无法形成；温度太高，则会形成天然气。

（2）石油的化学组成

石油中的主要元素是 C 和 H，还有少量的 O、S、N，此外还有 Cl、Si、P、As、Fe、Ni、Cu、V、Pb 等微量的其他非金属和金属元素。

石油组成中 75％以上是各种烃类，主要是烷烃、环烷烃和芳香烃，此外还有非烃类化合物，即含 N、S、O 等元素的化合物及含金属元素的化合物。

1）烷烃

石油中烷烃含量与产地有关，多半为 40％～50％，也有很高和很低的。石油中的烷烃包括直链烷烃和支链烷烃。在常温常压下，C_1～C_4 的烷烃是气态的，它们是油田伴生气和炼厂气的主要成分，C_5～C_{15} 的烷烃是液态，主要存于汽油及煤油中，从十六烷（C_{16}）开始，正构烷烃都是固态，常温下多以溶解状态存在于石油中，当温度降低时析出结晶，这就是石油中的蜡。

2）环烷烃

石油中环烷烃的含量一般为 25％～75％，存在于所有的石油馏分中。环烷烃是饱和环状烃，沸点高于同碳的烷烃，化学性质与烷烃相似。环烷烃中，五元环和六元环最稳定。存在于石油中的主要是环戊烷、环己烷以及它们的同系物，包括单环烷烃和多环烷烃。

3）芳香烃

芳香烃在石油中的含量通常比直链烷烃和环烷烃少。芳香烃在不同石油中的含量变化范围相当大，平均为 10％～20％。地质年代较晚的新生代石油含芳香烃最多。芳香烃按结构可分为单环芳烃、多环芳烃和稠环芳烃。

4）非烃化合物

石油中的非烃化合物包括烃的衍生物以及少量含 O、N、S 的杂环化合物和含金属元素的化合物。

在石油产品中，这些非烃化合物大部分是以胶状、沥青状物质的形态存在。非烃化合物对石油的加工过程有很大的影响。对油品的储存安定性和使用性能影响也很大。例如，腐蚀性硫化物（硫、硫化氢、硫醇、硫酚、磺酸等）对金属产生腐蚀。腐蚀产物金属盐是油品氧化的催化剂，它们使油品的氧化加速，促使胶质沉淀物生成。含硫燃料燃烧产生SO_2，污染环境，并且SO_2可进一步氧化成SO_3，与水蒸气结合成H_2SO_4，造成金属腐蚀。酸性硫化物可经过碱洗和精制去除。石油中的有些含氮化合物性质不稳定，储存时在空气中易氧化，使油品颜色变深，气味变臭，最后生成胶状沉淀。燃油中的含氮金属有机化合物燃烧后产生灰分，造成机械磨损和腐蚀。

（3）石油的加工炼制

原油是复杂的混合物，从原油中提取各种石油产品的过程叫石油炼制。石油炼制既可以得到燃料与润滑油，又可以得到许多石油化工原料和石油化工产品。

炼油过程一般分为两步，第一步是分馏，即经过蒸馏将原油分成几个不同沸点范围的组分，这一阶段称为一次加工。第二步是利用化学方法对所得的组分再进行深度加工，得到各种石油产品，这一阶段称为二次加工。

一次加工包括常压蒸馏和减压蒸馏，可以得到汽油、煤油、柴油和润滑油原料及石蜡、沥青和石油焦等，统称直馏产品；二次加工包括裂化、重整、焦化、精制等工艺，可以把重油、沥青等分解成轻油，也可将气态石油组分合成为油类。经过二次加工可以提高轻油收率和产品品种。

9.2.3 天然气

天然气是经济、环保、热效率高的优质一次能源。近几十年来，由于环保更加被重视和石油供应日益紧张，天然气的重要性逐渐被世人所认识，在世界一次能源消费结构中的比重迅速增长。在21世纪，天然气可能替代石油，成为最重要的能源。

（1）天然气的形成

天然气常常与石油伴生。在有机质残骸变化形成石油的过程中，会分解产生一些气态物质；石油在地质作用下也会进一步分解转化成甲烷。这些气体溶解在石油中或是形成石油构造中的气帽，并对石油储藏提供气压。与石油伴生的天然气称为油气田。从油气田开采的天然气，称为油田气。

有60%的天然气不与石油伴生，存在于埋藏更深的纯气田中，从纯气田开采的天然气，叫做气田气。还有一种凝析气田，气体中含有较多的戊烷和更重的组分。当天然气从气藏引向地面分离器时，这些组分由于温度和压力发生变化而凝析成液态烃。从凝析气田中开采的天然气叫凝析气。析出的液态烃称为凝析油。

天然气的形成也与煤炭有关。有很多天然气来源于煤系地层，称为煤层气，也是由古生植物的有机体分解、转化而来。它可能吸附于煤层中或另外聚集成气田。当甲烷在空气中的比例达到5.53%～14.00%时，遇明火可发生瓦斯爆炸。因此，将煤田的天然气引出来，既可以得到宝贵的资源，又可以减少煤矿灾害。

（2）天然气的组成

天然气是低级烷烃的混合物，其主要成分是甲烷，其余成分是乙烷、丙烷、丁烷、异丁烷、戊烷、异戊烷等。此外一般含有硫化氢、二氧化碳、氮、水气和少量的一氧化碳及微量的稀有气体，如氦和氩等。一般气田气中甲烷含量约占天然气总体积的90％以上，而油田伴生气中甲烷的含量一般占天然气总体积的80％～90％。甲烷含量达90％以上的天然气叫"干气"；甲烷含量小于90％的天然气叫"湿气"或"富气"。湿气中含有相当数量的丙烷及更高级的烷烃和水分，常温下容易被液化，故因此得名。湿气通常要经过处理，提取其中的丙烷和丁烷部分制成石油液化气。

（3）天然气的性质和用途

天然气既是高效洁净的气体燃料，又是重要的化工原料，其突出优势是热值高（1kg甲烷燃烧可放出55.625MJ的热量）、大气污染排放物少、能源利用效率高，应用广泛。天然气的用途主要是作为工业或家庭的燃料气。此外，富含甲烷的天然气也是驱动汽车发动机的优良燃料，其突出的优点是抗震性能好和排出的废气不污染环境。为此，我国城市的公交车正逐步采用天然气来取代汽油作燃料。天然气代替焦炭用来炼铁的技术正不断扩大，这种"直接还原法"炼铁对那些没有煤炭资源的国家来说具有特殊意义。围绕天然气的生产和利用可以形成一个天然气产业链，可带动化工、建材、机械、冶金、电力、交通运输、环保等一系列产业。

在天然气所含的杂质中，只有硫化氢对环境有污染，而且在输送中会对管道造成腐蚀，所以在输送前要除去硫化氢。天然气极易燃。天然气和氧混合，可形成有很大爆炸力的混合物。所以在天然气的使用中应注意安全。

9.3 化学电池

化学电池指的是能够将化学能直接转变为电能的装置。主要由电解质溶液、浸在溶液中的正、负电极和连接电极的导线构成。化学电池分为原电池、蓄电池和燃料电池，下面介绍一些传统的及新型的化学电源。

9.3.1 原电池

原电池又称为一次性电池，放电完毕后不能再重复使用。常用的有锌锰电池、锌汞电池（纽扣电池）、锂-铬酸银电池等。

（1）锌锰干电池

金属锌外壳作负极，轴心的石墨棒作正极，石墨棒的周围被二氧化锰（MnO_2）糊包裹着（用于吸收在正极上生成的氨气，以防止产生极化现象），两极之间是氯化铵（NH_4Cl）、氯化锌（$ZnCl_2$）的淀粉糊状物作电解质，由于电解质溶液呈现不流动状态，故又称锌锰干电池，是使用最广泛的一种电池，其结构如图9-1所示。

电池符号可表示为：

$$(-)Zn(s)\,|\,ZnCl_2(aq),NH_4Cl(aq)\,|\,MnO_2(s)\,|\,C(石墨)(+)$$

负极反应：$Zn-2e^- \Longrightarrow Zn^{2+}(aq)$

正极反应：$2MnO_2(s)+2NH_4^+(aq)+2e^- \Longrightarrow Mn_2O_3(s)+2NH_3(aq)+H_2O(l)$

电池总反应：$Zn(s)+2MnO_2(s)+2NH_4^+(aq) \Longrightarrow Zn^{2+}(aq)+Mn_2O_3(s)+2NH_3(aq)+H_2O(l)$

锌锰干电池的电压为 1.5V，与电池的大小无关。如果用高导电的糊状 KOH 电解质代替锌锰电池中的 NH_4Cl，正极的导电材料改用钢筒，就变成碱性锌锰干电池。这样干电池内因没有气体生成，电动势较稳定，且容量是普通锌锰干电池的 5 倍。

（2）锌汞电池

以锌汞齐（锌汞合金）为负极，与钢相接触的氧化汞 HgO（有的以炭代替钢）为正极，两极的活性物质分别为锌和氧化汞，含有饱和 ZnO 和 KOH 的糊状物为电解质，电池符号表示为：

$$(-)Zn(s)\,|\,KOH(aq)\,|\,Hg(l)\,|\,HgO(s)(+)$$

负极反应：$Zn(s)-2e^-+2OH^-(aq)\Longrightarrow Zn(OH)_2(aq)$

正极反应：$HgO(s)+H_2O(l)+2e^-\Longrightarrow Hg(l)+2OH^-(aq)$

电池总反应：$Zn(s)+HgO(s)+H_2O(l)\Longrightarrow Zn(OH)_2(aq)+Hg(l)$

这种锌汞电池有稳定的 1.34V 输出电压，并有相当高的电池容量和较长的寿命，常被制成纽扣大小。但生产成本高，且由于有 Hg（l）存在，容易造成环境污染而限制其应用。

9.3.2 蓄电池

蓄电池又称二次电池或可充电电池，它不仅能使化学能转变为电能，而且在外加直流电源作用下使反应逆转，让电极的活性物质再生，再生后的电池能继续放电。蓄电池的电解质如果为酸液，则称为酸性蓄电池，若为碱液，则称为碱性蓄电池。最常见的是汽车上用的铅-酸蓄电池，简称铅蓄电池。

（1）铅蓄电池

铅蓄电池由正极板群、负极板群、电解液和容器等组成。负极板群是由一组填满海绵状铅的铅锑合金格板组成，正极板群是由填满二氧化铅的铅锑合金格板组成，以稀硫酸作电解质（密度为 $1.24\sim1.30\text{g·cm}^{-3}$），其结构如图 9-2 所示。

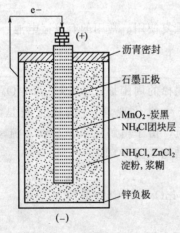

图 9-1 锌锰干电池示意

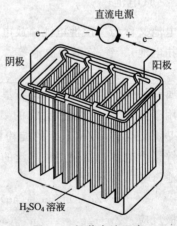

图 9-2 铅蓄电池示意

放电时，电极反应为：

负极：$Pb+SO_4^{2-}-2e^-\Longrightarrow PbSO_4$

正极：$PbO_2 + 4H^+ + SO_4^{2-} + 2e^- \Longrightarrow PbSO_4 + 2H_2O$

电池总反应：$PbO_2 + Pb + 2H_2SO_4 \Longrightarrow 2PbSO_4 + 2H_2O$（向左反应是充电）

正常情况下，铅蓄电池的电动势是2V，通常把三个铅蓄电池串联起来使用，可提供6V电压。汽车上用的是6个铅蓄电池串联成12V的电池组。

铅蓄电池以技术成熟、成本低、大电流放电性能佳、适用温度范围广、安全性高，常用作汽车和柴油机车的启动电源，坑道、矿山和潜艇的动力电源，以及变电站的备用电源。缺点是比能量（单位质量所蓄电能）小，十分笨重，对环境腐蚀性强。目前外壳采用聚丙烯等有机材料，可减轻铅蓄电池自身质量；另外，电解质采用硫酸与硅胶混合制成替代硫酸溶液，可避免电解质的泄漏，使用更为安全。

（2）锂离子电池

锂离子电池是指分别用两个能可逆地嵌入与脱嵌锂离子的化合物为正、负极构成的二次电池。锂离子电池一般以锂-碳层间化合物为负极，以嵌锂过渡金属氧化物作正极，如$LiCoO_2$、Li_2MnO_4、$LiFePO_4$、Li_2FePO_4F等，两极间采用含锂盐的固体电解质，而固体电解质由聚合物与锂盐并添加无机填料所构成。锂离子电池的充放电过程，就是锂离子的嵌入和脱嵌过程。充电时，电池的正极上有锂离子生成，生成的锂离子经过电解液运动到负极。而作为负极的碳呈微孔层状结构，达到负极的锂离子就嵌入到碳层的微孔中，嵌入的锂离子越多，充电容量越高。同样，放电时，嵌在负极碳层中的锂离子脱出，又运动回正极。回正极的锂离子越多，放电容量越高。$LiCoO_2$作正极的锂离子电池是现在应用最成功的，放电时反应为：

负极反应：$Li_xC_6 - xe^- \Longrightarrow xLi^+ + 6C$

正极反应：$Li_{1-x}CoO_2 + xLi^+ + xe^- \Longrightarrow LiCoO_2$

电池总反应：$Li_{1-x}CoO_2 + Li_xC_6 \Longrightarrow LiCoO_2 + 6C$

充电过程正好相反。

锂离子电池体积小、质量轻、电压高、比能量大、充电快、寿命长、安全可靠，广泛地应用于手机、笔记本电脑等现代数码产品中。在使用中不可过充、过放，会损坏电池或使之报废。因此，在电池上有保护元器件或保护电路，以防止昂贵的电池损坏。

9.3.3 燃料电池

燃料电池是将燃料具有的化学能直接变为电能的发电装置，它利用氢气、天然气等燃料与氧气或空气分别在电池的两极发生氧化还原反应，连续不断地提供直流电。

燃料电池由燃料极（负极）、空气极（正极）和电解质溶液构成。负极输入氢气、天然气、甲醇、煤气、烃等燃料作为还原剂，正极输入氧气、空气等作为氧化剂。电极多采用多孔碳、多孔镍等，并分散有铂、钯、银等催化剂，对气体有较强吸附能力，又兼具催化性能的材料。电解质则有碱性、酸性、熔融盐和固体电解质等数种。按使用的燃料和氧化剂的不同，燃料电池的种类很多。有氢氧燃料电池、甲醇-氧燃料电池、肼-空气燃料电池、烃燃料电池、氨燃料电池以及高温固体电解质燃料电等。

以氢氧燃料电池为例，其燃料极常采用多孔镍来吸附氢气；空气极常采用多孔银来吸附空气；电解质为35%的KOH溶液（见图9-3），其电池符号可表示为：

$$(-)Ni(s) \mid H_2(g) \mid KOH(aq) \mid O_2(g) \mid Ag(s)(+)$$

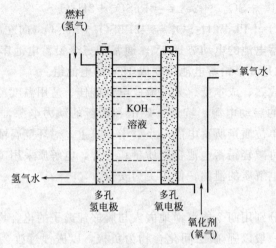

图 9-3 氢氧燃料电池示意

负极反应：$H_2 + 2OH^- - 2e^- \longrightarrow 2H_2O$

正极反应：$O_2 + 2H_2O + 4e^- \longrightarrow 4OH^-$

电池总反应：$2H_2 + O_2 \longrightarrow 2H_2O$

氢氧燃料电池的工作原理是：当向燃料极供给氢气时，氢气被吸附并与催化剂作用，放出电子而生成 H^+，电子经过外电路流向空气极，电子在空气极使氧气还原为 OH^-，H^+ 和 OH^- 在电解质溶液中结合成 H_2O。

总的来说，燃料电池具有以下特点：能量转化效率高，能量转换率理论上可达100%，现在已经达到 80%，而火力发电和核电的效率在 30%～40%；电池的容量较大，功率可达几百千瓦，并可连续供电，且无污染。燃料电池电站占地面积小，建设周期短，电站功率可根据需要由电池堆组装，十分方便。目前，氢氧燃料电池已应用于航空航天、海洋开发、军事通讯、电视中继站等领域，扩充燃料种类，改进性能和扩大其应用范围，是燃料电池研究者们所关注的问题。

9.4 新能源

9.4.1 太阳能

太阳能是由太阳内部连续不断的核聚变反应过程释放的能量。太阳能取之不尽，用之不竭，对环境无任何污染，是可再生的洁净能源。尽管太阳辐射到地球大气层的能量仅为其总辐射能量的 22 亿分之一，但已高达 173000TW，也就是说太阳每秒照射到地球上的能量就相当于 500 万吨煤。人类所需能量的绝大部分都直接或间接地来自太阳。地球上的风能、水能、海洋温差能、波浪能和生物质能都来源于太阳；即使是地球上的化石燃料（如煤、石油、天然气等）从根本上说也是远古以来储存下来的太阳能，所以广义的太阳能所包括的范围非常大，狭义的太阳能则限于太阳辐射能的光热、光电和光化学的直接转换。

（1）太阳能的光热转换

太阳能的光热转换是将太阳能直接转换为热能。目前使用最多的太阳能收集装置，主要有平板型集热器、真空管集热器、陶瓷太阳能集热器和聚焦集热器4种。光热转换是目前利用太阳能最成熟的一种技术，广泛应用于供暖、干燥、蒸馏、材料高温处理、热放电和空调等流域。通常根据所能达到的温度和用途的不同，而把太阳能光热利用分为低温利用（<200℃）、中温利用（200～800℃）和高温利用（>800℃）。目前低温利用主要有太阳能热水器、太阳能干燥器、太阳能蒸馏器、太阳能采暖（太阳房）、太阳能温室、太阳能空调制冷系统等；中温利用主要有太阳灶、太阳能热发电聚光集热装置等；高温利用主要有高温太阳炉等。

（2）太阳能的光电转换

利用太阳能电池的半导体光伏效应可以直接将光能转换为电能，因此光电转换又称为太阳能光伏技术。

光电转换材料的工作原理是：将相同的材料或两种不同的半导体材料做成 PN 结电池结构。当太阳光照射到 PN 结电池结构材料表面时，N 型半导体的空穴往 P 型区移动，而 P 型区中的电子往 N 型区移动，从而形成从 N 型区到 P 型区的电流。然后在 PN 结中形成电势差，这就形成了电源，也就是说通过 PN 结将太阳能转换为电能。太阳能电池对光电转换材料的要求是转换效率高、能制成大面积的器件，以便更好地吸收太阳光。已使用的光电转换材料以单晶硅、多晶硅和非晶硅为主。用单晶硅制作的太阳能电池，转换效率高达 20%，但其成本高，主要用于空间技术。多晶硅薄片制成的太阳能电池，虽然光电转换效率不高（约 10%），但价格低廉，已获得大量应用。此外，化合物半导体材料、非晶硅薄膜作为光电转换材料，也得到研究和应用。

（3）太阳能的光化学能转换

太阳能的光化学转换是将太阳能直接转换为化学能。最主要的有太阳能制氢技术、燃料电池等。

太阳能制氢技术是利用可见光响应的半导体催化材料，如 TiO_2 等，在一定的光照条件下催化分解水，从而产生氢气。当波长小于 387nm 的紫外线照射到 TiO_2 时，价带上电子吸收能量后发生跃迁到导带，在价带和导带分别产生了空穴与电子，吸附在 TiO_2 的水分子被氧化性很强的空穴氧化成为氧气，同时产生的氢离子在电解液中迁移后被电子还原成为氢气。但通过光激发在同一个半导体微粒上产生的电子-空穴对极易复合。因此为了抑制氢和氧的逆反应及光激发半导体产生的电子和空穴的再结合，可加入电子给体作为空穴清除剂，或者对半导体材料进行改性，以提高产氢效率。

进入 21 世纪世界各国政府都非常重视太阳能的开发和利用。近年来，美国、日本、德国三个国家大规模的太阳能屋顶计划，将多种太阳能利用技术结合，推行以光伏集成建筑为核心的光伏并网发电市场，增长速度很快。我国幅员广大，有着十分丰富的太阳能资源，现也在积极开发太阳能。据有关部门预测，到 2050 年左右，太阳能将超过石油、天然气等其他常规能源的石油规模而成为新能源的典型代表，成为人类的基本能源之一。太阳能技术的成熟将彻底解除困扰人类的能源危机问题。

9.4.2　生物质能

生物质能是指将太阳能以化学能的形式储存在生物质体内的一种能量形式，即以生物质为载体的能量。它直接或间接地来源于植物的光合作用,可转化为常规的固态、液态和气态燃料,取之不尽、用之不竭,是一种可再生能源。

生物质能具有以下特点:①储量丰富和可再生性,保证能源的永续利用;②环保性,在生物质能源利用过程中显著降低了CO_2排放,对减少温室效应有积极意义,在利用转化过程中还可以减少硫化物、氮化物和粉尘等的排放;③生物质能源具有普遍性、易取性,生产过程较为简单;④在可再生能源中,生物质是唯一可以储存与运输的能源;⑤生物质具有分布分散、能量密度小、热值低和成分复杂等缺点。

目前,生物质能的转化技术主要包括沼气发酵技术、燃料乙醇技术、生物柴油技术、生物质固化成型技术、生物质发电技术等。

(1) 沼气发酵技术

沼气发酵是有机物质在一定温度、湿度、酸碱度和厌氧条件下,经过沼气菌群消化的过程。沼气发酵可生产沼气作为能源,又可处理有机废物以保护环境。经沼气发酵后的沼渣、沼气液是优化的有机肥料。另外,由于沼气具有广泛的用途,可以代替煤炭、薪柴、煤油、汽油等传统能源,因此沼气是一种值得开发的新能源。

(2) 燃料乙醇技术

燃料乙醇主要是以糖类、淀粉和纤维素为原料经过发酵工艺而得到的。由于其产量受到粮食资源的限制,成本高,难以形成大规模生产,因而长远考虑必须寻找丰富且廉价的原料来源。由于纤维质原料非常丰富且成本较低,因此燃料乙醇的研究主要是集中在纤维素方面。目前,国内中粮集团、河南天冠集团、安徽丰原生化和山东泽生生物科技公司等在燃料乙醇生产技术产业化方面发展较快。

(3) 生物柴油技术

生物柴油的生产是指将植物油、动物油脂、废食用油以及油料作物等为原料,在以甲醇或乙醇为催化剂的作用下,将温度加热到 $230\sim250℃$ 下进行酯化反应,生成生物柴油的过程。由于生物柴油具有对环境友好、不容易意外失火、储运和使用方便等诸多优点,因此也是值得大力开发和利用的一种新型能源。

(4) 生物质固化成型技术

生物质固化技术是指在高压或高温下通过生物质中木质素的塑化黏合,把原来疏松的生物质压缩成密度极高的高品质成型燃料,以便储运和高效率燃烧的技术。为完成到 2015 年我国生物质成型燃料年利用量达 $2×10^7$ t 以及到 2020 年,使生物质成型燃料成为普遍使用的一种优质燃料的目标,我国将加大力度开发,并高效、合理地利用生物质能。

(5) 生物质发电技术

目前,利用生物质发电主要有 3 种形式:生物质直接燃烧发电、沼气发电和生物质气化发电。截止到 2013 年,全球生物质能发电装机容量将达到 $6.0×10^7$ kW。这就足以说明,在不久的将来,生物质发电在整个发电产业中将扮演越来越重要的角色。

截至 2010 年年底,我国可开发为能源的生物质资源已达 3 亿多吨。通过先进、成熟和高效的转换技术,将其转化为使用方便、无污染的气体燃料、固体燃料和液体燃料,替代化石能源,减少温室气体排放,从根本上解决农村普遍存在的"畜牧公害"和"秸秆问题",是我国发展生物质能产业的长期目标(见表9-2)。

表 9-2　我国生物质能应用规模与发展目标

分类	生物质发电 总装机量/GW	生物质成型燃料 年利用量/Mt	沼气 年利用量	乙醇 年利用量/Mt	生物柴油 年利用量/Mt
2009	3.24	0.6	$14000Mm^3$	1.65	0.5
2015	13	20	集中供气 300万户	3	1.5
2020	30	50	$44000Mm^3$	10	2

9.4.3　风能

风能是指地球表面大量空气流动所产生的动能。用风车把风的动能转化为旋转的动作推动发电机，以产生电力。风能是一种清洁的可再生能源，据统计，风力发电每生产100万千瓦时的电量，便能减少排放 600t 的 CO_2。风能蕴量巨大，全球的风能约 $2.74 \times 10^9\,MW$，其中可利用的风能为 $2 \times 10^7\,MW$，比地球上可开发利用的水能总量还要大10倍。

国家能源局新能源和可再生能源司发布数据，中国风电并网容量 2014 年底接近 1 亿千瓦，从而提前一年完成"十二五"规划目标，风电发电量占全国比重也将由 2008 年0.38%增长到 2.52%，连续两年超过核电，成为国内第三大电源。"十三五"期间，将进一步提高可再生能源比重，到 2020 年，风电发电装机将达到 2 亿千瓦，发电量比重也将达到 5%以上，进而可以实现从替补电源到替代电源的转变。

风能为洁净能量来源，取之不尽，用之不竭。风场建设周期短，风能设施日趋进步，大量生产成本降低。对于缺水、缺燃料和交通不便的沿海岛屿、草原牧区、山区和高原地带，因地制宜地利用风力发电，大有可为。但风力发电也存在不足，例如风力发电在生态上的问题可能干扰鸟类生存；风电的不稳定性或存在弃风限电现象；风力发电机发出的庞大噪声会扰民。

9.4.4　核能

目前，世界核电的发展已具相当规模，核电发电量已达全球发电总量的 1/6，成为世界能源构成中不可或缺的重要组成部分。核能是原子核结构发生变化时所释放出来的能量。获得核能的途径包括核裂变与核聚变。

（1）核裂变

核裂变是在高能中子轰击下较重的原子核（如 ^{235}U、^{238}U、^{239}Pu 等）分裂成较轻的原子核的反应。当 ^{235}U 原子核受到一个中子轰击时，会分裂成两个质量较小的原子核和若干个中子，并释放出大量的能量。核裂变过程相当复杂，现在已经发现裂变产物有 36 种元素（从 $_{30}Zn$ 到 $_{65}Tb$）的 200 多种核素。下面是 ^{235}U 裂变中的几种方式

$$^{235}_{92}U + {}^1_0n \longrightarrow \begin{cases} {}^{72}_{30}Zn + {}^{160}_{62}Sm + 4\,{}^1_0n \\ {}^{142}_{56}Ba + {}^{91}_{36}Kr + 3\,{}^1_0n \\ {}^{146}_{57}La + {}^{87}_{35}Br + 3\,{}^1_0n \end{cases}$$

在 U-235 的裂变过程中，每消耗一个中子就产生 2~3 个新的中子，新产生的中子再去轰击其他的 U-235 原子核，引起新的裂变，因此，核裂变反应会不断地持续下去，核裂变能就连续不断地释放出来。1g ^{235}U 裂变释放的能量为 $8.2 \times 10^7 kJ$，相当于 2.7t 标准煤燃烧所放出的能量。

原子弹就是原子核裂变放出的能量起杀伤破坏作用，而核电反应堆也是利用这一原理获取能量，所不同的是，它是可以控制的。核裂变的应用已经有几十年，国外已不再将核裂变列入新能源的范畴。但对我国来说，核裂变的大规模利用正处于开始阶段，仍称为新能源。

（2）核聚变

两个或多个较轻的原子核（如氢的同位素——氘和氚）聚合成一个较重原子核，同时发生质量亏损释放出巨大能量的称为核聚变能。以氘核的聚变反应为例

$$\,^2_1H + \,^2_1H \longrightarrow \,^4_2He$$

该反应需在几千万度的温度下才能进行，所以核聚变反应也称为热核反应。

太阳放射出来的巨大能量就是由核聚变反应所产生的，氢弹也是利用氘氚原子核的聚变反应瞬间释放巨大能量起杀伤破坏作用，正在研究受控热核聚变反应装置也是利用这一基本原理。1g 氘经核聚变释放的能量为 $5.8 \times 10^8 kJ$，比 1g ^{235}U 经核裂变所产生的能量更大。

核聚变发电具有以下优点。

① 原料是无穷无尽的海水，成本低廉。核聚变反应的燃料是重氢，$1m^3$ 海水中约含 30g，能得到 300 万千瓦的能量。

② 不会发生反应堆失控。核聚变反应堆内的重氢的等离子体，一旦发生任何异常情况时，便会立即冷却，终止核聚变的反应。

③ 几乎不存在像放射性废弃物引起的环境污染问题。因为核聚变产生的最终产物为氦与中子，没有放射性，但是，在采用氚的阶段需要警惕放射性的氚，然而其预防措施较为容易。

因此，核聚变将成为 21 世纪以后的主要能源之一。

（3）核能的开发利用

当今世界能源消耗仍然以矿石能源为主，但石油、天然气和煤作为不可再生能源，其储量是有限的。而目前可供利用的能源中，水能和风能受地域条件的限制，其他能源也因技术等原因尚不能够广泛使用。在技术上成熟又能够大规模开发利用的只有核能。

首先核能是清洁能源。核电站不排放 CO_2、NO_x、SO_2 等有害气体，而且核电站正常运行时，排入环境中的放射性物质比火电厂还要少。核电厂的发电成本要比火电厂低 15%~50%。核能的储量丰富，可保障长期利用。地球上已探明的核裂变燃料，即铀矿和钍矿资源，按其所含能量计算，相当于化石燃料的 20 倍。若受控核聚变反应试验成功，还可以从海水中提取氘作核聚变燃料。据估计，利用海洋中的氘进行核聚变提供的能量，可足够供人类使用上千亿年。在能量储存方面，核能比太阳能、风能等其他新能源容易储存。核燃料的储存占地面积不大，一般装在核船舶或核潜艇中，通常两年才换料一次。

自从 1954 年苏联建成世界上第一座核电站以来，关于发展核电的争论始终存在，这是因为在核电的发展过程中，有两个问题始终引起人们的高度关注。一是电站的运行安全，二是核废料的处理和处置。1979 年美国三里岛核电站、1986 年前苏联切尔诺贝利核电站以及 2011 年日本福岛核电站的三次核电站事故以及迄今为止对核废料处理的困难影响了核电的发展。尤其是日本核事故发生后，世界各国都加强核电站安全检查，更有国家暂时终止了在建的核电站。据国际原子能机构展望，今后核电的开发总的呈下降趋势。但若核聚变堆取得了突破，则核电的发展前景无限。

9.4.5 氢能

清洁高效的氢能有着十分诱人的前景。氢气是优质燃料，燃烧热值很高。氢气燃烧后生成水，对环境无污染，是最清洁的能源之一。

氢气作为燃料的主要使用方式有两种：直接燃烧和电化学转换。氢能在发动机、内燃机（氢内燃机）内进行燃烧转换成动力，可成为交通车辆、航空的动力源，或者固定式电站的一次能源；燃料电池可以将氢的化学能量通过化学反应转换成电能，当以纯氢气为燃料时，它的化学反应产物仅为水，实现氮氧化物、硫氧化物和二氧化碳的零排放，同时它的能量转化率很高，实际上可达 40％～60％，可用于电力工业的分布式电源、电动汽车电源、小型便携式移动电源等。

现在氢能源的开发已经取得了很大的进展。宇宙飞船和火箭等航天器均用氢燃料作为动力。氢燃料用于超音速飞机、远程洲际客机以及汽车和火车的研究也在积极中。但目前廉价氢的制备和高效、安全储氢是氢燃料使用的两个技术瓶颈。

因为氢是一种二次能源，它的制取不但需要消耗大量的能量，而且目前制氢效率很低，因此寻求大规模的廉价的制氢技术是各国科学家共同关心的问题。目前制氢的原料是天然气、石油和煤，其中天然气占了 96％。现今国际上公认的最好的制氢方法是以水为原料，利用太阳能制氢，主要的技术有五种：①太阳能热化学分解水制氢；②太阳能电解水制氢；③太阳能光化学分解水制氢；④太阳能光电化学电池分解水制氢；⑤光合微生物制氢，如小球藻、固氮蓝藻在阳光作用下，通过光合作用制氢。

由于氢易气化、着火、爆炸，因此如何妥善解决氢能的储存和运输问题也就成为开发氢能的关键。目前氢能的主要储存方法有氢气高压压缩、氢气液化、金属氢化物储氢。此外，石墨纳米纤维、碳纳米材料是近几年发展起来的新型储氢材料。

氢能所具有的清洁、无污染、高效率、可再生等诸多优点，赢得了世界各国的青睐，把氢能的开发利用作为新世纪的战略能源技术而投入大量的人力和物力。但目前氢能技术尚未完全成熟，且应用成本较高，因此，限制了其发展。

9.4.6 海洋能

海洋不仅为人类提供航运、水产和丰富的矿产资源，更是真正意义上取之不尽、用之不竭的海洋能源。海洋能源不同于传统能源，是一种"再生性能源"，也称为 21 世纪的绿色能源，包括潮汐能、波浪能、海洋温差能、海洋盐差能及海流能等，海洋能类型如表 9-3 所示。在现今世界能源紧缺之际，海洋能源的开发与利用已经成为能源开发的新课题。

表 9-3　海洋能类型

类型	描述
潮汐能	利用水位变化所产生的位能及水流所产生的动能
波浪能	海洋表面波浪所具有的动能和势能
海洋温差能	利用海洋表层和深层海水间存在的温度差进行发电而获得的能量
海洋盐差能	利用两种含盐浓度不同的海水,混合产生渗透压作为动力,可将其转换为有效电能
海流能	海底水道和海峡中较为稳定的流动以及由于潮汐导致的有规律的海水流动所产生的能量

据估计,我国大陆海岸线长达 18000 多千米,拥有 6500 多个大小岛屿,海岛的岸线总长约 14000 多千米,海域面积达 470 多万平方千米,海洋能源十分丰富,达 5 亿多千瓦。而在这 5 亿多千瓦的海洋能源中,其中,潮汐能资源约为 1.1 亿千瓦,大部分分布在浙江、福建两省,约为全国总量的 81%;沿岸波浪能的总功率为 0.7 亿千瓦,主要分布在广东、福建、浙江、海南和台湾的附近海域;海流能的蕴藏量为 0.5 亿千瓦,主要分布在浙江、福建等省;海洋温差能约为 1.5 亿千瓦。

近些年,我国对海洋能源开发与利用越来越重视。2010 年 6 月,财政部设立海洋可再生能源专项资金,用于支持海洋能技术研发、产业化及示范项目建设等。2013 年 8 月,国家能源局组织制定的《可再生能源发展十二五规划》中提及,"十二五"期间,将积极推进海洋能等新的可再生能源的技术进步和产业化发展。

9.4.7　天然气水合物

天然气水合物简称水合物。它是由水与天然气在低温高压条件下形成的产物。它存在于海底或陆地冻土带内,是由天然气与水在高压低温条件下结晶形成的固态笼状化合物。纯净的天然气水合物呈白色,形似冰雪,可以像固体酒精一样直接被点燃,因此,又被形象地称为"可燃冰"。天然气水合物甲烷含量占 80%~99.9%,燃烧污染比煤、石油、天然气都小得多,而且储量丰富,全球储量足够人类使用 1000 年,因而被各国视为未来石油天然气的替代能源,被誉为 21 世纪具有商业开发前景的战略资源。

虽然天然气水合物可以给人类带来新的能源前景,目前对其利用尚处于基础研究阶段,更重要的研究内容是如何对其进行安全开发,对人类生存环境也提出了严峻的挑战。甲烷的温室效应为 CO_2 的 20 倍,如若不慎导致甲烷气体泄漏、产生温室效应,势必引发全球变暖和诱发海底地质灾害。

9.4.8　地热能

地热能来自地球深处的热能,它源于地球的熔融岩浆和放射性物质的衰变。严格地说,地热能不是一种可再生的资源,而是像石油一样可开采的能源,最终的可同采量将取决于所采用的技术。如果将水重新注回含水层中,使含水层不枯竭,可以提高地热的再生性。地热通常是热水或水蒸气。直接利用的地热能估计为 7000 万千瓦。在能源消费结构中,作为一种清洁能源,地热利用每提高 1 个百分点,相当于替代标煤 3750 万吨,减排二氧化碳约 9400 万吨、二氧化硫约 90 万吨、氮氧化物约 26 万吨。目前地热能主要用于温室、热泵、区域供热等。利用过热蒸汽和高温水发电已有几十年历史,如我国西藏羊八井地热站。利用中等温度（100℃）水通过双流体循环发电的技术已趋成熟，地热热泵技术也取得明显进展。

9.4.9　油页岩和油砂

油页岩（又称油母页岩）是一种高灰分的含可燃有机质的沉积岩，以资源丰富和开发利用的可行性而被列为21世纪非常重要的接替能源，它与石油、天然气、煤一样都是不可再生的化石能源，油页岩经低温干馏可以得到页岩油，页岩油加氢裂解精制后，可获得汽油、煤油、柴油、石蜡、石焦油等。也可炼制出各种合成燃料气体及化工原料，副产品还可用于制砖、水泥等建筑材料。

油砂是指富含天然沥青的沉积砂，因此也称为"沥青砂"。油砂实质上是一种沥青、沙、富矿黏土和水的混合物，其中，沥青含量为10％～12％，沙和黏土等矿物占80％～85％，余下为3％～5％的水。油页岩和油砂都属于非常规油气资源，储量很大，具有很大的开发潜力。

9.5　节能

节能就是尽可能地减少能源消耗量，生产出与原来同样数量、同样质量的产品；或者是以原来同样数量的能源消耗量，生产出比原来数量更多或数量相等质量更好的产品。

在世界范围内，节能已经成为解决当代能源问题的一个公认的重要途径。节能被称之为开发"第五大能源"，与煤、石油和天然气、水能、核能四大能源相并列。我国"十一五"节能减排目标是2010年万元GDP能耗由2005年的1.22吨标准煤下降到0.98吨标准煤左右，下降20％，实际做到下降19％，目标基本实现。"十二五"提出万元GDP能耗下降到0.869吨标准煤，比2010年的1.034吨标准煤下降16％，随着节能减排边际效用的降低，未来国家对节能减排的力度将有增无减。

具体实施节能要通过加强用能管理，采用技术上可行、经济上合理以及环境和社会可以承受的措施，减少从能源生产到消费各个环节中的损失和浪费，更加有效、合理地利用能源。节能涉及非常广泛的技术门类，例如煤的清洁燃烧，石油加工新技术，工业余能回收技术，直接由热能转换为电能的高温磁流体发电，高效小温差换热设备，热泵技术，热管技术及低品质能源动力转换系统等，需要多学科来共同攻关。节能重点主要体现在以下几方面。

① 抓好重点耗能行业和企业节能。突出抓好钢铁、有色、煤炭、电力、石油、石化、化工、建材等重点耗能行业和年耗能万吨标准煤以上企业节能。

② 推进交通运输和农业机械节能。淘汰老旧汽车、船舶及落后的农业机械，发展电气化铁路，城市公共交通系统，开发和推广清洁燃料汽车、节能农业机械等。

③ 推动新建住宅和公共建筑节能。发展节能省地型住宅和公共建筑（见图9-4），新建筑严格实施节能50％的设计标准（北京、天津等大城市率先实施节能65％的标准），改革北方地区供热体制，开展建筑节能关键技术和可再生能源建筑工程应用技术研发。

④ 引导商业和民用节能。促进高效节能（家电）产品的研发和推广，推广采用高效节电照明产品，严格执行公共建筑夏季空调温度最低标准，倡导夏季用电高峰期室内空调温度调高 1~2℃，在农村大力发展户用沼气和大中型畜禽养殖场沼气工程。

⑤ 强化电力需求侧管理。加强以节电和提高用电效率为核心的需求侧管理，完善配套法规、政策。

⑥ 加快节能技术服务体系建设。

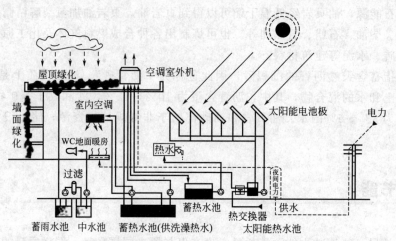

图 9-4　日本建筑节能设计

微能源

随着 MEMS(微电子机械系统)技术的发展，与之相关的微能源技术得到人们更多的重视。MEMS 是 micro electro mechanical systems 的缩写。MEMS 一方面是指运用微电子加工技术和微机械加工技术，在较小的物理尺寸上，集成了微机械元件、微传感器、微机械执行器、微电子元件、电路和供能部件的器件或是系统。这个系统通过电、光、磁等信号与外界发生联系。人们希望研制这种系统可以运用于许多领域，具有特定的或多种的功能，比如通信功能、计算功能、控制功能、自主能力等。另一方面，MEMS 代表一种全新的工艺技术，人们希望运用这种工艺制造出高性能的产品，具有用传统工艺制造加工的产品所不具备的特性，如更高的灵敏度，更高的分辨率、稳定性，高效率，低能耗。

微能源也因此引起人们的重视。首先是 MEMS 技术发展的需要，为 MEMS 或是MEMS 器件供能。常规能源用一般的方法是不能高效地完成这项任务的。人们就很自然地想到了微能源，如果可以制造出高效的微能源，那么 MEMS 产品进入实用化过程中的许多难题就可以解决。因而，可以说微能源技术是 MEMS 技术发展的关键技术之一。另一方面，对微能源的研究本身就是 MEMS 研究的一个重要部分，微能源需要用 MEMS技术工艺来提高性能，同时微能源的研究也向 MEMS 的研究提出特别的要求。

对于微能源的应用和开发，有两个思路：一个是制造微型能源直接为 MEMS 器件供能，同时保证有一定的能量和功率输出。一个是制造小型的或便携式的能源为多个 MEMS 器件或是MEMS 供能，采用一定的电源管理系统来管理、分配电源的使用。目前微能源的研究和开发的主要思路是以现有的常规能源为基础,运用 MEMS 工艺或是新的方法,制造微能源或是其中的某个部件。人们正在研制的微能源有微型内燃机系统、微燃料电池、微太阳能电池、微锂电池等。

微涡轮式燃料发动机系统的结构与大型涡轮燃料发动机相似,基本组成包括:微型燃烧室、微型压缩机叶轮、微型涡轮。工作原理是:液态的碳氢化合物燃料在微燃烧室中被点燃,燃烧,燃气推动微涡轮机的叶轮对外做功,比如带动微发电机输出电能或是提供推进动力;微涡轮机的叶轮同时驱动压缩机,压缩机吸入空气或是助燃剂,保证燃料继续燃烧。麻省理工大学(MIT)气体涡轮实验室正在研制微型涡轮发动机。微型的涡轮叶片只有衬衫的纽扣大小,直径为 4mm(见图 9-5);他们还制造了 2mm 长的微型燃烧室,材料都是硅,制造工艺与 IC 工艺相似。他们希望在硅片上制造质量仅为 1g 的涡轮发电机,能够输出 10～20W 的电能。图 9-6 是微燃烧器实验室研制的小型 Wankel 发动机,尺寸是半径 5.5mm,深 3.6mm,体积 77.5mm³。这是个小型发动机,由硬质的钢铝合金制成。下一步的工作包括使用气体燃料,如氢、甲烷、丙烷;用电动机驱动发动机;测试密封性能。并为制造微型 Wankel 发动机检测在设计上可能存在的问题和缺陷。微型发动机的尺寸将是:半径 0.5mm,厚 0.1mm,体积 0.013mm³,将用硅或是碳化硅制造。

图 9-5　微型涡轮叶片

图 9-6　微型内燃发动机

相比其他微能源,微型燃料电池(micro fuel cell,μFC)具有比能量密度高、效率高、启动快速、环保等优点,是最有发展前途的新型微能源,在一些发达国家已经有概念产品的推出和小范围的应用。

UltraCell 公司在美国陆军支持下开发出供单兵系统使用的便携式电源 XX25 型 25W 微型直接甲醇燃料电池(μDMFC)。XX25 型 μDMFC 只有书本大小,质量仅 1.24kg,不仅能在极端温度环境中工作,还能承受剧烈的振动,如图 9-7 所示。日本东芝公司研制的 μDMFC 在笔记本电脑和手机上都有很好的应用。其中笔记本电脑用 μDMFC 尺寸为 275mm×75mm×40mm(长×宽×高),质量 900g,平均输出功率 12W,100mL 燃料可供其连续工作 10h。配备 μDMFC 的折叠式手机模型见图 9-8。

(a)军用笔记本供电   (b)军用机器人供电

图 9-7　UltraCell 公司研制的 XX25 型 μDMFC(b)为军用机器人供电

图 9-8　东芝公司研制的手机用 μDMFC

　　各种微能源的基本现状是，微型内燃机和微型燃料电池将会有很高的能量密度和输出功率，但是现有的制造技术工艺，还不能制造高效和稳定的微型内燃机和微型燃料电池。微型锂电池和太阳能电池的能量密度和输出功率都不是很高，但是制造的难度相对要低一些，同样具有研究和应用的价值。总的来说，微能源距离使用阶段仍有相当的距离。制造工艺，与 MEMS 集成使用的方式，微能源的管理分配，都是需要进一步研究和发展的关键技术。目前我国微型燃料电池的研究水平与国外相比相对较低，而且实用化较弱。从长远发展来看，我们需要大力开展 MEMS 微型燃料电池基础性研究工作，解决其面向应用的科学问题，为我国的军事国防和国民经济提供有效的能源保障。

中国新能源网

　　中国新能源网是一个涵盖能源领域各方面信息的综合网站。积极倡导新能源、新技术在中国的推广。中国新能源网是以互联网作为信息平台，以中国在新能源和可再生能源领域内的行业政策、技术与产品、能源资源以及能源百科等信息作为主要内容，致力于

习题

一、判断题

1. 化学反应是能量转换的重要基础之一。　　　　　　　　　　　　　（　　）
2. 燃料电池的能量转换方式是由化学能转化成热能,再进一步转化成电能。（　　）
3. 化石燃料是不可再生的"二次能源"。　　　　　　　　　　　　　（　　）
4. 由光合作用储存于植物的能量属于生物质能,又称可再生有机质能源。（　　）
5. 发展核能是解决能源危机的重要手段。　　　　　　　　　　　　　（　　）
6. 太阳上发生的是复杂的核聚变反应。　　　　　　　　　　　　　　（　　）
7. 氢是一种非常清洁的能源,但其热效率较低。　　　　　　　　　　（　　）

二、选择题

1. 将氧化还原反应设计成原电池,对该反应的要求是（　　）。
   A. $\Delta G > 0$ 　　　　　B. $\Delta G < 0$ 　　　　　C. $\Delta H < 0$ 　　　　　D. $\Delta S > 0$
2. 下列各种电池中属于"一次性电池"的是（　　）。
   A. 锌锰电池 　　　　　B. 铅蓄电池 　　　　　C. 银锌蓄电池 　　　　　D. 燃料电池
3. 下列能源中属于"二次能源"的是（　　）。
   A. 潮汐能 　　　　B. 核能 　　　　C. 风能 　　　　D. 氢能

三、填空题

1. 在世界能源消费结构中,现在＿＿＿＿＿＿居首位。
2. 煤的形成可以分为两个阶段。第一个阶段形成＿＿＿＿＿＿;第二个阶段形成＿＿＿＿＿＿。
3. 太阳辐射能转换的3个主要途径是＿＿＿＿＿、＿＿＿＿＿、＿＿＿＿＿。
4. 氢能源的大规模应用有两个需克服的技术瓶颈,一是＿＿＿＿＿;二是＿＿＿＿＿。
5. 在核电的发展过程中,有两个问题始终引起人们的高度关注。一是＿＿＿＿＿;二是＿＿＿＿＿。
6. 在石油、核裂变能、乙醇、风能、化学电池、电力、煤、氢气、天然气、生物质能、潮汐能、太阳能、油砂、可燃冰等能源形式中,根据能源的不同分类方法,属于一次能源的是＿＿＿＿＿,属于二次能源的是＿＿＿＿＿;属于可再生能源的是＿＿＿＿＿,属于不可再生能源的是＿＿＿＿＿;可列入新能源的是＿＿＿＿＿。

四、问答题

1. 石油与煤相比，它们的成因和成分有何异同？

2. 何为油田气？何为气田气？

3. 生物质能源有何特点？试述生物质利用的主要途径。

4. 为什么说核聚变能比核裂变能更有发展前途？

5. 说明开发核能的利与弊。

6. 当前节能技术发展的方向是什么？就你所学专业范围举出一两个例子说明。

附 录

附表 1　一些物质的热力学性质（298.15K 和 100kPa）

物质	状态	$\Delta_f H_m^{\ominus}/kJ \cdot mol^{-1}$	$\Delta_f G_m^{\ominus}/kJ \cdot mol^{-1}$	$S_m^{\ominus}/J \cdot mol^{-1} \cdot K^{-1}$
Ag	cr	0	0	42.55
Ag^+	ao	105.579	77.107	72.68
AgBr	cr	−100.37	−96.9	107.1
AgCl	cr	−127.068	−109.789	96.2
AgF	cr	−204.6	—	—
AgI	cr	61.84	−66.19	115.5
$AgNO_3$	cr	−124.39	−33.41	140.92
Ag_2O	cr	−31.05	−11.20	121.3
Al	cr	0	0	28.83
Al^{3+}	ao	−531.0	−485.0	−321.7
Al_2O_3	cr	−1675.7	−1582.3	50.92
$Al(OH)_3$	am	−1276.0	—	—
$AlCl_3$	cr	−704.2	−628.8	110.67
$Al_2(SO_4)_3$	cr	−3440.84	−3099.94	239.3
Au	cr	0	0	47.40
$AuCl_3$	cr	−117.6	—	—
B	cr	0	0	5.86
Ba	cr	0	0	62.8
Ba^{2+}	ao	−537.64	−560.77	9.6
$BaCl_2$	cr	−858.6	−810.4	123.68
$BaCO_3$	cr	−1216.3	−1137.6	112.1
BaO	cr	−553.5	−525.1	70.42
$Ba(OH)_2$	cr	−944.7	—	—
$BaSO_4$	cr	−1473.2	−1362.2	132.2
BBr_3	g	−205.64	−232.50	324.24
BCl_3	g	−403.76	−388.72	290.10
BF_3	g	−1137.00	−1120.33	254.12
BH_3	g	100.0	—	—
B_2H_6	g	35.6	86.7	232.11
B_2O_3	cr	−1272.77	−1193.65	53.97
Br_2	l	0	0	152.231
C(石墨)	cr	0	0	5.740
C(金刚石)	cr	1.895	2.900	2.377

物质	状态	$\Delta_f H_m^{\ominus}/kJ \cdot mol^{-1}$	$\Delta_f G_m^{\ominus}/kJ \cdot mol^{-1}$	$S_m^{\ominus}/J \cdot mol^{-1} \cdot K^{-1}$
Ca	cr	0	0	41.42
Ca^{2+}	ao	-542.83	-553.58	-53.1
$CaCl_2$	cr	-795.8	-748.1	104.6
CaC_2	cr	-59.8	-64.9	69.96
$CaCO_3$	cr	-1207.1	-1128.76	92.88
CaC_2O_4	cr	-1360.6	—	—
CaF_2	cr	-1219.6	-1167.3	68.87
CaO	cr	-635.09	-604.03	39.75
$Ca(OH)_2$	cr	-986.09	-898.49	83.39
$CaSO_4$	cr	-1434.1	-1321.9	107
$CaSO_4 \cdot 2H_2O$	cr	-2022.63	-1797.28	194.1
Cd	cr	0	0	51.76
Cd^{2+}	ao	-75.90	-77.612	-73.2
CdO	cr	-258.2	-228.4	54.8
$Cd(OH)_2$	cr	-560.7	-473.6	96.0
CdS	cr	-161.9	-156.5	64.9
CH_4	g	-74.81	-50.72	186.264
C_2H_2	g	226.73	209.20	200.94
C_2H_4	g	52.26	68.15	219.56
C_2H_6	g	-84.68	-32.82	229.60
C_3H_8	g	-130.85	-23.47	269.9
C_4H_6	g	165.5	201.7	293.0
C_4H_8	g	1.17	72.04	307.4
C_4H_{10}	g	-124.73	-15.71	310.0
CH_3CH_2OH	g	-235.10	-168.49	282.70
CH_3OCH_3	g	-184.05	-112.59	266.38
CH_3CHO	g	-166.19	-128.86	250.3
CH_3COOH	ao	-485.76	-396.46	178.7
Cl_2	g	0	0	223.066
Cl^-	ao	-167.159	-131.228	56.5
CO	g	-110.525	-137.168	197.674
CO_2	g	-393.509	-394.359	213.74
CO_3^{2-}	ao	-677.14	-527.81	-56.9
Co	cr	0	0	30.04
Co^{2+}	ao	-58.2	-54.4	-113.0

物质	状态	$\Delta_f H_m^{\ominus}/kJ \cdot mol^{-1}$	$\Delta_f G_m^{\ominus}/kJ \cdot mol^{-1}$	$S_m^{\ominus}/J \cdot mol^{-1} \cdot K^{-1}$
$CoCl_2$	cr	-312.5	-269.8	109.16
Cr	cr	0	0	23.77
CrO_3	cr	-589.5	—	—
CrO_4^{2-}	ao	-881.15	-727.75	50.21
$Cr_2O_7^{2-}$	ao	-1490.3	-1301.1	261.9
Cs	cr	0	0	85.23
$CsCl$	cr	-443.04	-414.53	101.17
CS_2	l	89.70	65.27	151.34
Cu	cr	0	0	33.150
CuO	cr	-157.3	-129.7	42.63
Cu_2O	cr	-168.6	-146.0	93.14
$Cu(OH)_2$	cr	-449.8	—	—
F_2	g	0	0	202.78
F^-	ao	-332.63	-278.79	-13.8
Fe	cr	0	0	27.28
Fe^{2+}	ao	-89.1	-78.90	-137.7
Fe_2O_3	cr	-824.2	-742.2	87.40
FeO	cr	-271.9	-255.2	60.75
Fe_3O_4	cr	-1118.4	-1015.4	146.4
$Fe(OH)_2$	cr	-569.0	-486.5	88.0
$Fe(OH)_3$	cr	-823.0	-696.5	106.7
H_2	g	0	0	130.684
H^+	ao	0	0	0
HBr	g	-36.40	-53.45	198.695
HCl	g	-92.307	-95.299	186.908
$HClO$	ao	-120.9	-79.9	142.0
Hg	l	0	0	76.02
$HgCl_2$	cr	-224.3	-178.6	146.0
Hg_2Cl_2	cr	-265.22	-210.745	192.6
HI	g	26.48	1.70	206.594
H_2O	l	-285.830	-237.129	69.91
H_2O	g	-241.818	-228.572	188.825
H_2O_2	l	-187.78	-120.35	109.6
H_2S	g	-20.63	-33.56	205.79
I_2	cr	0	0	116.135

物质	状态	$\Delta_f H_m^{\ominus}/kJ \cdot mol^{-1}$	$\Delta_f G_m^{\ominus}/kJ \cdot mol^{-1}$	$S_m^{\ominus}/J \cdot mol^{-1} \cdot K^{-1}$
I^-	ao	-55.19	-51.57	111.3
K	cr	0	0	64.18
K^+	ao	-252.38	-283.27	102.5
K_2O	cr	-361.5	—	—
KOH	cr	-424.764	-379.08	78.9
KCl	cr	-436.747	-409.14	82.59
Li	cr	0	0	29.12
Li^+	ao	-278.49	-293.31	13.4
Li_2O	cr	-597.94	-561.18	37.57
LiOH	cr	-484.93	-438.95	42.80
Mg	cr	0	0	32.68
Mg^{2+}	ao	-466.85	-454.8	-138.1
$MgCl_2$	cr	-641.32	-591.79	89.63
$Mg(OH)_2$	cr	-924.54	-833.51	63.18
N_2	g	0	0	191.61
Na	cr	0	0	51.21
Na^+	ao	-240.12	-261.905	59.0
NaCl	cr	-411.153	-384.138	72.13
Na_2O	cr	-414.22	-375.46	75.06
Na_2O_2	cr	-510.87	-447.7	95.0
NaOH	cr	-425.609	-379.494	64.455
NH_3	g	-46.11	-16.45	192.45
NO	g	90.25	86.55	210.761
NO_2	g	33.18	51.31	240.06
N_2O	g	81.6	103.59	220.0
N_2O_4	g	9.16	97.89	304.29
N_2O_5	g	11.3	115.1	355.7
O_2	g	0	0	205.138
O_3	g	142.7	163.2	238.93
P(白色)	cr	0	0	41.09
P(红色)	cr	-17.6	-12.1	22.80
PCl_3	l	-319.7	-272.3	217.1
PCl_5	Cr	-443.5	—	—
PH_3	g	5.4	13.4	210.23
PO_4^{3-}	ao	-1277.4	-1018.7	-222.0

物质	状态	$\Delta_f H_m^{\ominus}/kJ \cdot mol^{-1}$	$\Delta_f G_m^{\ominus}/kJ \cdot mol^{-1}$	$S_m^{\ominus}/J \cdot mol^{-1} \cdot K^{-1}$
Pb	cr	0	0	64.81
$PbBr_2$	cr	-278.7	-261.92	161.5
$PbCl_2$	cr	-359.41	-314.10	136.0
PbI_2	cr	-175.48	-173.64	174.85
PbO(黄色)	cr	-217.32	-187.89	68.70
PbO_2	cr	-277.4	-217.33	68.6
$Pb(OH)_2$	cr	-515.9	—	—
PbS	cr	-100.4	-98.7	91.2
S(正交晶)	cr	0	0	31.80
S(单斜晶)	cr	0.33	—	—
Si	cr	0	0	18.83
SiH_4	g	34.3	56.9	204.62
SiO_2	cr	-910.94	-856.64	41.84
Sn(白色)	cr	0	0	51.55
SnO_2	cr	-580.7	-519.6	52.3
SO_2	g	-296.830	-300.194	248.22
SO_3	g	-395.72	-371.06	256.76
Ti	cr	0	0	30.63
TiO_2(锐钛矿)	cr	-939.7	-884.5	49.92
$TiCl_4$	l	-804.2	-737.2	252.34
V	cr	0	0	28.91
V_2O_5	cr	-1550.6	-1419.5	131.0
W	cr	0	0	32.64
WO_3	cr	-842.87	-764.03	75.90
Zn	cr	0	0	41.63
Zn^{2+}	ao	-153.89	-147.06	-112.1
ZnO	cr	-348.28	-318.30	43.64
$ZnCl_2$	cr	-415.05	-369.398	111.46
ZnS(闪锌矿)	cr	-205.98	-201.29	57.7

注：cr（结晶固体）；l（液体）；g（气体）；am（非晶态固体）；ao（水溶液，非电离物质，标准状态，$b=1mol \cdot kg^{-1}$）。

附表 2　一些弱电解质的解离常数（ 298. 15K 和 100kPa ）

弱酸	解离常数 $K_a^{\ominus}$
H_2CO_3	$K_{a1}^{\ominus}=4.2\times10^{-7}$　$K_{a2}^{\ominus}=4.7\times10^{-11}$
HCN	5.8×10^{-10}
HOCl	2.8×10^{-8}
$HOCl_2$	1.0×10^{-2}
HF	6.9×10^{-4}
HIO_3	0.16
HNO_2	6.0×10^{-4}
H_2O_2	$K_{a1}^{\ominus}=2.0\times10^{-12}$
H_3PO_4	$K_{a1}^{\ominus}=6.7\times10^{-3}$; $K_{a2}^{\ominus}=6.2\times10^{-8}$; $K_{a3}^{\ominus}=4.5\times10^{-13}$
H_2SO_4	$K_{a2}^{\ominus}=1.0\times10^{-2}$
H_2SO_3	$K_{a1}^{\ominus}=1.7\times10^{-2}$; $K_{a2}^{\ominus}=6.0\times10^{-8}$
H_2S	$K_{a1}^{\ominus}=8.9\times10^{-8}$; $K_{a2}^{\ominus}=7.1\times10^{-19}$
HAc(乙酸)	1.8×10^{-5}
弱碱	解离常数 $K_b^{\ominus}$
$NH_3\cdot H_2O$	1.8×10^{-5}

附表 3　一些微溶化合物的溶度积常数

微溶化合物	$K_{sp}^{\ominus}$	$pK_{sp}^{\ominus}$	微溶化合物	$K_{sp}^{\ominus}$	$pK_{sp}^{\ominus}$
Ag_3AsO_4	1×10^{-22}	22	CaF_2	2.7×10^{-11}	10.57
AgBr	5×10^{-13}	12.3	$CaC_2O_4\cdot H_2O$	2×10^{-9}	8.7
Ag_2CO_3	8.1×10^{-12}	11.09	$CaWO_4$	8.7×10^{-9}	8.06
AgCl	1.8×10^{-10}	9.75	$CdCO_3$	5.2×10^{-12}	11.28
Ag_2CrO_4	1.1×10^{-12}	11.71	$Cd_2[Fe(CN)_6]$	3.2×10^{-17}	16.49
AgCN	1.2×10^{-16}	15.92	$Cd(OH)_2$ 新析出	2.5×10^{-14}	13.6
AgOH	2×10^{-8}	7.71	$CdC_2O_4\cdot 3H_2O$	9.1×10^{-8}	7.04
AgI	9.3×10^{-17}	16.03	CdS	8×10^{-27}	26.1

微溶化合物	$K_{sp}^{\ominus}$	$pK_{sp}^{\ominus}$	微溶化合物	$K_{sp}^{\ominus}$	$pK_{sp}^{\ominus}$
$Ag_2C_2O_4$	3.5×10^{-11}	10.46	$CoCO_3$	1.4×10^{-13}	12.84
Ag_3PO_4	1.4×10^{-16}	15.84	$Co_2[Fe(CN)_6]$	1.8×10^{-15}	14.74
Ag_3SO_4	1.4×10^{-5}	4.84	$Co(OH)_2$ 新析出	2×10^{-15}	14.7
Ag_2S	2×10^{-49}	48.7	$Co(OH)_3$	2×10^{-44}	43.7
$AgSCN$	1×10^{-12}	12	$Co[Hg(SCN)_4]$	1.5×10^{-6}	5.82
$Al(OH)_3$ 无定形	1.3×10^{-33}	32.9	$\alpha\text{-}CoS$	4×10^{-21}	20.4
$As_2S_3$①	2.1×10^{-22}	21.68	$\beta\text{-}CoS$	2×10^{-25}	24.7
$BaCO_3$	5.1×10^{-9}	8.29	$Co_3(PO_4)_2$	2×10^{-35}	34.7
$BaCrO_4$	1.2×10^{-10}	9.93	$Cr(OH)_3$	6×10^{-31}	30.2
BaF_2	1×10^{-6}	6	$CuBr$	5.2×10^{-9}	8.28
$BaC_2O_4 \cdot H_2O$	2.3×10^{-8}	7.64	$CuCl$	1.2×10^{-6}	5.92
$BaSO_4$	1.1×10^{-10}	9.96	$CuCN$	3.2×10^{-20}	19.49
$Bi(OH)_3$	4×10^{-31}	30.4	CuI	1.1×10^{-12}	11.96
$BiOOH$②	4×10^{-10}	9.4	$CuOH$	1×10^{-14}	14
BiI_3	8.1×10^{-19}	18.09	Cu_2S	2×10^{-48}	47.7
$BiOCl$	1.8×10^{-31}	30.75	$CuSCN$	4.8×10^{-15}	14.32
$BiPO_4$	1.3×10^{-23}	22.89	$CuCO_3$	1.4×10^{-10}	9.86
Bi_2S_3	1×10^{-97}	97	$Cu(OH)_2$	2.2×10^{-20}	19.66
$Ca_3(PO_4)_2$	2×10^{-29}	28.7	CuS	6×10^{-36}	35.2
$CaSO_4$	9.1×10^{-6}	5.04	FeS	6×10^{-18}	17.2
$CaCO_3$	2.9×10^{-9}	8.54	$Fe(OH)_3$	4×10^{-38}	37.4
$FeCO_3$	3.2×10^{-11}	10.5	$PbCO_3$	7.4×10^{-14}	13.13
$Fe(OH)_2$	8×10^{-16}	15.1	$PbCl_2$	1.6×10^{-5}	4.79
$FePO_4$	1.3×10^{-22}	21.89	PbF_2	2.7×10^{-8}	7.57
$Hg_2Br_2$③	5.8×10^{-23}	22.24	$Pb(OH)_2$	1.2×10^{-15}	14.93
Hg_2CO_3	8.9×10^{-17}	16.05	PbI_2	7.1×10^{-9}	8.15
Hg_2Cl_2	1.3×10^{-18}	17.88	$PbMoO_4$	1×10^{-13}	13.0
$Hg_2(OH)_2$	2×10^{-24}	23.7	$Pb_3(PO_4)_2$	8×10^{-43}	42.1
Hg_2I_2	4.5×10^{-29}	28.35	$PbSO_4$	1.6×10^{-8}	7.79
Hg_2SO_4	7.4×10^{-7}	6.13	PbS	8×10^{-28}	27.1
Hg_2S	1×10^{-47}	47	$Pb(OH)_4$	3×10^{-66}	65.5
$Hg(OH)_2$	3×10^{-26}	25.52	$Sb(OH)_3$	4×10^{-42}	41.4
HgS 红色	4×10^{-53}	52.4	Sb_2S_3	2×10^{-93}	92.8
黑色	2×10^{-52}	51.7	$Sn(OH)_2$	1.4×10^{-28}	27.85

微溶化合物	$K_{sp}^{\ominus}$	$pK_{sp}^{\ominus}$	微溶化合物	$K_{sp}^{\ominus}$	$pK_{sp}^{\ominus}$
$MgNH_4PO_4$	2×10^{-13}	12.7	SnS	1×10^{-25}	25.0
$MgCO_3$	3.5×10^{-8}	7.46	$Sn(OH)_4$	1×10^{-56}	56.0
MgF_2	6.4×10^{-9}	8.19	SnS_2	2×10^{-27}	26.70
$Mg(OH)_2$	1.8×10^{-11}	10.74	$SrCO_3$	1.1×10^{-10}	9.960
$MnCO_3$	1.8×10^{-11}	10.74	$SrCrD_4$	2.2×10^{-5}	4.650
$Mn(OH)_2$	1.9×10^{-13}	12.72	SrF_2	2.4×10^{-9}	8.61
MnS 无定形	2×10^{-10}	9.7	$SrC_2O_4 \cdot H_2O$	1.6×10^{-7}	6.80
MnS 晶形	2×10^{-13}	12.7	$Sr_3(PO_4)_2$	4.1×10^{-28}	27.39
$NiCO_3$	6.6×10^{-9}	8.18	$SrSO_4$	3.2×10^{-7}	6.49
$Ni(OH)_2$ 新析出	2×10^{-15}	14.7	$Ti(OH)_2$	1×10^{-40}	40.0
$Ni_3(PO_4)_2$	5×10^{-31}	30.3	$TiO(OH)_2$④	1×10^{-29}	29.0
α-NiS	3×10^{-19}	18.5	$ZnCO_3$	1.4×10^{-11}	10.84
β-NiS	1×10^{-24}	24	$Zn_2[Fe(CN)_6]$	4.1×10^{-16}	15.39
γ-NiS	2×10^{-26}	25.7	$Zn(OH)_2$	1.2×10^{-17}	16.92
PbClF	2.4×10^{-9}	8.62	$Zn_3(PO_4)_2$	9.1×10^{-33}	32.04
$PbCrO_4$	2.8×10^{-13}	12.55	ZnS	2×10^{-22}	21.7

① $As_2S_3+4H_2O \rightleftharpoons 2HAsO_2+3H_2S$ 的平衡数；② BiOOH $\quad K_{sp}=[BiO\cdot][OH\cdot]$；③ $(Hg_2)_mX_n \quad K_{sp}=[Hg_2^{2+}]^m[X^{-2m/n}]^n$；④ TiO $(OH)_2 \quad K_{sp}=[TiO^{2+}][OH^-]^2$。

附表4 标准电极电势（298.15K 和 101.325kPa）

电对	电极反应	$E^{\ominus}/V$
Li^+/Li	$Li^++e^- \rightleftharpoons Li$	-3.0401
K^+/K	$K^++e^- \rightleftharpoons K$	-2.931
Ca^{2+}/Ca	$Ca^{2+}+2e^- \rightleftharpoons Ca$	-2.868
Na^+/Na	$Na^++e^- \rightleftharpoons Na$	-2.71
Mg^{2+}/Mg	$Mg^{2+}+2e^- \rightleftharpoons Mg$	-2.372
H_2/H^-	$H_2+2e^- \rightleftharpoons 2H^-$	-2.23
Al^{3+}/Al	$Al^{3+}+3e^- \rightleftharpoons Al$	-1.662
Mn^{2+}/Mn	$Mn^{2+}+2e^- \rightleftharpoons Mn$	-1.185
Cr^{2+}/Cr	$Cr^{2+}+2e^- \rightleftharpoons Cr$	-0.913
H_2O/H_2	$2H_2O+2e^- \rightleftharpoons H_2+2OH^-$	-0.8277
Zn^{2+}/Zn	$Zn^{2+}+2e^- \rightleftharpoons Zn$	$-0.761.8$
Cr^{3+}/Cr	$Cr^{3+}+3e^- \rightleftharpoons Cr$	-0.744
$Ni(OH)_2/Ni$	$Ni(OH)_2+2e^- \rightleftharpoons Ni+2OH^-$	-0.72
In^{3+}/In^{2+}	$In^{3+}+e^- \rightleftharpoons In^{2+}$	-0.49

电对	电极反应	$E^{\ominus}/V$
S/S^{2-}	$S+2e^- \Longrightarrow S^{2-}$	-0.47627
NO_2^-/NO	$NO_2^-+H_2O+e^- \Longrightarrow NO+2OH^-$	-0.46
Fe^{2+}/Fe	$Fe^{2+}+2e^- \Longrightarrow Fe$	-0.447
Cr^{3+}/Cr^{2+}	$Cr^{3+}+e^- \Longrightarrow Cr^{2+}$	-0.407
Cd^{2+}/Cd	$Cd^{2+}+2e^- \Longrightarrow Cd$	-0.4030
Co^{2+}/Co	$Co^{2+}+2e^- \Longrightarrow Co$	-0.28
Ni^{2+}/Ni	$Ni^{2+}+2e^- \Longrightarrow Ni$	-0.257
$Cu(OH)_2/Cu$	$Cu(OH)_2+2e^- \Longrightarrow Cu+2OH^-$	-0.222
AgI/Ag	$AgI+e^- \Longrightarrow Ag+I^-$	-0.15224
O_2/H_2O_2	$O_2+2H_2O+2e^- \Longrightarrow H_2O_2+2OH^-$	-0.146
Sn^{2+}/Sn	$Sn^{2+}+2e^- \Longrightarrow Sn$	-0.1375
$CrO_4^{2-}/Cr(OH)_3$	$CrO_4^{2-}+4H_2O+3e^- \Longrightarrow Cr(OH)_3+5OH^-$	-0.13
Pb^{2+}/Pb	$Pb^{2+}+2e^- \Longrightarrow Pb$	-0.1262
Fe^{3+}/Fe	$Fe^{3+}+3e^- \Longrightarrow Fe$	-0.037
H^+/H_2	$2H^++2e^- \Longrightarrow H_2$	0.00000
NO_3^-/NO_2^-	$NO_3^-+H_2O+2e^- \Longrightarrow NO_2^-+2OH^-$	0.01
$AgBr/Ag$	$AgBr+e^- \Longrightarrow Ag+Br^-$	0.07133
$S_4O_6^{2-}/S_2O_3^{2-}$	$S_4O_6^{2-}+2e^- \Longrightarrow 2S_2O_3^{2-}$	0.08
$[Co(NH_3)_6]^{3+}/[Co(NH_3)_6]^{2+}$	$[Co(NH_3)_6]^{3+}+e^- \Longrightarrow [Co(NH_3)_6]^{2+}$	0.108
S/H_2S	$S+2H^++2e^- \Longrightarrow H_2S(aq)$	0.142
NO_2^-/N_2O	$2NO_2^-+3H_2O+4e^- \Longrightarrow N_2O+6OH^-$	0.15
Sn^{4+}/Sn^{2+}	$Sn^{4+}+2e^- \Longrightarrow Sn^{2+}$	0.151
Cu^{2+}/Cu^+	$Cu^{2+}+e^- \Longrightarrow Cu^+$	0.153
SO_4^{2-}/H_2SO_3	$SO_4^{2-}+4H^++2e^- \Longrightarrow H_2SO_3+H_2O$	0.172
$AgCl/Ag$	$AgCl+e^- \Longrightarrow Ag+Cl^-$	0.22233
Hg_2Cl_2/Hg	甘汞电极、饱和 KCl	0.2412
ClO_3^-/ClO_2^-	$ClO_3^-+H_2O+2e^- \Longrightarrow ClO_2^-+2OH^-$	0.33
Cu^{2+}/Cu	$Cu^{2+}+2e^- \Longrightarrow Cu$	0.3419
$[Fe(CN)_6]^{3-}/[Fe(CN)_6]^{4-}$	$[Fe(CN)_6]^{3-}+e^- \Longrightarrow [Fe(CN)_6]^{4-}$	0.358
ClO_4^-/ClO_3^-	$ClO_4^-+H_2O+2e^- \Longrightarrow ClO_3^-+2OH^-$	0.36
O_2/OH^-	$O_2+2H_2O+4e^- \Longrightarrow 4OH^-$	0.401
H_2SO_3/S	$H_2SO_3+4H^++4e^- \Longrightarrow S+3H_2O$	0.449

电对	电极反应	$E^{\ominus}/V$
Cu^+/Cu	$Cu^+ + e^- \rightleftharpoons Cu$	0.521
I_2/I^-	$I_2 + 2e^- \rightleftharpoons 2I^-$	0.5355
MnO_4^-/MnO_4^{2-}	$MnO_4^- + e^- \rightleftharpoons MnO_4^{2-}$	0.558
MnO_4^-/MnO_2	$MnO_4^- + 2H_2O + 3e^- \rightleftharpoons MnO_2 + 4OH^-$	0.595
ClO_3^-/Cl^-	$ClO_3^- + 3H_2O + 6e^- \rightleftharpoons Cl^- + 6OH^-$	0.62
ClO_2^-/ClO^-	$ClO_2^- + H_2O + 2e^- \rightleftharpoons /ClO^- + 2OH$	0.66
O_2/H_2O_2	$O_2 + 2H^+ + 2e^- \rightleftharpoons H_2O_2$	0.695
ClO_2^-/Cl	$ClO_2^- + 2H_2O + 4e^- \rightleftharpoons Cl^- + 4OH^-$	0.76
Fe^{3+}/Fe^{2+}	$Fe^{3+} + e^- \rightleftharpoons Fe^{2+}$	0.771
Hg_2^{2+}/Hg	$Hg_2^{2+} + 2e^- \rightleftharpoons 2Hg$	0.7973
Ag^+/Ag	$Ag^+ + e^- \rightleftharpoons Ag$	0.7996
NO_3^-/N_2O_4	$2NO_3^- + 4H^- + 2e^- \rightleftharpoons N_2O_4 + 2H_2O$	0.803
ClO^-/Cl^-	$ClO^- + H_2O + 2e^- \rightleftharpoons Cl^- + 2OH^-$	0.841
Hg^{2+}/Hg	$Hg^{2+} + 2e^- \rightleftharpoons Hg$	0.851
Hg^{2+}/Hg_2^{2+}	$2Hg^{2+} + 2e^- \rightleftharpoons Hg_2^{2+}$	0.920
NO_3^-/HNO_2	$NO_3^- + 3H^+ + 2e^- \rightleftharpoons HNO_2 + H_2O$	0.934
NO_3^-/NO	$NO_3^- + 4H^+ + 3e^- \rightleftharpoons NO + 2H_2O$	0.957
HNO_2/NO	$HNO_2 + H^+ + e^- \rightleftharpoons NO + H_2O$	0.983
Br_2/Br^-	$Br_2(l) + 2e^- \rightleftharpoons 2Br^-$	1.066
ClO_4^-/ClO_3	$ClO_4^- + 2H^+ + 2e^- \rightleftharpoons ClO_3^- + H_2O$	1.189
$ClO_3^-/HClO_2$	$ClO_3^- + 3H^+ + e^- \rightleftharpoons HClO_2 + H_2O$	1.214
MnO_2/Mn^{2+}	$MnO_2 + 4H^+ + 2e^- \rightleftharpoons Mn^{2+} + 2H_2O$	1.224
O_2/H_2O	$O_2 + 4H^+ + 4e^- \rightleftharpoons 2H_2O$	1.229
$Cr_2O_7^{2-}/Cr^{3+}$	$Cr_2O_7^{2-} + 14H^+ + 6e^- \rightleftharpoons 2Cr^{3+} + 7H_2O$	1.232
HNO_2/N_2O	$2HNO_2 + 4H^+ + 4e^- \rightleftharpoons N_2O + 3H_2O$	1.297
Cl_2/Cl^-	$Cl_2(g) + 2e^- \rightleftharpoons 2Cl^-$	1.35827
ClO_4^-/Cl^-	$ClO_4^- + 8H^+ + 8e^- \rightleftharpoons Cl^- + 4H_2O$	1.389
ClO_4^-/Cl_2	$ClO_4^- + 8H^+ + 7e^- \rightleftharpoons \frac{1}{2}Cl_2 + 4H_2O$	1.39
ClO_3^-/Cl_2	$ClO_3^- + 6H^+ + 5e^- \rightleftharpoons \frac{1}{2}Cl_2 + 3H_2O$	1.47
$HClO^-/Cl^-$	$HClO + H^+ + 2e^- \rightleftharpoons Cl^- + H_2O$	1.482
MnO_4^-/Mn^{2+}	$MnO_4^- + 8H^+ + 5e^- \rightleftharpoons Mn^{2+} + 4H_2O$	1.507

电对	电极反应	$E^{\ominus}/V$
Mn^{3+}/Mn^{2+}	$Mn^{3+}+e^-\rightleftharpoons Mn^{2+}$	1.5415
$HClO_2/Cl^-$	$HClO_2+3H^++4e^-\rightleftharpoons Cl^-+2H_2O$	1.570
NO/N_2O	$2NO+2H^++2e^-\rightleftharpoons N_2O+H_2O$	1.591
Ce^{4+}/Ce^{3+}	$Ce^{4+}+e^-\rightleftharpoons Ce^{3+}$	1.61
$HClO/Cl_2$	$HClO+H^++e^-\rightleftharpoons \frac{1}{2}Cl_2+H_2O$	1.611
$HClO_2/Cl_2$	$HClO_2+3H^++3e^-\rightleftharpoons \frac{1}{2}Cl_2+2H_2O$	1.628
$HClO_2/HClO$	$HClO_2+2H^++2e^-\rightleftharpoons HClO+H_2O$	1.645
MnO_4^-/MnO_2	$MnO_4^-+4H^++3e^-\rightleftharpoons MnO_2+2H_2O$	1.679
H_2O_2/H_2O	$H_2O_2+2H^++2e^-\rightleftharpoons 2H_2O$	1.776
$S_2O_8^{2-}/SO_4^{2-}$	$S_2O_8^{2-}+2e^-\rightleftharpoons 2SO_4^{2-}$	2.010
O_3/O_2	$O_3+2H^++2e^-\rightleftharpoons O_2+H_2O$	2.076
OF_2/H_2O	$OF_2+2H^++4e\rightleftharpoons H_2O+2F^-$	2.153
F_2/F^-	$F_2+2e^-\rightleftharpoons 2F^-$	2.866
F_2/HF	$F_2+2H^++2e^-\rightleftharpoons 2HF$	3.053

注：1. 数据摘自 Lide D R. CRC Handbook of Chemistry and Physics. 85th ed. 2004-2005。

2. 本表是 101.325kPa、298.15K 下的数据，在新的标准态压力 100.000kPa 下，涉及气态物质的电极电势可按下式计算

$$E^{\ominus}_{100}=E^{\ominus}_{101}-\delta T\sum \nu_B(g)/zF$$

式中，$E^{\ominus}_{101}$ 为原标准态压力 101.325kPa 下的数值；$\delta=0.10944J\cdot K^{-1}\cdot mol^{-1}$；$\sum \nu_B(g)$ 为气态组分化学计量数之和。经计算表明两者相差小于 2mV，故本表数据一般不影响使用。

参 考 文 献

[1] 牛盾. 大学化学. 北京：冶金工业出版社，2010.

[2] 王林山. 大学化学. 北京：冶金工业出版社，2005.

[3] 金继红. 大学化学. 北京：化学工业出版社，2007.

[4] 徐春祥. 基础化学. 第2版. 北京：高等教育出版社，2007.

[5] 丁廷桢. 大学化学教程. 北京：高等教育出版社，2003.

[6] 王振东，姜楠. 软物质漫谈. 力学与实践，2014，2（36）：249-252.

[7] 王风彦，邵光杰. 离子液体应用研究进展. 化学试剂，2009，31（1）：25-30.

[8] 竺际舜. 无机化学习题精解. 北京：科学出版社，2005.

[9] 大连理工大学无机化学教研室. 无机化学. 第5版. 北京：高等教育出版社，2010.

[10] 司学芝. 无机化学. 郑州：郑州大学出版社，2007.

[11] 张欣荣，阎芳. 基础化学. 第2版. 北京：高等教育出版社，2011.

[12] 王玲君，王英杰，刘振江. 新编无机化学. 沈阳：辽宁教育出版社，1990.

[13] 钟福新，余彩莉，刘峥. 大学化学. 北京：清华大学出版社，2012.

[14] 曲宝中，朱丙林，周伟红. 新大学化学. 第3版. 北京：科学出版社，2012.

[15] 李宝山. 基础化学. 第2版. 北京：科学出版社，2011.

[16] 徐崇泉，强亮生. 工科大学化学. 北京：高等教育出版社，2003.

[17] 黄秋实，李良琦，高彬彬. 国外金属零部件增材制造技术发展概述. 国防制造技术. 2012，5：26-29.

[18] 张宝宏，从文博，杨萍. 金属电化学腐蚀与防护. 北京：化学工业出版社，2005.

[19] 傅洵，许泳吉，解从霞. 基础化学教程. 北京：科学出版社，2012.

[20] 朱裕贞，顾达，黑恩成. 现代基础化学. 北京：化学工业出版社，2010.

[21] 赵莉萍，吴润，周俊琪. 金属材料学. 北京：北京大学出版社，2012.

[22] 余冬梅，方奥，张建斌. 3D打印材料. 金属世界，2014，5：6-13.

[23] 曾兆华，杨建文. 材料化学. 北京：化学工业出版社，2008.

[24] 卢安贤. 无机非金属材料导论. 长沙：中南大学出版社，2013.

[25] 赵冬梅，李振伟，刘领弟. 石墨烯/碳纳米管复合材料的制备及应用进展. 化学学报，2014，72：185-200.

[26] 闫婧，代朝猛，周雪飞. 碳纳米管复合材料用于削减水环境中污染物的研究进展. 材料导报A. 2015，29（1）：127-131.

[27] 高军刚，李源勋. 高分子材料. 北京：化学工业出版社，2002.

[28] 周冀. 高分子材料基础. 北京：国防工业出版社，2007.

[29] 张留成，瞿雄伟，丁会利. 高分子材料基础. 北京：化学工业版社，2013.

[30] 潘祖仁. 高分子化学北京：化学工业出版社，2009.

[31] 刘兆荣，陈忠明，赵广英. 环境化学教程. 北京：化学工业出版社，2003.

[32] 朱蓓丽. 环境工程概论. 北京：科学出版社，2011.

[33] 王晓昌，张承中. 环境工程学. 北京：高等教育出版社，2011.

[34] 戴树桂. 环境化学. 北京：高等教育出版社，2010.

[35] 郭旭，郝粼波，张波. 城镇生活垃圾资源化处理方法研究. 环境卫生工程，2014，22（3）：51-53.

[36] 林晓芬，张军，尹艳山. 烟气脱硫脱氮技术综述. 能源环境保护，2014，28（1）：1-4.

[37] 白静利，岳秀萍. 火电厂烟气脱硫脱氮一体化技术综述. 山西建筑. 2014，40（31）：210-212.

[38] 路甬祥. 清洁、可再生能源利用的回顾与展望. 科技导报，2014，32（28/29）：15-26.

[39] 魏伟，张绪坤，祝树森等. 生物质能开发利用的概况及展望. 农机化研究，2013，3：7-11.

[40] 刘路，解晶莹. 微能源. 电源技术. 2002，26（6）：471-474.

[41] 刘晓为，张博，张宇. MEMS微型燃料电池. 化学进展. 2009，21（9）：1980-1986.